工业和信息化部"十四五"规划教材

 浙江省高职院校"十四五"重点教材

高等职业教育计算机系列教材

关系数据库设计与应用
（工作手册式）

田启明　施莉莉　主　编
黄　河　王贤志　王志梅　副主编
　　　　肖红宇　胡　亮　参　编

电子工业出版社
Publishing House of Electronics Industry
北京·BEIJING

内 容 简 介

本书主要介绍关系数据库的设计和 SQL 查询应用等知识和技能，共 8 章，包括关系数据库设计基础、实体-联系模型、关系模型、关系数据库设计理论、SQL 基础、SQL 查询、SQL 的高级功能和大数据时代数据管理技术等内容。本书着重于以项目、案例导入概念，以"够用、能用"为目的对概念进行阐述，注重培养学生的实践能力。

本书可以作为高职高专院校和各类培训学校中计算机、大数据、云计算、人工智能及其相关专业的数据库基础课程教材，同时可以作为数据库初学者的入门自学教材，也可以作为数据库开发人员的参考资料。

未经许可，不得以任何方式复制或抄袭本书之部分或全部内容。
版权所有，侵权必究。

图书在版编目（CIP）数据

关系数据库设计与应用：工作手册式 / 田启明，施莉莉主编. —北京：电子工业出版社，2023.3
高等职业教育计算机系列教材
ISBN 978-7-121-45055-6

Ⅰ．①关⋯ Ⅱ．①田⋯ ②施⋯ Ⅲ．①关系数据库系统－高等职业教育－教材 Ⅳ．①TP311.132.3

中国国家版本馆 CIP 数据核字（2023）第 027623 号

责任编辑：徐建军　　　　特约编辑：田学清
印　　刷：天津千鹤文化传播有限公司
装　　订：天津千鹤文化传播有限公司
出版发行：电子工业出版社
　　　　　北京市海淀区万寿路 173 信箱　　　邮编：100036
开　　本：787×1 092　　1/16　　印张：19.75　　字数：531 千字
版　　次：2023 年 3 月第 1 版
印　　次：2023 年 3 月第 1 次印刷
印　　数：1 200 册　　定价：59.00 元

凡所购买电子工业出版社图书有缺损问题，请向购买书店调换。若书店售缺，请与本社发行部联系，联系及邮购电话：（010）88254888，88258888。

质量投诉请发邮件至 zlts@phei.com.cn，盗版侵权举报请发邮件至 dbqq@phei.com.cn。

本书咨询联系方式：（010）88254570，xujj@phei.com.cn。

前言

当前,大数据、云计算、数字孪生、人工智能、区块链等新兴数字技术的不断涌现,正深刻地改变和重新塑造着人类的生活方式、学习方式与生产方式,全球加速步入数字化、智能化社会,数字经济已成为带动我国经济发展的核心力量,数字经济规模的持续扩大需要大量数字化人才。在新一代数字技术中,数据是核心和灵魂,而数据库是提供数据存储和管理的关键性技术之一。面对不断新增的海量数据,只有数据库提供稳定的底层支持,才能支持数据处理其他环节的工作。

《关系数据库设计与应用》作为新一代数字技术基础教材,主要介绍关系数据库的设计和 SQL 查询应用等知识和技能,在数据库应用人才培养工作中具有重要作用。本书共 8 章,包括关系数据库设计基础、实体-联系模型、关系模型、关系数据库设计理论、SQL 基础、SQL 查询、SQL 的高级功能和大数据时代数据管理技术等内容。

本书特色可以概括为以下几点。

1. 以市场需求为导向选取教学内容,注重实践能力的培养

本书根据市场对大数据技术与应用人才职业能力需求的分析,选取数据库运维岗位所需的关系数据库相关知识技能作为主要内容,具体包括两大部分:关系数据库设计能力培养模块(突出针对客户需求设计一个关系数据库的实践应用)和关系数据库查询应用能力培养模块(突出对 SQL 结构化查询语言的基本实践应用)。本书包含多个根据企业真实项目改编而成的教学案例和实训练习,注重培养学生的实践能力。本书取材适宜,深浅适度,符合课程教学的培养目标和要求。

2. 以工作过程为导向,由易到难安排教学内容,遵循学生的认知规律

本书教学内容的安排以工作过程为导向,先教授学生如何通过"需求分析-概念设计-逻辑设计-物理实施" 4 步去设计一个关系数据库,再教授学生如何针对一个关系数据库进行 SQL 查询应用,培养学生掌握日常数据库管理系统开发和维护工作的相关规范与任务流程。教学内容由易到难、由直观到抽象,例如,在讲解关系数据库的查询应用时,先讲解简单的 SQL 基本查询,再讲解较难的 SQL 高级应用,内容循序渐进,遵循学生的认知规律。

3. 以学生熟知的校园数据库为操作案例贯穿始终,提高教学效率

本书无论是讲到关系数据库设计还是关系数据库查询应用,均先以学生熟知的校园数据库为操作案例进行知识讲解和技能训练,缩短学生与新知识技能之间的认知差距,提高教学效率。在学生掌握了对校园数据库的实践操作技能之后,再通过大量的进阶案例、实训项目和课后作业拓展到其他的业务数据库,通过锻炼学生对技能应用场景的迁移能力,培养其举一反三、触类旁通的能力。

4．工作手册式教材，增加"想""动""问""议"环节，提高学生的学习效率

本书为工作手册式教材，能让学生动脑和动手，变被动学习为主动学习，提高学生的学习效率。在重难点部分和综合实训环节设置"记一记"环节，方便学生记录工作学习中的重难点；设置"想一想"环节，辅助教师在讲课过程中穿插提问环节，并提供让学生记录答案的区域；设置"动一动"环节，方便学生在理论学习过程中穿插实训环节，记录自己的工作流程、实训步骤和实训答案；设置"问一问"环节，方便学生在学习过程中记录自己的疑问；设置"议一议"环节，方便学生在课堂讨论时记录自己的观点和收获；附录 A 中设计了独立的实习手册，包含 14 个实训项目，分为"实训目的"—"实训重难点"—"实训准备"—"实训内容"—"实训小结"—"教师评阅意见"等环节，并给学生留有记录实训笔记和练习答案的区域。

5．校企合作、多校合作，共建教材编写团队

编写团队由学校专职教师、校外专家及企业专家共同组成，职称、年龄均呈合理梯队分布，并均有编写教材和多年任教的经验。企业专家不仅参与教材提纲探讨、提供企业真实案例、参与教材编写，而且与专职教师共上课堂，指导学生项目实践。

6．增加"思政拓展"内容，融入思政教育元素，培养学生的职业素养

本书在每一章的最后均设置了"思政拓展"的内容，融入与课程相关的思政教育元素，致力于引导学生培养工匠精神、树立安全意识、培养职业操守等，让学生在掌握专业知识的同时，做一名有职业素养的数据库技术人才。

本书由田启明、施莉莉担任主编，由黄河、王贤志、王志梅担任副主编，校外专家肖红宇、企业专家胡亮参编。其中，第 1、2、3、4 章由田启明编写，第 5、8 章由施莉莉编写，第 6、7 章由黄河、王贤志、王志梅编写，实训部分由肖红宇和胡亮编写，全书由田启明统稿。

本书为工业和信息化部"十四五"规划教材，浙江省高职院校"十四五"重点教材，也得到了浙江省第一批省级课程思政示范课程项目立项支持（浙教函〔2021〕47 号）、浙江省教育科学规划 2023 年度课题立项支持（项目编号：2023SCG212）、温州职业技术学院课程思政优秀教材项目立项支持（项目编号：WZYSZJC2103）、温州职业技术学院课程思政示范专业立项支持（项目编号：WZYSZZY2104），在此表示衷心的感谢。

为了方便读者学习，本书配有教学课件、知识点和技能点微视频、实训手册及参考答案等相关资源，请有此需要的读者登录华信教育资源网（www.hxedu.com.cn）注册后免费下载，也可以扫描以下二维码下载本书配套课件和实训手册，如有问题可在网站留言板留言或与电子工业出版社联系（E-mail：hxedu@phei.com.cn）。

本书课件　　　　　　　　　实训手册

教材建设是一项系统工程，需要在实践中不断加以完善及改进，同时由于时间仓促、编者水平有限，书中难免存在疏漏和不足之处，敬请同行专家和广大读者给予批评和指正。

编　者

目 录

第1章 关系数据库设计基础 ·· 1
  1.1 数据库系统的应用 ··· 1
    1.1.1 应用实例 ·· 1
    1.1.2 应用前景 ·· 3
  1.2 数据库技术的发展 ··· 4
  1.3 数据库的基本概念 ··· 6
    1.3.1 实体和记录 ··· 6
    1.3.2 数据库与数据表 ··· 6
    1.3.3 数据库管理系统 ··· 7
    1.3.4 数据库系统 ··· 8
  1.4 主流的关系数据库 ··· 10
  1.5 关系数据库设计 ·· 13
  1.6 本章小结 ··· 13
  1.7 思政拓展 ··· 14
  1.8 习题 ··· 15

第2章 实体-联系模型 ·· 17
  2.1 实体-联系模型的基本要素 ··· 17
    2.1.1 实体与实体集 ·· 17
    2.1.2 实体型与实体值 ··· 18
    2.1.3 属性和域 ·· 19
    2.1.4 联系与联系集 ·· 22
    2.1.5 码 ··· 26
  2.2 实体-联系图表示 ··· 28
    2.2.1 E-R 图的符号表示 ·· 28
    2.2.2 E-R 图的绘制 ·· 29
    2.2.3 两种特殊情况的 E-R 图 ·· 32
  2.3 E-R 模型的设计 ··· 34
    2.3.1 确定实体集、属性与实体间的联系 ·· 34
    2.3.2 具有复合属性、多值属性和派生属性的 E-R 图 ···························· 37
    2.3.3 具有弱实体集的 E-R 图 ·· 38

2.4 E-R 模型设计综合实例 ·· 39
    2.4.1 E-R 模型设计步骤 ··· 39
    2.4.2 高等院校教学情况 E-R 模型设计 ··· 40
2.5 本章小结 ·· 43
2.6 思政拓展 ·· 43
2.7 习题 ·· 44

第 3 章 关系模型 ·· 46
3.1 关系模型的基本结构及术语 ·· 46
3.2 关系模型的数据操作 ·· 49
    3.2.1 关系操作 ··· 49
    3.2.2 关系代数 ··· 49
3.3 关系模型的完整性约束 ·· 60
    3.3.1 实体完整性 ··· 60
    3.3.2 参照完整性 ··· 60
    3.3.3 用户定义的完整性 ··· 64
3.4 E-R 模型转换为关系模型 ·· 65
3.5 关系模型的特点 ·· 71
3.6 本章小结 ·· 71
3.7 思政拓展 ·· 72
3.8 习题 ·· 73

第 4 章 关系数据库设计理论 ·· 75
4.1 冗余和存储异常问题 ·· 76
4.2 函数依赖 ·· 77
    4.2.1 属性之间的联系 ··· 78
    4.2.2 函数依赖 ··· 78
    4.2.3 函数依赖的几种特例 ··· 81
4.3 关系范式 ·· 83
    4.3.1 第一范式 ··· 83
    4.3.2 第二范式 ··· 85
    4.3.3 第三范式 ··· 86
4.4 关系模式的规范化 ·· 88
    4.4.1 各范式之间的关系 ··· 88
    4.4.2 关系模式的分解准则 ··· 89
4.5 关系数据库设计实例 ·· 90
    4.5.1 关系数据库设计的基本步骤 ··· 90
    4.5.2 关系数据库设计实例 ··· 91
4.6 本章小结 ·· 93
4.7 思政拓展 ·· 94

4.8 习题 ... 95

第 5 章 SQL 基础 ... 97

5.1 SQL 基本概念 ... 97
    5.1.1 SQL 的标准 ... 97
    5.1.2 SQL 的特点 ... 98
    5.1.3 SQL 的功能概述 ... 98

5.2 SQL 数据类型 ... 99
    5.2.1 数值型 ... 99
    5.2.2 字符型 ... 99
    5.2.3 日期和时间型 ... 99
    5.2.4 货币型 ... 100
    5.2.5 SQL 的标识符与关键字 ... 101

5.3 数据定义语句 ... 102
    5.3.1 定义数据库与数据表 ... 102
    5.3.2 修改数据库与数据表 ... 107
    5.3.3 删除数据库与数据表 ... 113

5.4 数据操作语句 ... 115
    5.4.1 插入数据 ... 115
    5.4.2 修改数据 ... 117
    5.4.3 删除数据 ... 119

5.5 本章小结 ... 121

5.6 思政拓展 ... 122

5.7 习题 ... 123

第 6 章 SQL 查询 ... 125

6.1 SQL 基本查询语句 ... 125
    6.1.1 查询语句的基本结构 ... 125
    6.1.2 投影 ... 126
    6.1.3 选择 ... 134
    6.1.4 对查询结果进行排序 ... 142

6.2 聚集查询 ... 144
    6.2.1 聚集函数 ... 144
    6.2.2 使用 GROUP BY 子句 ... 148
    6.2.3 使用 HAVING 子句筛选结果集 ... 151
    6.2.4 对 WHERE、GROUP BY、HAVING 的思考 ... 153

6.3 连接查询 ... 155
    6.3.1 交叉连接查询 ... 155
    6.3.2 内连接查询 ... 155
    6.3.3 自连接查询 ... 160
    6.3.4 外连接查询 ... 162

6.4 子查询 ··· 165
    6.4.1 将子查询用作派生的表 ·· 166
    6.4.2 将子查询用作表达式 ··· 166
    6.4.3 相关子查询 ··· 178
    6.4.4 使用 EXISTS 和 NOT EXISTS 操作符 ·· 180

6.5 集合查询 ··· 183
    6.5.1 UNION 与连接的区别 ·· 183
    6.5.2 UNION 中使用关键字 ALL ·· 184
    6.5.3 UNION 中的 ORDER BY 子句 ··· 185
    6.5.4 UNION 多次合并操作 ·· 186

6.6 关于引用 AS 指定的名字的规则 ··· 187

6.7 本章小结 ··· 188

6.8 思政拓展 ··· 188

6.9 习题 ··· 190

第 7 章 SQL 的高级功能 ·· 192

7.1 视图 ··· 192
    7.1.1 视图的概念 ··· 192
    7.1.2 视图的定义 ··· 193
    7.1.3 视图的查询 ··· 195
    7.1.4 修改视图 ·· 196
    7.1.5 删除视图 ·· 196
    7.1.6 利用视图管理数据 ·· 197

7.2 约束 ··· 199
    7.2.1 主键约束（PRIMARY KEY CONSTRAINT） ··· 200
    7.2.2 外键约束（FOREIGN KEY CONSTRAINT） ··· 201
    7.2.3 默认值约束（DEFAULT CONSTRAINT） ··· 204
    7.2.4 唯一约束（UNIQUE CONSTRAINT） ·· 206
    7.2.5 检查约束（CHECK CONSTRAINT） ··· 206
    7.2.6 非空约束（NOT NULL CONSTRAINT） ·· 207
    7.2.7 约束的作用对象 ··· 208

7.3 存储过程 ··· 209
    7.3.1 存储过程的概念 ··· 209
    7.3.2 存储过程的优点 ··· 209
    7.3.3 存储过程的分类 ··· 210
    7.3.4 常用的系统存储过程 ··· 210
    7.3.5 创建与调用存储过程 ··· 211
    7.3.6 管理存储过程 ·· 217

7.4 触发器 ·· 219
    7.4.1 触发器的概念 ·· 220

  7.4.2 触发器的结构 ………………………………………………………… 221
  7.4.3 触发器的原理 ………………………………………………………… 222
  7.4.4 创建触发器 …………………………………………………………… 224
  7.4.5 管理触发器 …………………………………………………………… 225
 7.5 安全性控制 ……………………………………………………………………… 227
  7.5.1 数据库的安全性控制 ………………………………………………… 227
  7.5.2 SQL 中的安全性控制 ………………………………………………… 229
 7.6 事务和锁 ………………………………………………………………………… 232
  7.6.1 事务 …………………………………………………………………… 232
  7.6.2 锁 ……………………………………………………………………… 235
 7.7 本章小结 ………………………………………………………………………… 237
 7.8 思政拓展 ………………………………………………………………………… 237
 7.9 习题 ……………………………………………………………………………… 239

第8章 大数据时代数据管理技术 …………………………………………………… 241

 8.1 大数据技术 ……………………………………………………………………… 241
  8.1.1 大数据的概念 ………………………………………………………… 241
  8.1.2 大数据的特点 ………………………………………………………… 243
  8.1.3 大数据处理流程 ……………………………………………………… 243
 8.2 数据仓库 ………………………………………………………………………… 245
  8.2.1 数据仓库的概念 ……………………………………………………… 245
  8.2.2 数据仓库的数据组织 ………………………………………………… 247
  8.2.3 数据仓库的系统结构 ………………………………………………… 248
 8.3 数据挖掘 ………………………………………………………………………… 250
  8.3.1 数据挖掘的概念 ……………………………………………………… 250
  8.3.2 数据挖掘流程 ………………………………………………………… 251
  8.3.3 常见的数据挖掘工具 ………………………………………………… 251
 8.4 云数据库技术 …………………………………………………………………… 253
  8.4.1 云数据库技术概述 …………………………………………………… 253
  8.4.2 云数据库的关键技术 ………………………………………………… 254
  8.4.3 常见的云数据库 ……………………………………………………… 254
 8.5 图数据库技术 …………………………………………………………………… 255
  8.5.1 图数据库技术概述 …………………………………………………… 255
  8.5.2 图数据库技术架构 …………………………………………………… 256
  8.5.3 常见的图数据库 ……………………………………………………… 257
 8.6 时序数据库技术 ………………………………………………………………… 259
  8.6.1 时序数据库技术概述 ………………………………………………… 259
  8.6.2 常见的时序数据库 …………………………………………………… 260
  8.6.3 时序数据库的应用场景 ……………………………………………… 261
 8.7 本章小结 ………………………………………………………………………… 263

- 8.8 思政拓展 ……………………………………………………………………………263
- 8.9 习题 ………………………………………………………………………………264

附录 A 实训 ……………………………………………………………………………266
- 实训 1 E-R 模型设计 ………………………………………………………………266
- 实训 2 关系模型设计 ………………………………………………………………268
- 实训 3 关系数据库设计 ……………………………………………………………271
- 实训 4 熟悉 SQL Server 环境及物理创建数据库与表 ……………………………274
- 实训 5 数据定义语句 ………………………………………………………………277
- 实训 6 简单查询 ……………………………………………………………………281
- 实训 7 聚集查询 ……………………………………………………………………284
- 实训 8 连接查询 ……………………………………………………………………287
- 实训 9 非相关子查询 ………………………………………………………………290
- 实训 10 数据操纵 …………………………………………………………………292
- 实训 11 视图 ………………………………………………………………………294
- 实训 12 约束 ………………………………………………………………………297
- 实训 13 存储过程 …………………………………………………………………299
- 实训 14 触发器 ……………………………………………………………………303

第 1 章

关系数据库设计基础

学习目标

知识目标：了解数据库系统在相关领域的应用；理解数据库的基本概念及数据库技术的发展；了解主流的关系数据库。

技能目标：掌握关系数据库设计的基本步骤。

思政目标：通过学习和讨论大数据时代数据库技术的应用现状和前景，养成"爱专业、爱职业、爱事业"的职业精神，树立"强国有我"的职业责任意识。

随着信息管理水平的不断提高，信息资源已经成为社会各行各业的重要资源和财富，用于信息管理的数据库技术也因此得到了很大的发展，其应用领域越来越广泛。

目前，数据库已经成为我们日常生活中不可缺少的一部分。为了方便讨论，我们认为"数据库"是相关数据的集合，"数据库管理系统"（Database Management System，DBMS）是管理和控制数据库访问的软件，"数据库系统"是与数据库相关的应用程序的集合。设计数据库系统的目的是管理大量的信息与数据。本章将介绍数据库系统的应用、数据库技术的发展、数据库的基本概念、主流的关系数据库、关系数据库设计等内容。

1.1 数据库系统的应用

数据库系统的应用非常广泛，以下是具有代表性的应用实例，希望读者能够通过这几个实例了解数据库系统在我们生活中的具体应用，并对数据库系统有一个感性的认识。

1.1.1 应用实例

1. 银行业务系统

银行数据库中存储了各个客户的账户、存款、取款、贷款和交易等信息。客户到 ATM 上取款实际上是这样一个过程：在 ATM 上插入储蓄卡或信用卡，并且输入密码，ATM 会连接到银行数据库去查询密码并进行核对。在确认是合法用户之后，ATM 会允许存款、取款、转账等操作。在客户决定要取出一定数额的现金并且告诉 ATM 之后，ATM 会到银行数据库中检查所取金额是否超出了账户余额或信用额度，如果没有超出，则 ATM 会先在银行数据库中修改客户的账户信息并且添加本次交易的信息，然后付给客户现金。ATM 取款业务过程如图 1.1 所示。

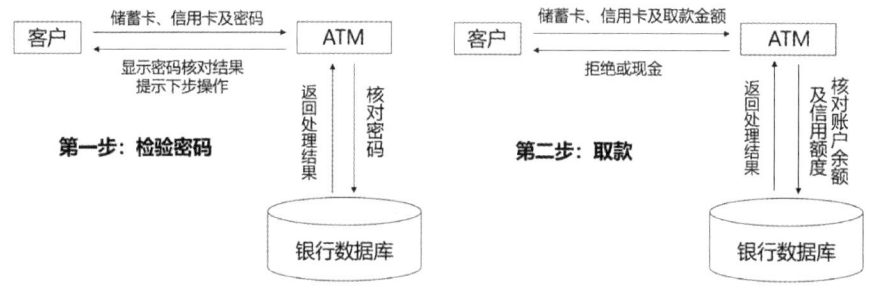

图 1.1　ATM 取款业务过程

2. 铁路售票系统

铁路公司利用数据库进行售票管理。当客户去官网、火车站或任意一个售票点购买火车票时，售票应用程序会首先连接到数据库，检查是否还有客户所要车次的余票，如果有，则修改数据库中的信息。先把某个车厢的某个座位标识为已经出售，然后客户的账号里就会显示已购票，或者在站点直接将火车票打印出来。当然还有一种比较复杂的情况，当某个车次只剩下一张票时，两个售票窗口会在同一时间发现这张余票，并且都开始尝试订购这张票。售票系统不得不处理这种情况，并保证每个车厢的每个座位只能出售一次，所以售票系统要通知一个窗口订购成功，通知另一个窗口订购失败。铁路售票系统如图 1.2 所示。

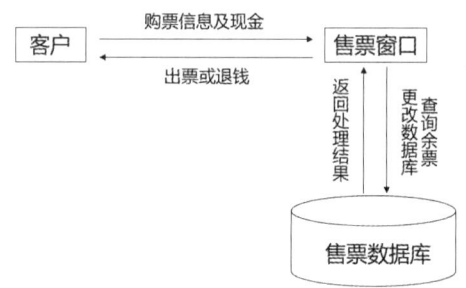

图 1.2　铁路售票系统

3. 超市购物系统

客户在超市购物时也会用到数据库。收银员使用条形码阅读器来扫描客户所购买的货物，收银程序会先通过条形码从货物数据库中查询该货物的价格，并在收银机上显示价格，然后根据购买量修改库存。更好的系统会监测该货物的库存是否低于某个最低值，并且可自动设置一张订单来订购该货物以增加库存。超市购物系统如图 1.3 所示。

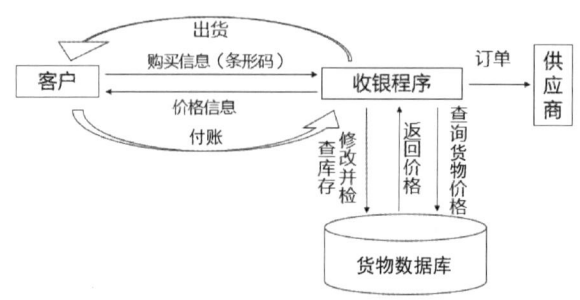

图 1.3　超市购物系统

4. 图书管理系统

读者到图书馆借阅图书，同样离不开数据库。图书馆一般会有一个数据库，保存着图书信息、读者信息、借阅信息等数据。该数据库允许读者基于作者、出版社、书名或者其他信息查找所需书籍。图书管理系统可以通过条形码输入器处理借阅、续借、还书等操作。

5. 学生选课系统

学校里同样有数据库的应用。例如，构建一个学生选课的数据库系统。简单来说，该系统中应该保存学生的基本信息（学号、姓名、班级等），课程的信息（课程号、课程名、课时等），还有选课信息（描述各个学生选修了哪些课程及其课程成绩）。学生在该系统中选课，实际上就是向数据库中添加一些选课信息。教师可以在该系统中登记学生的课程成绩，学生可以查询自己的选课情况和课程成绩。

以上仅仅是我们生活中常见的几种数据库系统的应用，很显然，我们周围还有许多其他的应用情景。尽管我们平时都熟知这些应用，也在使用它们，但在它们的背后却隐藏着复杂的高级技术。本书将带大家认识并学习这些技术。

 想一想：数据库系统在现实生活中还有哪些应用？

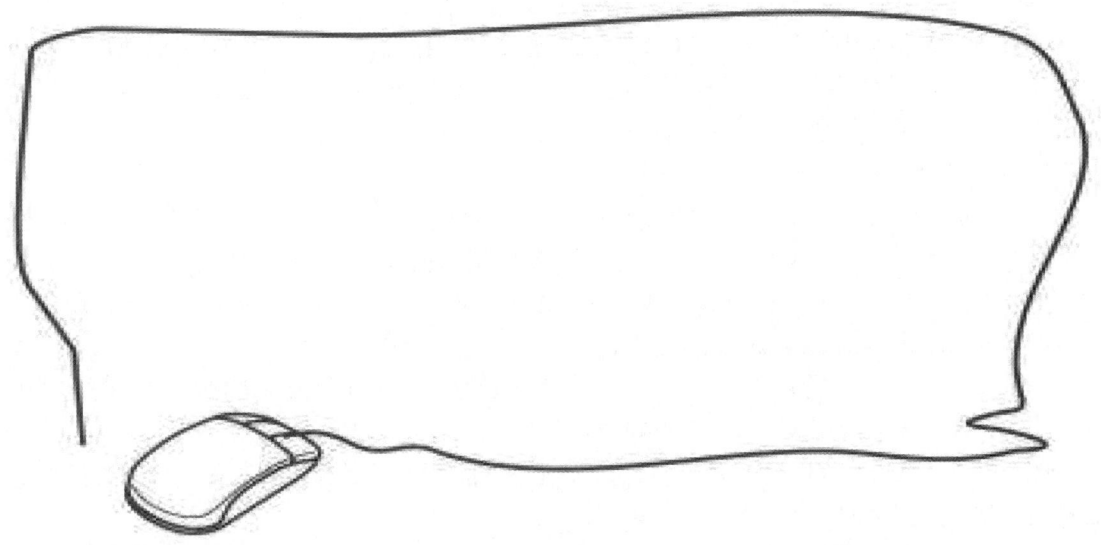

1.1.2 应用前景

当今时代是一个大数据时代，每个人的身边都无时无刻不在充斥着各种各样的信息和数据，数据库系统可以对大量的数据进行整理和分类，并且做到及时的存储和快速的输出，具有连接的作用，被日益广泛地应用到人们的生活中。例如，我们可以使用数据库访问银行账户信息，使存取钱更方便、快捷；在股票交易中，使用数据库可以很方便地将钱从银行户头转账到股票户头中。

信息需求的增长使数据库系统的应用越来越重要，应用范围日益扩大，数据库和数据库管理系统的前沿应用领域正在被不断地探寻。目前，数据库系统已经被应用到医学监控、医学诊断、能源管理、图书馆管理、航空系统、天气预报、交通预订、旅馆预订等许多领域中。

在信息化社会中，充分有效地管理和利用各类信息资源是进行科学研究和决策管理的前提条件。数据库技术是管理信息系统、办公自动化系统、决策支持系统等各类信息系统的核心，是进行科学研究和决策管理的重要技术手段。

1.2 数据库技术的发展

数据库技术已经成为现代信息技术的重要组成部分，是现代计算机信息系统和计算机应用系统的基础和核心。数据库技术最初产生于 20 世纪 60 年代中期，到目前为止已经有几十年的历史，其发展速度之快、使用范围之广是其他技术远远达不到的。

数据模型是数据库系统的核心和基础。数据库系统依据数据模型的进展可分为 3 个发展阶段：第一代的网状、层次数据库系统；第二代的关系数据库系统，以及新一代的数据库大家族。

1．初级阶段——第一代数据库系统

层次模型和网状模型都是格式化模型。基于层次模型或网状模型的数据库系统从体系结构、数据库语言到数据存储管理均具有共同特征，是第一代数据库系统。

1）第一代数据库系统的代表

1969 年由 IBM 公司研发的 IMS 层次数据库。

美国数据库系统语言研究会（CODASYL）下属的数据库任务组（DBTG）对数据库方法进行了系统的研究和探讨，并且在 20 世纪 60 年代提出了 DBTG 报告。DBTG 报告中的方法是基于网状结构的，是基于网状模型的数据库系统的代表。

2）第一代数据库系统的特点

（1）支持三级模式（外模式、模式、内模式）的体系结构，具有转换（映射）模式的功能。

（2）用存储路径来表示数据之间的联系，这是数据库系统和文件系统的主要区别之一。数据库不仅存储数据，而且存储数据之间的联系。基于层次模型或网状模型的数据库系统都是用存取路径来表示和实现数据之间的联系的。

（3）具有独立的数据定义语言。层次数据系统和网状数据库系统都有独立的数据定义语言，用来描述数据库的三级模式及相互映射。

（4）具有导航式的数据操作语言。层次数据库和网状数据库的数据查询语言和数据操作语言都是一次一个记录的导航式的过程化语言。

2．中级阶段——第二代数据库系统

支持关系数据模型的关系数据库系统是第二代数据库系统。

1970 年，IBM 公司的研究员提出了数据库的关系模型，开创了对数据库关系方法和关系数据理论的研究，为关系数据库技术奠定了理论基础。

20 世纪 70 年代是关系数据库理论研究和原型开发的时代，有以下成果。

（1）奠定了关系模型的理论基础，给出了人们一致接受的关系模型的规范说明。

（2）研究了关系数据语言，包括关系代数、关系演算、SQL 及 QBE 等，确立了 SQL 为关系数据库语言标准。

（3）研制了大量的关系数据库管理系统原型，攻克了在系统中进行查询优化、事务管理、并发控制、故障恢复等一系列关键技术。这不仅大大丰富了数据库技术和数据库理论，而且促进了数据库的产业化。

3. 高级阶段——新一代数据库系统

第二代数据库系统的数据模型虽然描述了数据的结构和一些重要的联系，但是仍然不能捕捉和表达数据对象所具有的丰富而重要的语义。

新一代数据库系统以更丰富多样的数据模型和数据管理功能为特征，能够满足广泛而复杂的新的应用需求。第三代数据库系统具有的3个基本特征（3条基本原则）如下。

（1）第三代数据库系统应支持数据管理、对象管理和知识管理。

除提供传统的数据管理服务外，第三代数据库系统支持更加丰富的对象结构和规则，集数据管理、对象管理和知识管理为一体。

（2）第三代数据库系统必须保持或继承第二代数据库系统的技术。

第三代数据库系统应继承第二代数据库系统已有的技术，并保持第二代数据库系统的非过程化数据存取方式和数据独立性，这不仅能很好地支持对象管理和规则管理，而且能更好地支持原有的数据管理和多数用户需要的查询等。

（3）第三代数据库系统必须对其他系统开放。

数据库系统的开放性表现在支持数据库语言标准，支持标准网络协议，具有良好的可移植性、可连接性、可扩展性和可操作性等。

4. 发展趋势

大数据时代，数据量爆发式增长，数据存储结构也越来越灵活多样，日益变化的新的业务需求催生出形式愈发丰富的数据库及应用系统。这些变化对数据库的各类能力带来了挑战，推动数据库技术不断向着模型拓展、架构解耦的方向演进，与云计算、人工智能、区块链、隐私计算、新型硬件等技术呈现取长补短、不断融合的发展态势，总结起来体现为以下3个方向。

（1）多模数据库实现一库多用、利用统一框架支撑混合负载处理、运用 AI 实现管理自治，提升易用性、降低使用成本。

（2）充分利用新兴硬件、与云基础设施深度结合，增强功能，提升性能。

（3）利用隐私计算技术助力安全能力提升、区块链数据库辅助数据存证溯源，提升数据可信度与安全性。

议一议：你心目中未来数据库技术的发展会是怎样的？

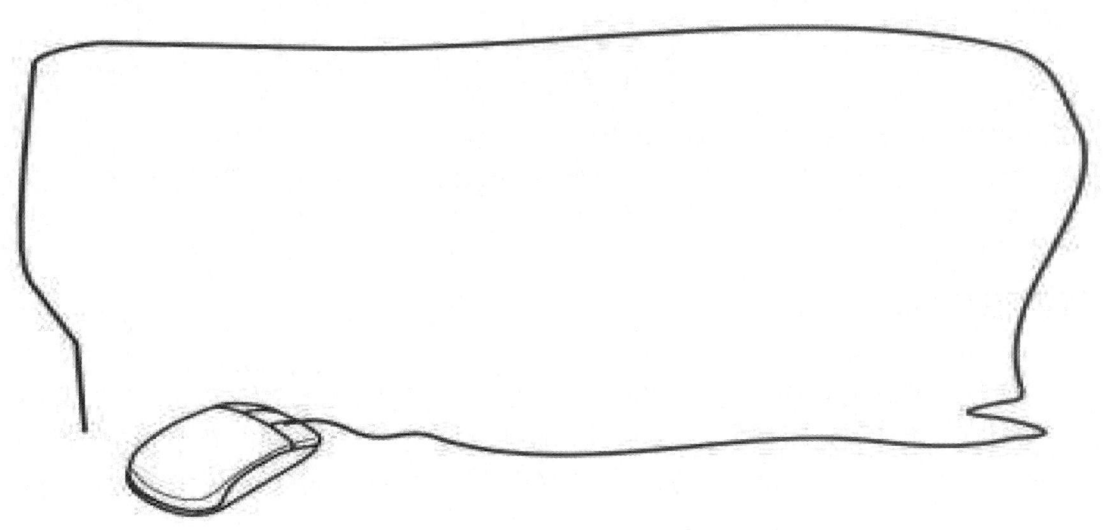

1.3 数据库的基本概念

掌握数据库的基本概念有助于理解和学习后续的知识,本节会介绍一些数据库技术中的术语定义。

1.3.1 实体和记录

在生活中我们会经常听到"实体"一词,在数据库概念中,实体是所有客观存在的、可以被描述的事物,比如计算机、人、课本、桌子甚至课本的结构,都属于客观存在的、可以被描述的事物,这些统称为实体。

计算机会针对实体所具有的"特征"对其进行描述,例如,针对人和书本,描述的方面是不一样的,针对人,我们可以说明其编号、姓名、年龄、民族、收入和职业等;针对书本,我们要描述的重点应当是书本的价格、章节数、页数、作者、出版社、出版日期等。再深入地考虑一下,对不同的人来说,编号、姓名、年龄、民族、收入和职业等都是不一样的,因此,我们会发现只要是对人的描述,描述的"格式"都是一样的,而在这种格式下,不同的数据体现了不同的实体。数据库中的数据就是按照这种格式进行存储的,而不是杂乱无章的。相同格式的数据会被存储在一起,而人和书本不会被混在一起存储。数据的存储方式如图 1.4 所示。

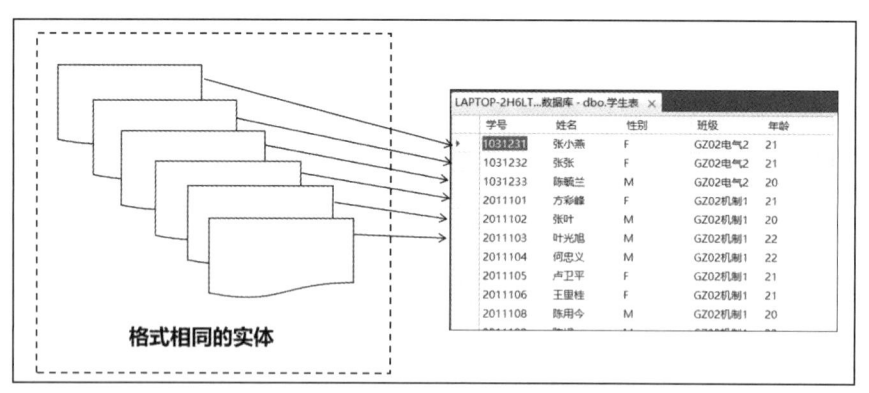

图 1.4 数据的存储方式

观察图 1.4 可知,数据库中存储的数据,每一"行"实际上对应一个实体,在数据库中,通常将这样的一行称为一条"记录"。表中的每一个输入项,称为"列",学号、姓名、性别、班级、年龄都是列名,在数据库中,通常称为"字段"。

1.3.2 数据库与数据表

从图 1.4 中我们可以得知,将不同的记录组织在一起就形成了数据库的"表",也可以说表是实体的集合,用来存储具体的数据。那么,我们上面提到的书本的信息应该存储在哪里呢?很显然,跟人的信息一样,书本的信息也应该存储在另外一个表中,但需要注意的是,并不是每一个表都是一个数据库,那么,数据库和表之间存在怎样的关系呢?简单地说,数据库就是表的集合,它们之间的关系如图 1.5 所示。

在通常情况下,数据库并不只是简单地存储这些实体的数据,还需要描述实体之间的关系。例如,书本和人之间是存在关系的,并不是互不相干的,书本的作者就是某个人,因此,需要建立书本和人的"关系",这种关系也需要用数据库来表示,即对"关系"的描述也是数据库的一部分。

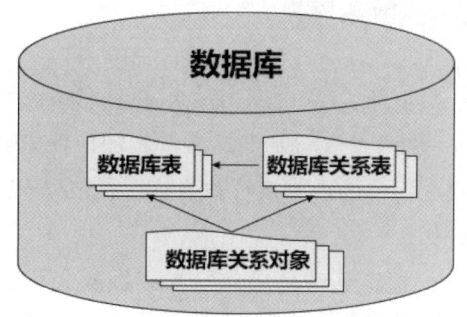

图 1.5　数据库和表之间的关系

随着数据库技术的发展和应用需求的增加,数据库还产生了许多的辅助功能,比如全文检索功能,为了保密和方便而产生的存储过程、视图、操作数据行的游标等,这些操作对象也逐渐成了数据库的一部分。

1.3.3　数据库管理系统

数据库管理系统(Database Management System,DBMS)是一种系统软件,由一个互相关联的数据集合和一组用于访问数据的程序构成。这个数据集合通常被称为数据库,其中包含了有用的数据信息。数据库管理系统的基本目标是提供一个可以方便有效地存取数据库信息的环境,主要功能是维护数据库并有效地访问各部分的数据。

数据库管理系统是数据库的核心软件,在操作系统的支持下,可以科学地组织和存储数据、高效地获取和维护数据,其主要功能包括数据定义、数据操纵、数据库的管理和数据库的建立与维护。利用数据库管理系统可以提高数据加密系统的安全性、提高信息的存储和管理效率、完善数据备份与恢复、增强多媒体的管理。数据库管理系统对数据库进行统一的管理和控制,以保证数据库的安全性和完整性。

议一议:在人脸识别领域,数据库管理系统如何发挥其作用?

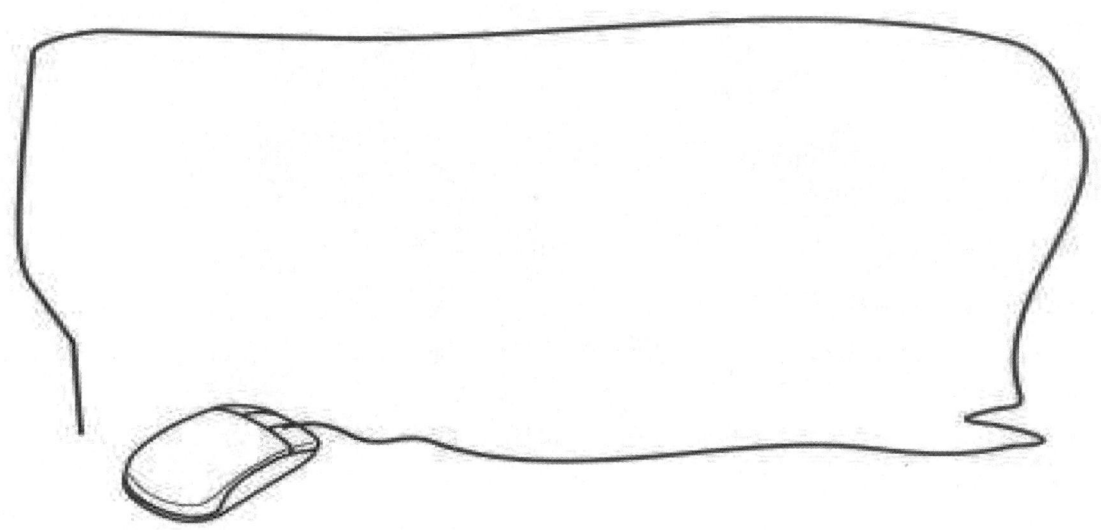

1.3.4 数据库系统

数据库系统（Database System，DBS）是一个具体的数据库管理系统及其建立的数据库的集合，通常由系统软件、数据库和数据库管理员组成，是一个可以实际运行的系统软件，可以对系统提供的数据进行存储、维护和应用。它是由存储介质、处理对象和管理系统共同组成的集合体。

数据库系统是软件研究领域的一个重要分支，通常被称为数据库领域。数据库系统是为了适应数据处理的需要而发展起来的一种较为理想的数据处理的核心机构，由以下几部分组成。

1．数据库（DB）

数据库长期存储在计算机内，是有组织、可共享的数据集合。数据库中的数据按一定的数学模型组织、描述和存储，具有较小的冗余、较高的数据独立性和易扩展性，并可为各种用户所共享。

2．硬件

硬件是指构成计算机系统的各种物理设备，包括存储所需的外部设备，比如物理硬盘、光盘等。

3．系统软件

系统软件包括操作系统、数据库管理系统及应用程序。

4．人员

人员主要包括以下四类。

第一类为系统分析员和数据库设计人员。

第二类为应用程序员，负责编写使用数据库的应用程序。

第三类为最终用户，利用系统的接口或查询语言访问数据库。

第四类为数据库管理员（Database Administrator，DBA），负责数据库的总体信息控制。

数据库管理系统（DBMS）与数据库的关系如图1.6和图1.7所示。

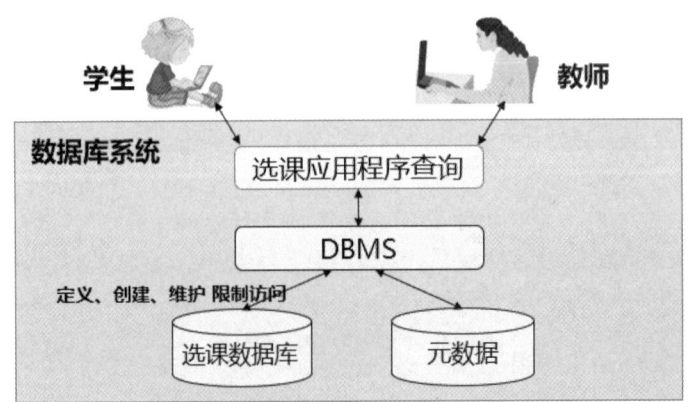

图1.6　数据库管理系统（DBMS）与数据库的关系（1）

第1章 关系数据库设计基础

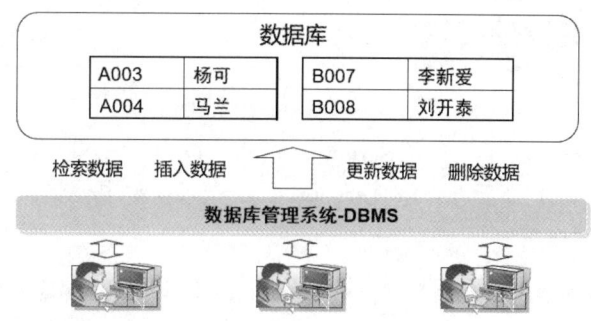

图1.7 数据库管理系统（DBMS）与数据库的关系（2）

议一议："人员"是数据库系统中的重要组成部分，针对4类"人员"，你觉得不同的"人员"需要具备怎样的素质？

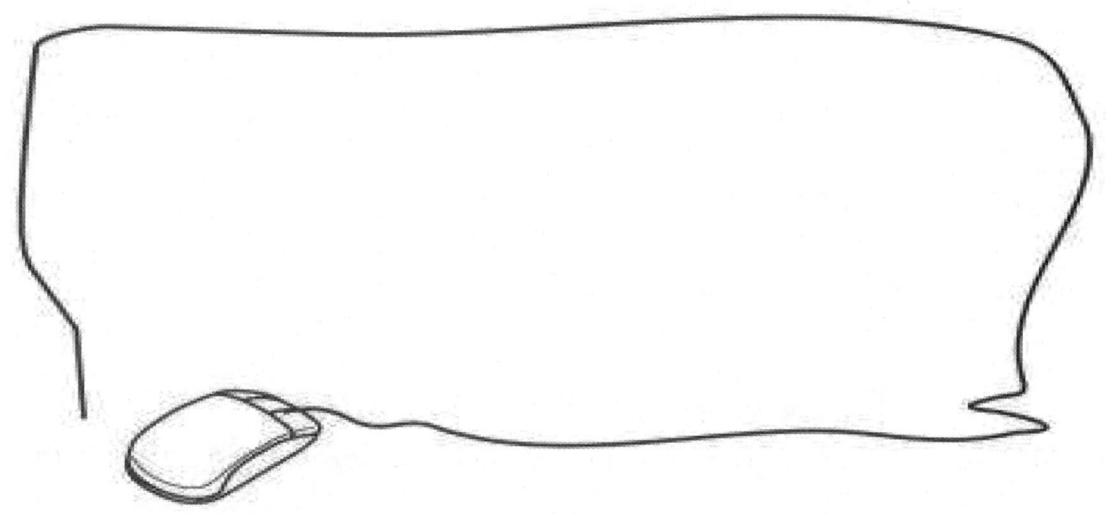

记一记：请记录本部分学习的重难点。

1.4 主流的关系数据库

主流的关系数据库有 Access、SQL Server、Oracle、DB2、MySQL 等，每种数据库的语法、功能和特性都各具特色。本节重点介绍 Access、SQL Server 和 Oracle 数据库的特点。

1. Access

Microsoft Office Access（以下简称 Access）是由微软（Microsoft）公司发布的一款关系数据库管理系统。它结合了 Microsoft Jet Database Engine 和图形用户界面的特点，是 Microsoft Office 的系统程序之一。它还是一个把数据库引擎的图形用户界面和软件开发工具结合在一起的数据库管理系统，其主要优势表现在以下几个方面。

（1）存储方式简单，易于维护和管理。

Access 的对象有表、查询、窗体、报表、页、宏和模块，以上对象都被存放在后缀为.mdb 或.accdb 的数据库文件中，便于用户的操作和管理。

（2）面向对象。

Access 是一个面向对象的开发工具，这种基于面向对象的开发方式，使得开发应用程序更为简便。

（3）界面友好，易操作。

Access 是一个可视化工具，风格与 Windows 完全一样，当用户想要生成并应用对象时，只要使用鼠标进行拖动即可，非常直观和方便。它还提供了表生成器、查询生成器、报表设计器，以及数据库向导、表向导、查询向导、窗体向导、报表向导等工具，操作简便，更容易使用和掌握。

（4）集成环境、处理多种数据信息。

Access 基于 Windows 操作系统的集成开发环境，该环境集成了各种向导和生成器工具，极大地提高了开发人员的工作效率，使得建立数据库、创建表、设计用户界面、设计数据查询、报表打印等可以方便有序地进行。

（5）支持广泛，易于扩展，弹性较大。

Access 能够通过链接表的方式打开 Excel 文件、格式化文本文件等，并对其中的数据进行查询、处理。用户可以通过将 Access 作为前台客户端，SQL Server 作为后台数据库的方式（如 ADP）开发大型数据库应用系统。

Access 在使用时也存在一些不足之处，表现在以下几个方面。

（1）在数据库过大时性能下降明显。

一般 Access 数据库在达到 100MB 左右时性能就会开始下降。例如，当访问将 Access 作为数据库的网站时，如果访问人数过多，则容易造成 IIS 假死，过多消耗服务器资源。

（2）容易出现各种因数据库刷写频率过快而引起的数据库问题。

（3）安全性比不上其他类型的数据库。

2. SQL Server

SQL Server 最初是由 Microsoft、Sybase 和 Ashton-Tate 三家公司共同开发的，于 1988 年推出了第一个操作系统版本。在 Windows NT 推出后，Microsoft 将 SQL Server 移植到了 Windows NT 上，SQL Server 伴随着 Windows 操作系统发展壮大，其友好的用户界面和简捷的部署都与运行平台息息相关。通过 Microsoft 的不断推广，SQL Server 的占有率随着 Windows 操作系统的推广不断攀升。

SQL Server 也是一种关系数据库管理系统，是一个全面的数据库平台，使用集成的商业智能（BI）工具来提供企业级的数据管理。SQL Server 数据库引擎为关系型数据和结构化数据提供了更安全可靠的存储功能，使用户可以构建和管理用于高可用和高性能业务的数据应用程序。SQL Server 的主要特点如下。

（1）真正的客户机/服务器体系结构。

（2）图形用户界面，使系统管理和数据库管理更加直观、简单。

（3）高性能设计，可充分利用 Windows NT 的优势。

（4）先进的系统管理，支持 Windows 图形化管理工具，支持本地和远程的系统管理和配置。

（5）强壮的事务处理功能，采用各种方法保证数据的完整性。

（6）易用性、适合分布式组织的可伸缩性、用于决策支持的数据仓库功能、与许多其他服务器软件紧密关联的集成性、良好的性价比等。

（7）为数据管理与分析带来了灵活性，允许用户在快速变化的环境中从容响应，从而获得竞争优势。从数据管理和分析的角度来看，将原始数据转化为商业智能并充分利用 Web 带来的机会非常重要。

（8）支持对称式多处理器结构、存储过程、ODBC 并具有自主的 SQL。SQL Server 以其内置的数据复制功能、强大的管理工具、与 Internet 的紧密集成和开放的系统结构为广大的用户、开发人员和系统集成商提供了一个出众的数据库平台。

3．Oracle

Oracle 由美国甲骨文（Oracle）公司开发，并于 1989 年正式进入中国市场，是目前世界上使用最为广泛的数据库管理系统之一。作为一个通用的数据库系统，它具有完整的数据管理功能；作为一个关系数据库，它是一个关系完备的产品；作为分布式数据库，它实现了分布式处理功能。只要在一种机型上学习了 Oracle 知识，就能在各种类型的计算机上使用。在数据库可操作平台上，Oracle 可在所有主流平台上运行，因此可以通过在具有较高稳定性的操作系统平台上运行来提高整个数据库系统的稳定性。Oracle 有以下特点。

（1）名副其实的大型数据库。

Oracle 支持多种数据类型，比如数字、字符、大至 2GB 的二进制数据，为数据库的面向对象存储提供数据支持。

（2）跨平台能力。

Oracle 能在所有主流平台上运行（包括 Windows 操作系统），支持所有的工业标准，采用完全开放策略。

（3）分布式数据库。

Oracle 可以使用不同物理分布的多个数据库上的数据，是一个完整的逻辑数据库。尽管数据操纵的单个事务可能要在多处运行，但这对程序是透明的，就好像所有的数据库都物理存储在本地数据库中。

（4）卓越的安全机制。

Oracle 的安全机制包括对数据库的存取控制、决定可以执行的命令、限制单一进程可用的资源数量及定义数据库中的数据访问级别等。

（5）共享 SQL 和多线索服务器体系结构。

这两个特性的结合可以减少 Oracle 的资源占用，增强处理能力，以支持成百上千个用户共同使用。

（6）支持客户机/服务器方式和多种网络协议。

 想一想：除了上述介绍的 3 种关系数据库，还有哪些关系数据库？

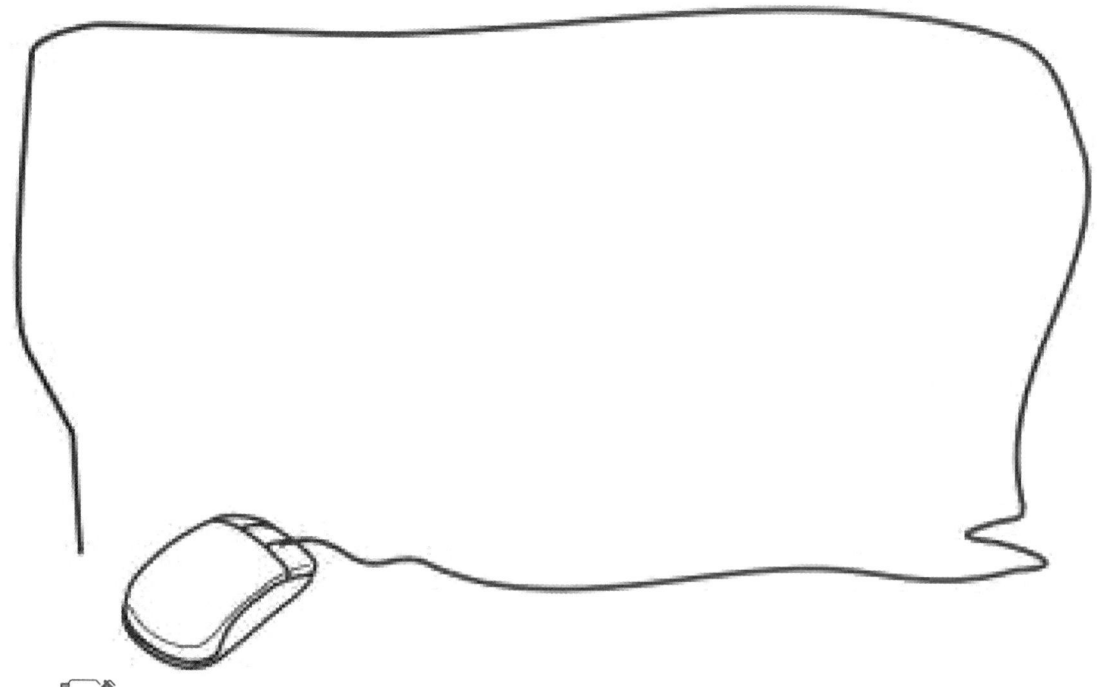

记一记：请记录本部分学习的重难点。

1.5 关系数据库设计

有人说:"一个成功的信息管理系统,由 50%的业务+50%的软件组成,而成功软件所占的 50%又由 25%的程序组成。"因此,要开发信息管理系统,数据库设计的好坏是关键。

关系数据库设计是指在给定的环境下,建立一个性能良好、能满足不同用户在数据存储和应用系统开发时的使用需求,又能被选定的 DBMS 所接受的数据模式。从本质上讲,数据库设计是将数据库系统与现实世界相结合的一个过程。

按照上述数据库模式建立的数据库,能够反映特定应用领域中信息及信息之间的联系、进行有效的信息存储、方便地执行用户的各种信息检索和处理操作,并且有利于关系数据库的维护和管理。

几十年来,人们经过不断的努力和探索,提出了各种数据库设计的方法。其中,比较著名的有新奥尔良(New Orleans)方法,这种方法将关系数据库设计分为 4 个阶段,过程如图 1.8 所示。

- 需求分析阶段。
- 概念结构设计阶段。
- 逻辑结构设计阶段。
- 物理结构设计与实施阶段。

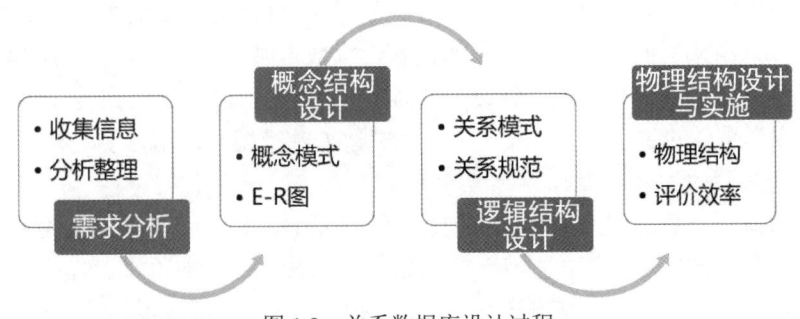

图 1.8 关系数据库设计过程

1.6 本章小结

本章是关系数据库的入门,掌握这些基础知识对后续章节的学习有很大的帮助。本章初步讲解了数据库系统的应用实例及应用前景;阐述了数据库技术的产生和发展趋势;同时介绍了数据库的基本概念,如数据库与数据表、数据库管理系统与数据库系统等;还介绍了主流的关系数据库,如 Access、SQL Server 和 Oracle 数据库;最后简单地介绍了关系数据库设计的过程,为后续章节的学习奠定基础。

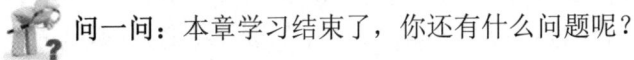
问一问:本章学习结束了,你还有什么问题呢?

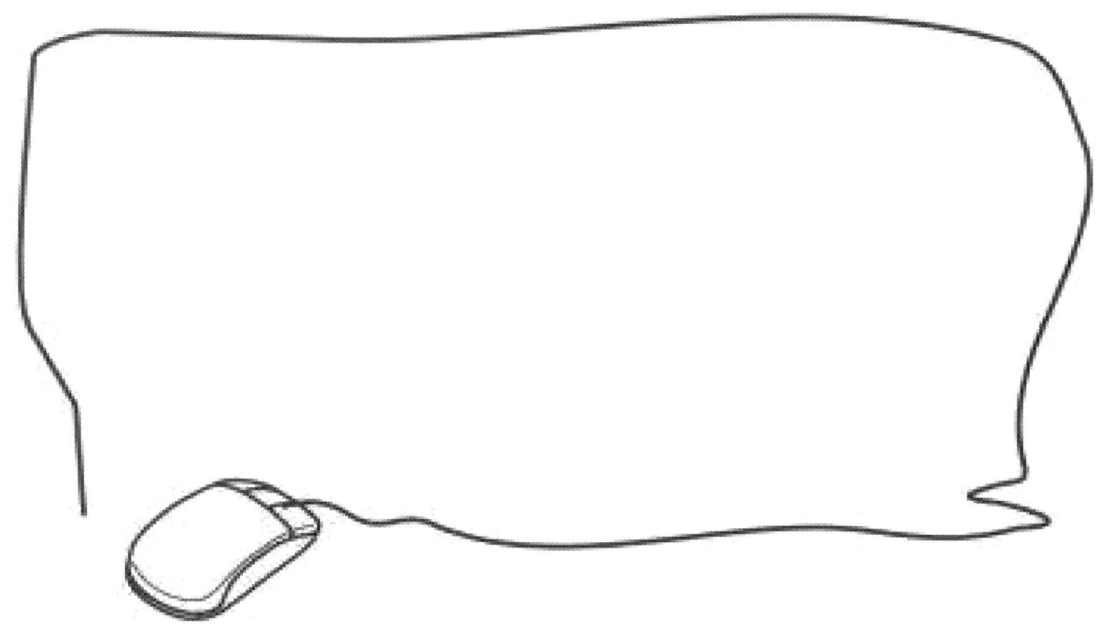

1.7 思政拓展

随着以社交网络为代表的新型信息发布方式的不断涌现,以及云计算、物联网等技术的兴起,数据正在以前所未有的速度不断增长和累积,大数据时代已经来到。最早提出"大数据"时代到来的是全球知名咨询公司麦肯锡,麦肯锡称:"数据,已经渗透到当今每一个行业和业务职能领域,成为重要的生产因素。人们对于海量数据的挖掘和运用,预示着新一波生产率增长和消费者盈余浪潮的到来。"

在大数据背景下,数据库无疑是提供关键性支持的技术之一。面对不断增加的海量数据,只有数据库提供稳定的底层支持,才能支持数据处理及其他环节的工作。随着互联网、移动通信等技术的不断发展,信息量爆炸式增长,人们对信息检索的需求逐渐增加,各个行业与互联网融合,都促进了数据库技术的应用范围不断拓展。

首先,数据库技术越来越多地应用在专业领域中。在通常情况下,专业领域主要包含 5 部分,可以根据用户的需求建立各自的数据库,分别是空间数据库、统计数据库、工程数据库、科学数据库及地理数据库。这 5 部分的数据库技术相近,一方面将数据库技术融入各自的专业领域中;另一方面都非常重视对计算机系统的开发与利用,尤其表现在数据模型的建立、信息检索等部分,并且在这些部分上积累了较多的经验,所以可以推断数据库技术在未来会倾向于向专业领域发展。

其次,数据库技术向数据库决策服务体系的方向发展。在大数据迅速崛起的社会背景下,计算机技术及互联网技术都得到了快速的发展,并在各个行业中都获得了广泛的应用。所以,基于大数据背景的数据库技术在未来的发展历程中必然会向 Web 开发平台进军,进而有效地推动世界各国信息资源共享体系的完善。随着现代科学技术水平的进一步发展,数据库信息挖掘技术必然会为健全数据库决策服务体系提供有力支持。

最后，数据库技术将着重向数据仓库及电子商务领域进军。为此，在开发数据库技术时要加强与用户的沟通交流，通过计算机网络技术和用户建立快捷、高效的沟通渠道。

因此，伴随着现代社会的不断进步，数据库应用在各行各业的各个方面，数据库技术能够有效地提高数据库的安全性。从数据库的应用现状来看，未来数据库技术必然会影响到专业领域、决策服务功能体系建设、数据仓库及电子商务领域等。

议一议：从上述关于"大数据背景下数据库技术的应用"中，你得到了什么启发？作为未来有可能从事数据库岗位的你，对数据库技术在大数据领域的应用有何见解？

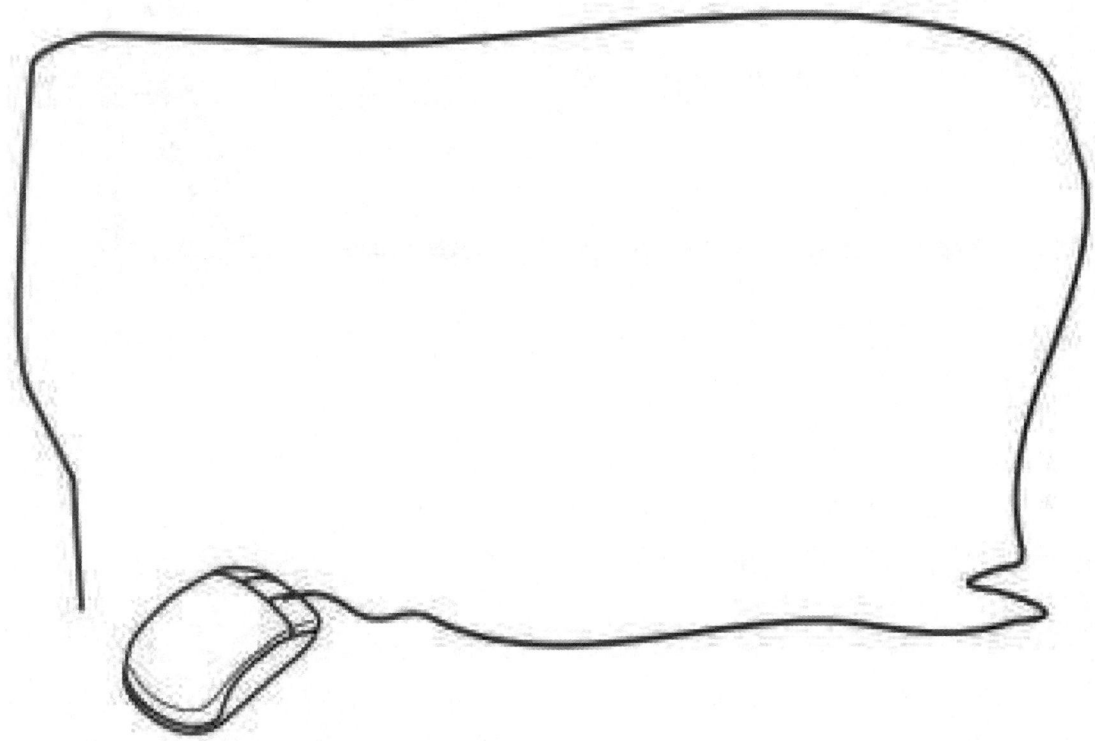

1.8 习题

1. 结合自己的生活和工作，说说数据库有哪些应用场合。
2. 简述数据库系统的组成部分。
3. 数据库技术发展经历了哪 3 个阶段？
4. 简述数据库管理系统和数据库系统。
5. 简述数据库管理系统的应用与作用。
6. 简述常见的关系数据库的优缺点。

📝 记一记：本章学习结束了，你有哪些收获？

第 2 章

实体-联系模型

学习目标

知识目标：掌握实体-联系模型中所涉及的基本概念；掌握实体-联系的表示方法；熟知 E-R 模型设计的步骤。

技能目标：能判断实体-联系模型中的码；能应用 E-R 符号绘制 E-R 图；能进行简单的 E-R 模型设计。

思政目标：培养严谨、细致的做事态度；了解数据库从业者应具备的职业道德和职业操守。

概念模型实际上用于信息世界的建模，是现实世界到信息世界的第一层抽象，能够方便、准确地表示信息世界中的常用概念。概念模型的表示方法有很多，其中最为著名且最为常用的是由美籍华人彼得·品山·陈（P.P.S.Chen）于 1976 年提出的实体-联系方法（Entity-Relationship Approach）。该方法用 E-R 图来描述现实世界的概念模型，也称为 E-R 模型。

2.1 实体-联系模型的基本要素

E-R 模型（实体-联系模型）基于对现实世界的这样一种认识：世界由一组被称为实体的基本对象及这些对象间的联系组成。

E-R 模型是一种语义模型，旨在表达数据的含义，不仅描述各个实体，而且描述各实体之间的内在联系。它可以有效地将现实世界的含义和相互关联映射到概念模型上。因此，许多数据库设计工具都应用了 E-R 模型。

本节主要介绍实体-联系模型的基本要素。

2.1.1 实体与实体集

1. 实体

简单地说，实体（Entity）是指客观存在并且可以区别于其他对象的事物。实体具有以下特点。

（1）实体可以是具体的对象。例如，一个学校是一个实体，一个班级是一个实体。

（2）实体可以是抽象的事件、抽象的概念等对象。例如，学校的寒假、暑假分别是不同的实体，一个学生思想品德的好与坏也分别是不同的实体。

（3）实体可以是有形的对象。例如，一个学生是一个实体，一张课桌是一个实体。

（4）实体可以是无形的对象。例如，一个学生思想品德的好与坏。

2．实体集

实体集（Entity Set）是具有相同类型且共享相同性质（或属性）的实体集合，简单地说就是同一类实体构成的一个实体集。例如，所有的大学生构成一个"学生"实体集，所有的课程构成一个"课程"实体集，所有的教师构成一个"教师"实体集。

实体集是可以相交的。例如，可以定义银行所有员工的 employee 实体集和所有客户的 customer 实体集，而一个人可以是 employee 实体，可以是 customer 实体，还可以既是 employee 实体又是 customer 实体，或者两者都不是。

以学生实体集为例，一条记录就是一个实体，所有记录组成了实体集，如图 2.1 所示。

	学号	姓名	性别	出生年月	籍贯	
学生实体集	2021210021	江星	男	2002-12-01	内蒙古	← 学生实体
	2021210022	赵盼	男	2002-10-12	河南	
	2021210023	刘鹏	男	2002-09-10	浙江	
	2021210024	李鑫	女	2003-04-10	江西	

图 2.1　实体与实体集

想一想：请观察教室里有哪些实体集？

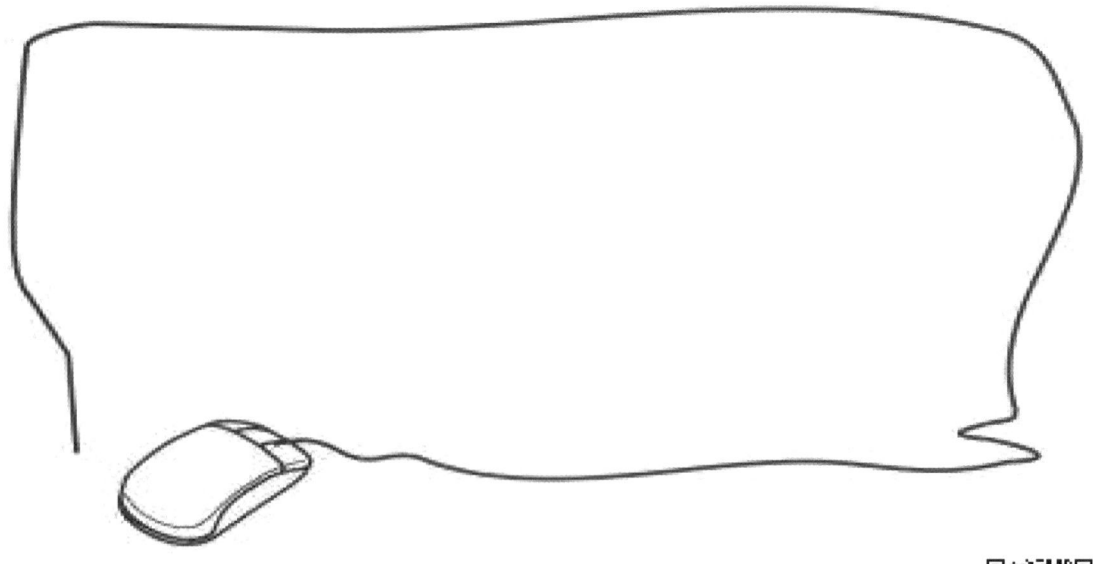

2.1.2　实体型与实体值

实体有类型和值的区别。用于描述和抽象同一实体集共同特征的实体名及其属性名的集合称为实体型（Entity Type）。例如，学生（学号，姓名，性别，出生年月，籍贯）就是一个实体型。相应地，实体集中的某个实体的值就是实体值（Entity Value）。例如，（"2021210021"，"江星"，"男"，2002-12-01，"内蒙古"）就是一个实体值，该实体值是学生实体的一个具体实例，它代表了一个"内蒙古"籍、姓名叫作"江星"、2002年出生的"男"学生，该学生的学号为"2021210021"。

对于属于同一实体集的实体，它们的实体型是相同的，但实体值是不同的。图2.2所示的"学生"实体集中共有4个实体值，分别代表了4个不同的学生，这4个学生的实体型是相同的。

图2.2 "学生"实体集

2.1.3 属性和域

属性（Attribute）是实体集中所有实体具有的共同特征的抽象描述性性质。实体是通过一组属性来表示的。例如，"学生"实体集中的属性包括"学号""姓名""性别""出生年月""籍贯"等，如图2.3所示。

学号	姓名	性别	出生年月	籍贯
2021210021	江星	男	2002-12-01	内蒙古
2021210022	赵盼	男	2002-10-12	河南
2021210023	刘鹏	男	2002-09-10	浙江
2021210024	李鑫	女	2003-04-10	江西

图2.3 "学生"实体集中的属性

如果将一个属性赋予某个实体集，则表明数据库为实体集中每个实体存储相似的信息，但每个实体自己的每个属性都有各自的值。属性的值为属性的具体取值。例如，对于学生江星，其"学号"取值为2021210021，"姓名"取值为江星，"性别"取值为男等。"学生"实体集中不同属性的值如图2.4所示。

学号	姓名	性别	出生年月	籍贯
2021210021	江星	男	2002-12-01	内蒙古
2021210022	赵盼	男	2002-10-12	河南
2021210023	刘鹏	男	2002-09-10	浙江
2021210024	李鑫	女	2003-04-10	江西

图2.4 "学生"实体集中不同属性的值

每个属性都有一个取值范围,称为该属性的域(Domain)或者值域。例如,设"学生"实体集的属性分别具有以下值域。

"学号"的值域为{2021210021,2021210022,2021210023,2021210024,…}

"姓名"的值域为{江星,赵盼,刘鹏,李鑫,…}

"性别"的值域为{男,女}

……

属性的值域可以是整数的集合、实数的集合、字符串的集合或者其他类型的值的集合。

综上所述,数据库包括多组实体集,每种类型的实体集都有各自的一些属性,每个实体集中包括一些相同类型的实体,各个实体在各个属性上有不同的取值。

 想一想:请分析"成绩"属性的值域。

例如,图 2.5 所示为学校教务管理数据库的一部分,其中有两个实体集:"学生"和"课程"。"学生"实体集的属性包括"学号""姓名""性别""班级""籍贯"。"课程"实体集的属性包括"课程号""课程名""教师""周课时数"。这两个实体集中分别有 4 个实体,我们可以看到各个不同的实体在一些属性上的不同取值。

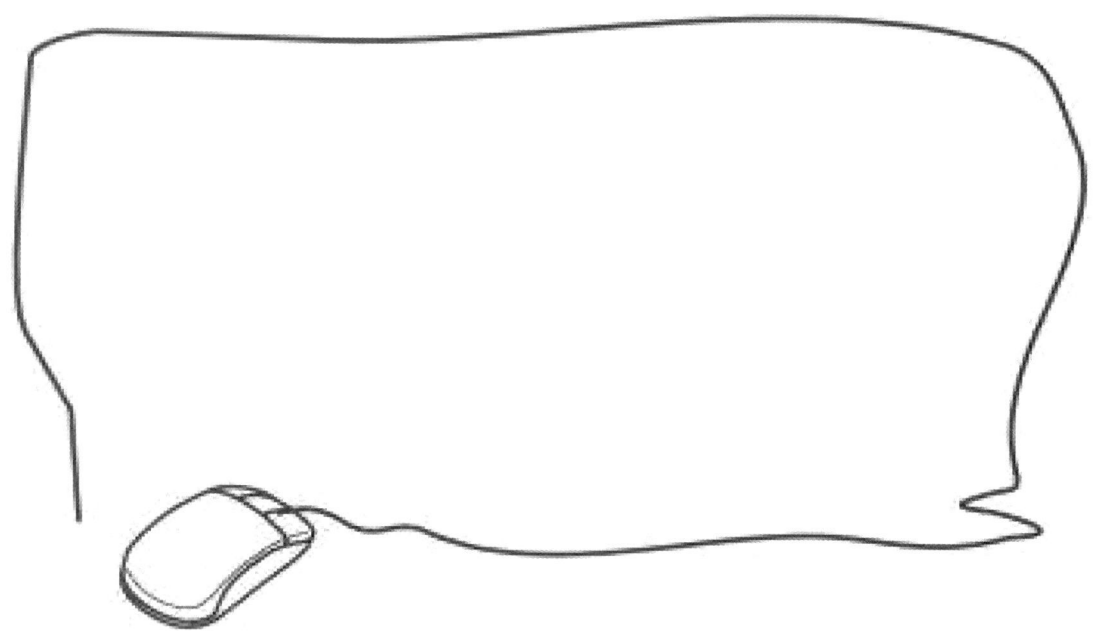

学生

学号	姓名	性别	班级	籍贯
2021210021	江星	男	大数据2101	内蒙古
2021210022	赵盼	男	大数据2101	河南
2021210023	刘鹏	男	大数据2101	浙江
2021210024	李鑫	女	大数据2101	江西

课程

课程号	课程名	教师	周课时数
1	关系数据库应用	吴老师	3
2	Python语言基础	黄老师	3
3	大数据分析技术	黄老师	4
4	数据采集与预处理	涂老师	4

图 2.5 实体集"学生"和"课程"

我们可以按照以下的属性类型划分 E-R 模型中的属性。

1. 简单属性和复合属性

在上述的例子中出现的属性基本都是简单属性，也就是说，它们不能被划分为更小的部分，而复合属性可以被划分为更小的部分（划分为其他属性）。例如，"学生"实体集中的"姓名"属性可以被划分为"曾用第一个名""曾用第二个名""现在姓名"的复合属性。如果希望在某些时候访问整个属性，而在另一些时候访问属性的某个部分，那么在设计模式时使用复合属性是一个很好的选择。

注意：复合属性可以是有层次的。例如，我们在"学生档案"实体集中对"地址"属性进行设计时，可以将其划分为"国家""省""城市""街道"，又可以将其成分属性"街道"划分为"街道名""街道号"。实体集的复合属性如图 2.6 所示。

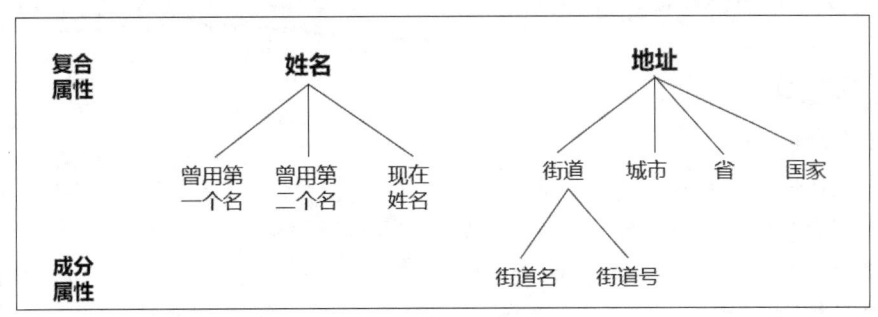

图 2.6 实体集的复合属性

2. 单值属性和多值属性

前面提到的属性对一个特定实体只有一个值。例如，对"学生"实体而言，一个学生只对应一个学号。所以，"学号"这样的属性为单值属性，即一个属性只对应一个值。然而，在某些情况下，对某个特定的实体而言，一个属性可能对应一组值。例如，对于"学生档案"实体集中的"联系电话"属性，每个学生都可以有 0 个、1 个或多个联系电话。因此，在该实体集中，不同的"学生"实体在"联系电话"属性上有不同数目的值，这样的属性为多值属性。同样，"学生档案"实体集中的"家庭成员"属性也是一个多值属性，每个学生都可能有 0 个、1 个或多个家庭成员。

在某些情况下，我们可以对多值属性的取值数目进行上、下界的限制。例如，在"学生档案"实体集中，可以将一个学生的联系电话限制在两个以内，这个限制表明"学生档案"实体集中"联系电话"属性的值可以是 0 个、1 个或 2 个。

3. 派生属性

派生属性的值可以从其他的相关属性或实体中派生出来。例如，"学生"实体集有一个属性"出生年月"，表示学生何时出生，可以通过属性"出生年月"的值计算出"年龄"属性的值。因此，"年龄"就是派生属性，"出生年月"是基属性或存储的属性。派生属性的值不会被存储，但在需要时可以被计算出来。

想一想：能否将"年龄"作为基属性，"出生年月"作为派生属性？

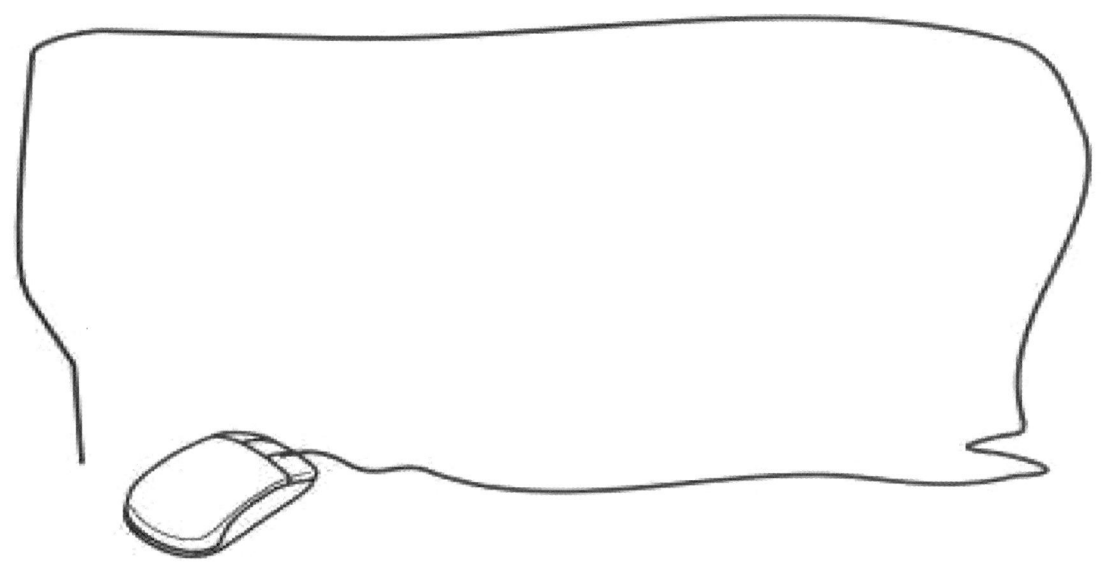

4. Null 属性

当我们不知道某个属性的值,或属性值尚未确定时,可以将属性值设为空(Null)。例如,当某个新教师的职称还未评定时,可以将该教师"职称"属性的值设为 Null。

2.1.4 联系与联系集

1. 联系

联系(Relationship)是指多个实体间的相互关联。每个联系都有一个名字,都可以具有描述性属性。例如,我们可以定义"学生"实体集的姓名"张小燕"和"课程"实体集的课程号"5"之间的联系,这一联系表示:张小燕学习课程号为 5 的这门课程。

2. 联系集

联系集(Relationship Set)是同类联系的集合。

规范地说,联系集是 n($n \geq 2$)个实体集上的数学关系,这些实体集不必互异。如果 E1,E2,…,En 为 n 个实体集,那么联系集 R 为:

$$\{(e1, e2, \cdots, en) | e1 \in E1, e2 \in E2, \cdots, en \in En\}$$

的一个子集,(e1,e2,…,en)是一个联系。

例如,可以利用图 2.5 所示的两个实体集"学生"和"课程"来定义"学习"联系集,以表示学生学习某些课程,该联系集如图 2.7 所示。

学生						课程			
学号	姓名	性别	班级	籍贯		课程号	课程名	教师	周课时数
2021210021	江星	男	大数据2101	内蒙古		1	关系数据库应用	吴老师	3
2021210022	赵盼	男	大数据2101	河南		2	Python语言基础	黄老师	3
2021210023	刘鹏	男	大数据2101	浙江		3	大数据分析技术	黄老师	4
2021210024	李鑫	女	大数据2101	江西		4	数据采集与预处理	涂老师	4

"学习"联系集

图 2.7 "学习"联系集

3. 参与

实体集之间的关联被称为参与。也就是说,实体集 E1, E2, …, En 参与联系集 R。例如,一个"学生"实体(江星,学号为"100101")和一个"课程"实体(课程号为"4")参与到"学习"联系集的一个具体联系中,则表示:现实世界中学号为"2021210021"、姓名为"江星"的学生学习了课程号为"4"的这门课程。

一个给定联系集中的实体被称为联系的参与者。如果联系集 R 中的所有参与者都至少在 R 的一个具体联系中出现,则称这种参与是全部的,反之就是部分的。例如,在"学生"实体集与"班级"实体集之间的"属于"联系集中,由于每个具体的学生都属于某个具体的班级,因此参与者"学生"在"属于"联系中的参与是全部的。

4. 角色

实体在联系中的作用被称为角色。由于参与一个联系集的实体集通常是互异的,因此角色是隐含的并且常常不做声明。但是,当同一个实体集在一个联系集中参与的次数大于一次时,每次参与都将具有不同的角色,因此在这类联系集中,有必要用显式的角色名来定义一个实体参与联系实例的方式。例如,对银行所有员工信息的实体集"职工",我们可以用联系集"领导"对有序的"职工"实体对进行建模。每对实体中的第一个员工都具有工作人员的角色,而第二个员工都具有经理的角色。按照这种方式,所有的"领导"联系都可以通过(工作人员,经理)对来描述,而不描述成(经理,工作人员)对。

联系也可以具有自己的描述性属性。例如,可以在前面提到的"学习"联系集中增加"成绩"属性。

议一议:请讨论现实生活中"角色"的重要作用,以及你在充当怎样的角色。

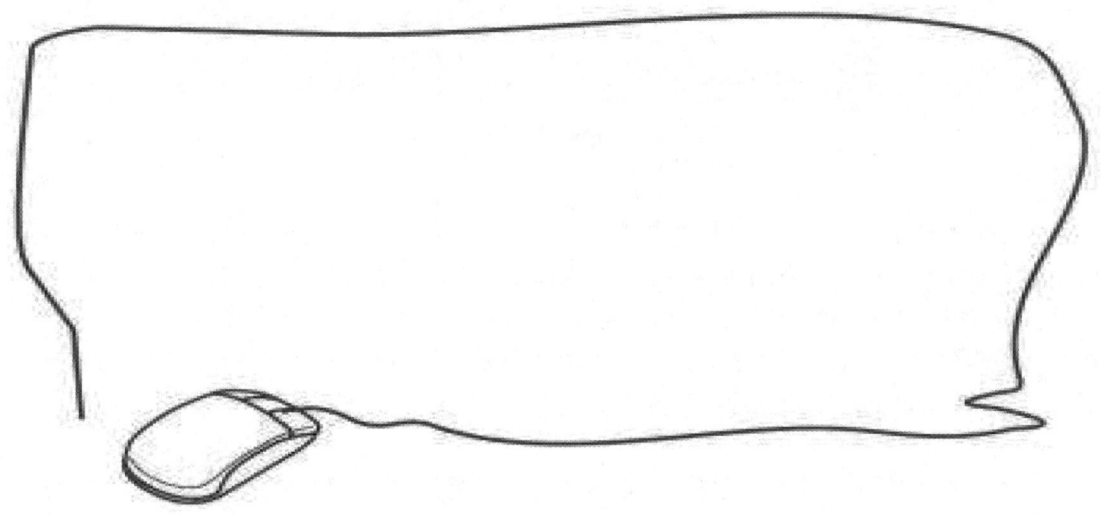

5. 度

参与联系集的实体集的数目被称为联系集的度(Degree)。

"学习"联系集是由"学生"与"课程"两个实体集参与的,由此可以将"学习"联系集称为一个二元联系集,度为 2。该联系集可以由二元组:(学生,课程)来描述。

在数据库系统中,大多数联系集都是二元的,但是偶尔有些联系集涉及的实体集会多于两个。例如，一个 contracts 联系集，包括"电影公司"、"影星"和"电影"三个实体集，表示电影公司和某一影星签约，并让他出演某一部电影。contracts 联系集可以由三元组：（电影公司，明星，电影）来描述，为三元联系集，度为 3。度为 n（$n>2$）的联系集被称为 n 元联系集。

6. 联系的类型

对于实体集 A 和实体集 B 之间的二元联系集 R 来说，其联系的类型如下。

1）一对一

实体集 A 中的一个实体至多同实体集 B 中的一个实体相联系，实体集 B 中的一个实体至多同实体集 A 中的一个实体相联系，如图 2.8（a）所示。例如，学校寝室的"床位"实体集与"学生"实体集之间就是一对一联系，即一个学生只能拥有一张床，一张床也只能分配给一个学生。

2）一对多

实体集 A 中的一个实体可以同实体集 B 中任意数目的实体相联系，而实体集 B 中的一个实体至多可以同实体集 A 中的一个实体相联系，如图 2.8（b）所示。例如，在银行管理系统中，实体集 A 是银行客户，实体集 B 是多笔贷款，那么，这里的实体集 A 与实体集 B 就是一对多联系。也就是说，一个银行客户可以进行多笔贷款，而一笔贷款只能属于一个银行客户。

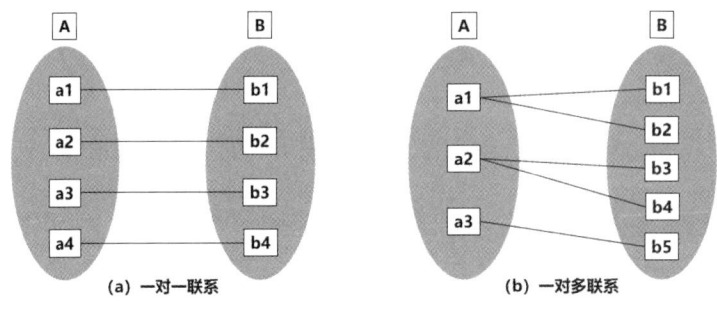

图 2.8　实体集之间的联系（1）

3）多对一

实体集 A 中的一个实体至多同实体集 B 中的一个实体相联系，而实体集 B 中的一个实体可以同实体集 A 中任意数目的实体相联系，如图 2.9（c）所示。例如，在上述一对多联系中，如果将实体集 A 与实体集 B 进行交换，则实体集 A 与实体集 B 就是一个多对一联系。如果实体集 A 是学生，实体集 B 是专业，那么实体集 A 与实体集 B 就是多对一联系，即一个学生只能属于某个专业，而一个专业可以有多个学生。

4）多对多

实体集 A 中的一个实体可以同实体集 B 中任意数目的实体相联系，实体集 B 中的一个实体也可以同实体集 A 中任意数目的实体相联系，如图 2.9（d）所示。例如，实体集 A 是学生，实体集 B 是课程，这两个实体集就是多对多联系。也就是说，一个学生可以选择多门课程，而同样地，一门课程也可以被多个学生选择。再例如，上述的"银行客户"与"贷款"两个实体集中，如果贷款是多个商业伙伴所共有的，那么原来的一对多联系就变成了多对多联系。

以上所述是实体间最基本的联系。在原则上，许多实体之间的复杂联系都可以用上述的几种基本联系等价地表示。

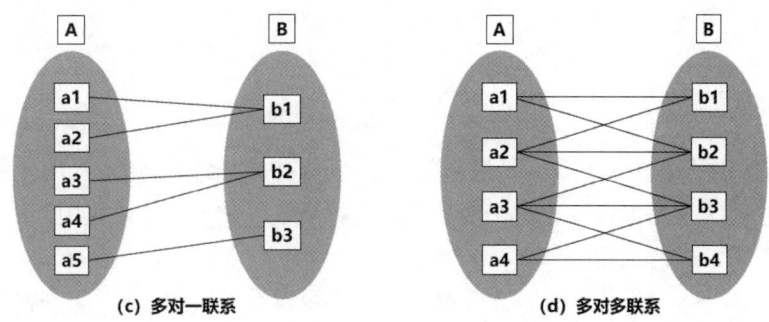

图 2.9　实体集之间的联系（2）

📝 **记一记**：请记录本部分学习的重难点。

🧑‍🔧 **动一动**：判断下述 4 种情况中"教授"联系的类型。

1. 每位教师教授一位学生，每位学生被多位教师教授。
2. 每位教师教授多位学生，每位学生被一位教师教授。
3. 每位教师教授多位学生，每位学生被多位教师教授。
4. 每位教师教授一位学生，每位学生被一位教师教授。

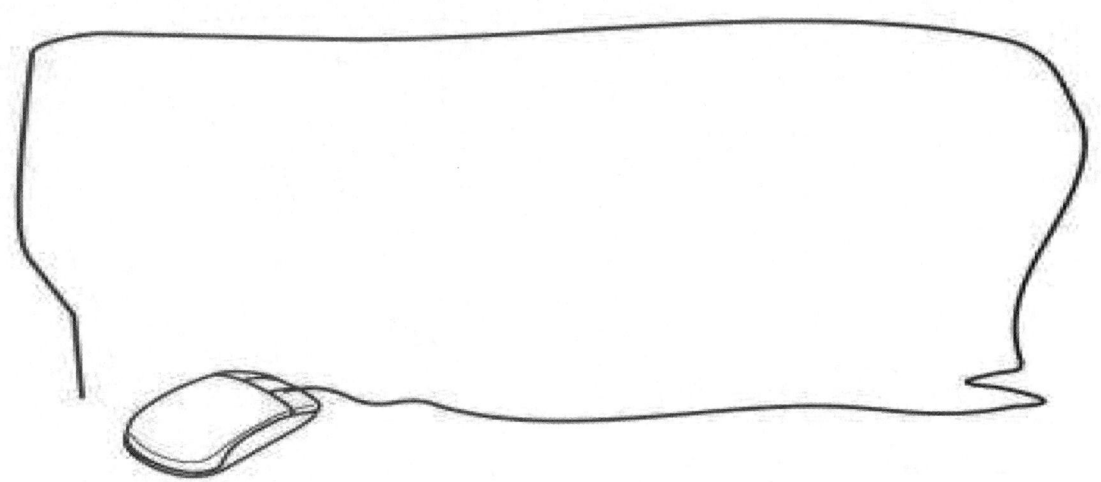

2.1.5 码

从概念上看,各个实体是互异的,但从数据上看,它们的区别必须用其属性来表明。因此,一个实体的属性值必须是可以区分这个实体的。也就是说,在一个实体集中,不存在两个实体的所有属性值都相同的情况。

码,也称键(Key),使我们可以区分实体。它同样可以唯一地标识联系,并将联系互相区分。

1. 实体集中的码

在这里介绍实体集中的两种码:候选码和主码。

1)候选码

有这样的情况:几个不同的属性集都可以作为候选码。

例如,在"学生"实体集中,"学号"是能唯一区分学生实体的属性,同时假设"姓名""年龄"的属性组合足以区分该实体集,那么(学号)和(姓名,年龄)都是候选码。但是,虽然属性"学号"和"姓名"的组合也能区分学生实体,但它们的组合并不能成为候选码,因为"学号"属性已经是候选码。

2)主码

主码也称主键或主关键字,它表示被数据库设计者选中的、用来在同一实体集中区分不同实体的候选码。在一个实体集中,候选码可以有多个,但主码只有一个。

(1)主码的选择必须慎重。

例如,人的姓名是不足以作为主码的,因为可能有多个人重名,而身份证号码却可以作为主码;学生在学校的学号也可以作为主码;企业可以设置其自己的唯一标识符作为主码,也可以使用某些属性的唯一组合作为主码。

(2)主码的选择应该是那些从不或极少变化的属性。

例如,一个人的地址不应该作为主码的一部分,因为它很可能变化。

注意:码是实体集的性质,而不是单个实体的性质。实体集中的任意两个实体都不允许同时在码属性上具有相同的值。码的指定代表了被建模的事物在现实世界中的约束。

想一想:候选码和主码之间的关系是什么?

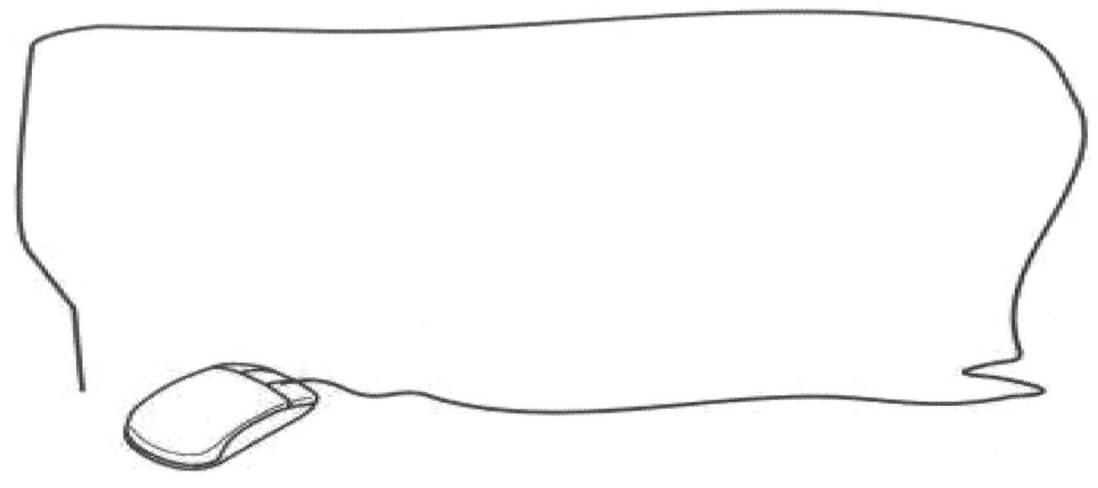

2．联系集中的码

实体集的主码可以将实体集中不同的实体区分开。同样地，我们需要一种类似的机制来区分一个联系集中不同的联系。

假设 R 是一个涉及实体集 E1，E2，…，En 的联系集，而 Primary-key（Ei）代表构成实体集 Ei 主码的属性集合（假设所有主码的属性名都是唯一的，并且每个实体集在这个联系中都只参与一次）。

那么，以下属性集合

Primary-key（E1）∪Primary-key（E2）∪…∪Primary-key（En）

总是构成联系集的一个超码。

联系集的主码结构依赖于联系集的联系类型，如下所示。

（1）假设实体集 A 与实体集 B 之间的联系集是多对多联系，那么联系的主码由实体集 A 与实体集 B 两个实体集的主码共同组成。

（2）如果实体集 A 与实体集 B 之间的联系集是多对一联系，那么联系的主码就是实体集 A 的主码。

（3）如果实体集 A 与实体集 B 之间的联系集是一对多联系，那么联系的主码就是实体集 B 的主码。

（4）如果实体集 A 与实体集 B 之间的联系集是一对一联系，那么联系的主码就是实体集 A 或实体集 B 的任意一个主码。

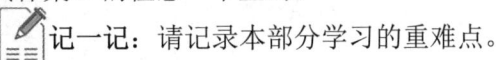

记一记：请记录本部分学习的重难点。

动一动：请判断下面情况中"教授"联系的码。

1．一位教师教授多位学生，一位学生由一位教师教授。
2．一位教师教授一位学生，一位学生由多位教师教授。
3．一位教师教授多位学生，一位学生由多位教师教授。

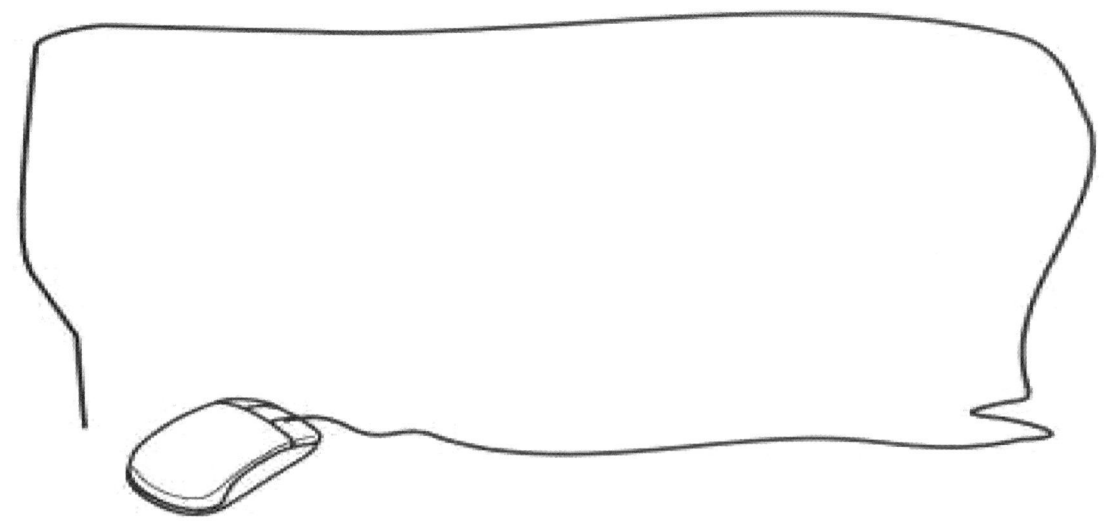

2.2 实体-联系图表示

2.2.1 E-R 图的符号表示

通常用实体-联系图（Entity-Relationship Diagram，E-R 图）的直观图示方式描述实体-联系模型。

E-R 图中常见的符号如图 2.10 所示。由于 E-R 图中的符号并没有通用的标准，因此在不同的书和 E-R 图的制图软件中可能使用不同的符号，这里只罗列了大家经常接触到的 E-R 图符号。

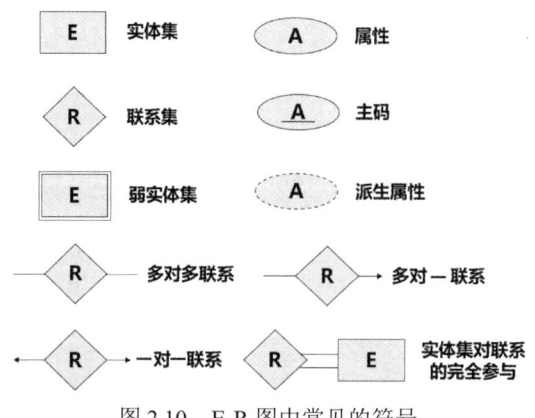

图 2.10 E-R 图中常见的符号

例如，对前面提到的"学生"和"课程"两个实体集，可以通过图 2.11 所示的 E-R 图来表示。在图 2.11 中，包括了两个实体集"学生"和"课程"，它们通过二元联系集"学习"联系起来。与"学生"实体集相关的属性包括"学号""姓名""出生年月""班级""性别"。与"课程"实体集相关的属性包括"课程号""教师""课程名""周课时数"。作为主码的"学号"与"课程号"均以下画线标明。

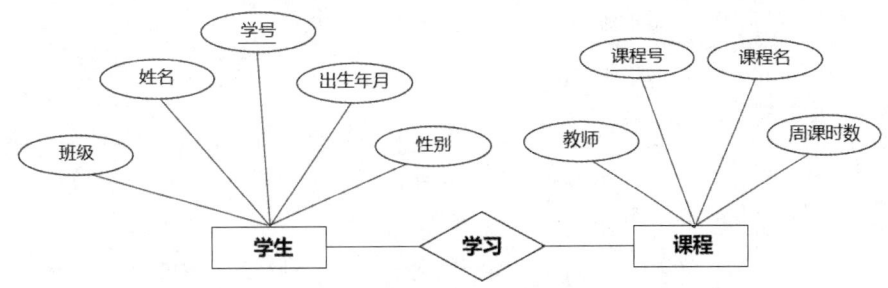

图 2.11 学生和课程 E-R 图（多对多联系）

2.2.2 E-R 图的绘制

联系可以是一对一、一对多、多对一或多对多的。在 E-R 图中，为了将这些不同的联系类型区分开，我们采用以下两种方法来表示。

方法一：在联系集和所讨论的实体集间用箭头（→）或线段（—）来表示。

在联系集和所讨论的实体集间用箭头（→）连接，则表示实体那端是"一"（联系类型中的一对一、一对多或多对一中的"一"）。

在联系集和所讨论的实体集间用线段（—）连接，则表示实体那端是"多"（联系类型中的一对多、多对一或多对多中的"多"）。

图 2.11 所示的"学习"联系集是多对多联系的。但为了说明不同联系的 E-R 图，特做以下假设。

（1）如果"学习"联系集从"学生"实体集到"课程"实体集是一对一联系的，那么从"学习"联系集发出的两条连接线都应该是箭头，一个箭头指向"学生"实体集，另一个箭头指向"课程"实体集，如图 2.12（a）所示。

（2）如果"学习"联系集从"学生"实体集到"课程"实体集是一对多联系的，那么从"学习"联系集到"学生"实体集的连接线就应该是箭头（→），箭头指向"学生"实体集，如图 2.12（b）所示。

（3）如果"学习"联系集从"学生"实体集到"课程"实体集是多对一联系的，那么从"学习"联系集到"课程"实体集的连接线就应该是箭头（→），箭头指向"课程"实体集，如图 2.12（c）所示。

（4）如果"学习"联系集从"学生"实体集到"课程"实体集是多对多联系的，那么从"学习"联系集发出的两条连接线都应该是线段，如图 2.12（d）所示。

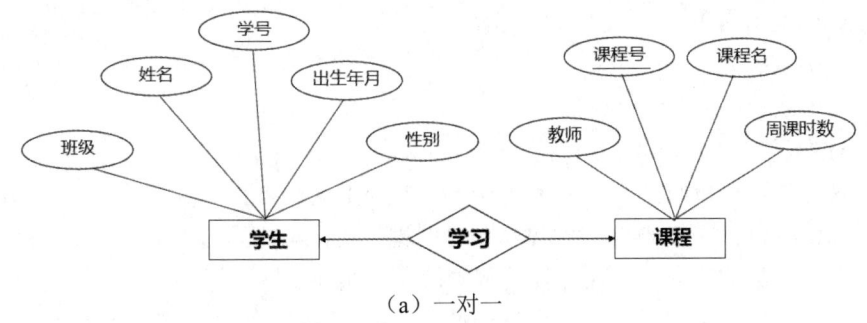

（a）一对一

图 2.12 联系的 E-R 图

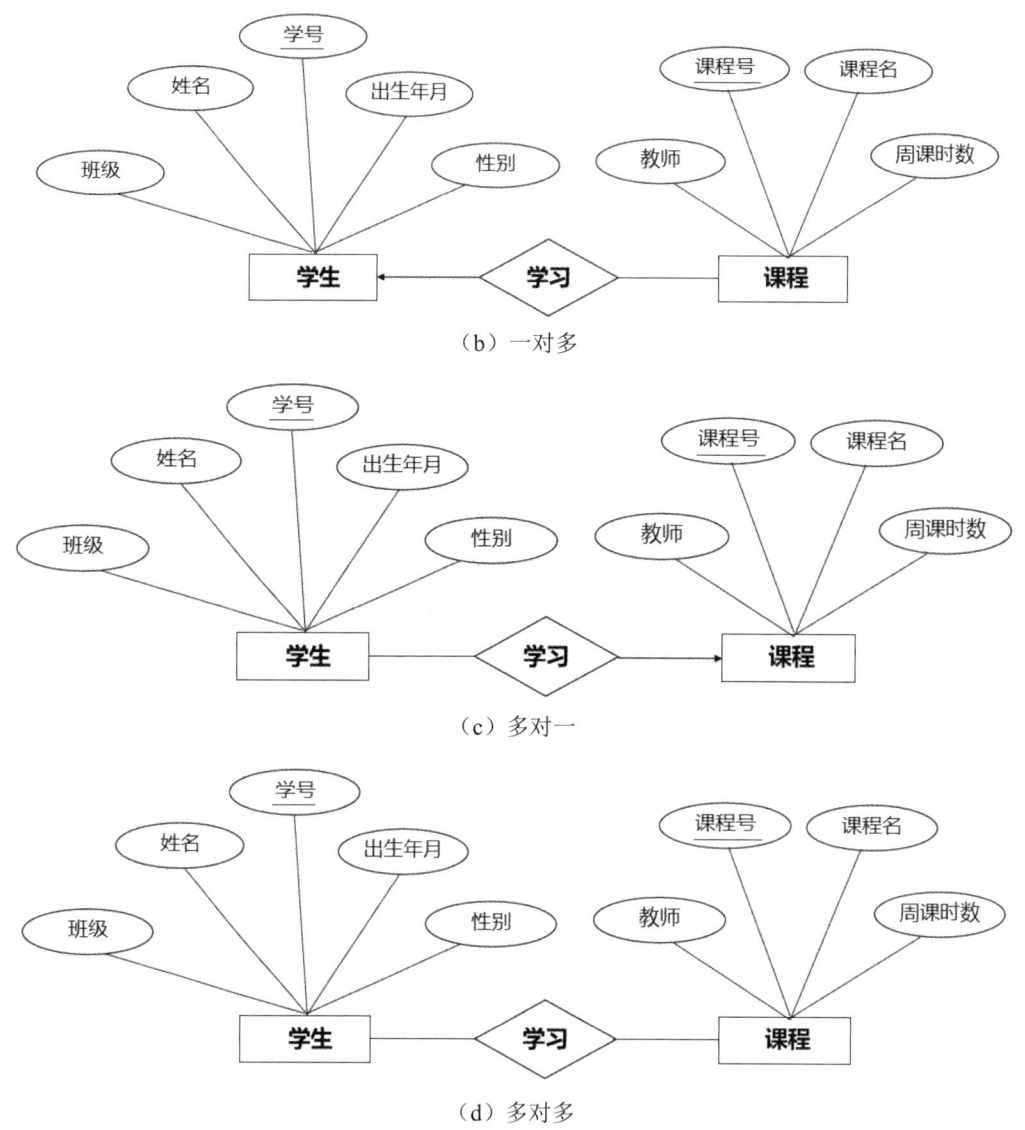

(b) 一对多

(c) 多对一

(d) 多对多

图 2.12 联系的 E-R 图（续）

方法二：在直线靠近实体的那端标上"1"或"n"等。

这种表示方法的连接线均采用直线。在直线靠近实体的一端分别标上"1"或"n"来表明联系的类型。

（1）一对一表示为 1：1。
（2）一对多表示为 1：n。
（3）多对一表示为 n：1。
（4）多对多表示为 m：n。

采用这种方法，可以将图 2.12 所示的方法用图 2.13 所示的另一种表示方法来表示。

（1）图 2.13（a）表示"学生"实体集与"课程"实体集之间的"学习"联系是一对一的，所以"学习"联系集的"学生"实体集端和"课程"实体集端都标"1"。

（2）图 2.13（b）表示"学习"联系是一对多联系，所以"学生"实体集端标"1"，"课程"实体集端标"n"。

（3）图2.13（c）表示"学习"联系是多对一联系，所以"学生"实体集端标"n"，"课程"实体集端标"1"。

（4）图2.13（d）表示"学习"联系是多对多联系，所以"学生"实体集端标"m"（或 n），"课程"实体集端标"n"（或 m）。

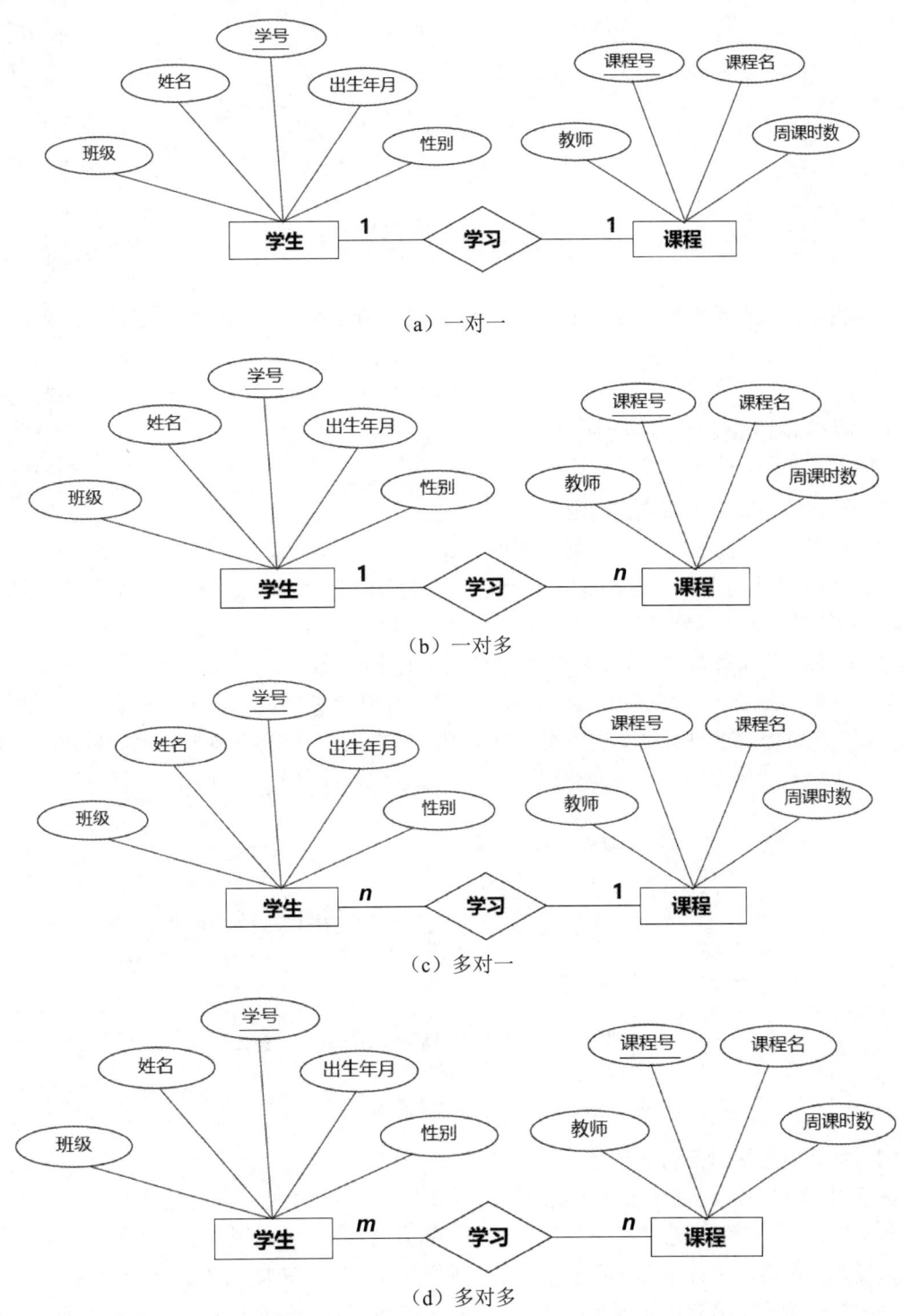

图 2.13　联系的 E-R 图的另一种表示方法

📝 记一记：请记录本部分学习的重难点。

2.2.3 两种特殊情况的 E-R 图

下面给出两种特殊情况的 E-R 图。

（1）如果一个联系的某个参与是全部的，那么就用双线将联系与参与者相连。

在图 2.14 所示的全部参与联系中，"学生"实体集具有"学号""姓名""性别"等属性，"班级"实体集具有"班级号""班级名""人数"属性，"学号"和"班级号"分别是"学生"实体集和"班级"实体集的主码，所以其属性名带有下画线，而"人数"属性是派生属性，所以用虚线椭圆形框表示。"班级"实体集和"学生"实体集之间的"属于"联系是一对多的，所以"属于"联系集的"班级"实体集端标"1"，而"学生"实体集端标"n"。另外，由于参与者"学生"在"属于"联系中是全部参与的，所以用双线将其与"属于"联系相连。

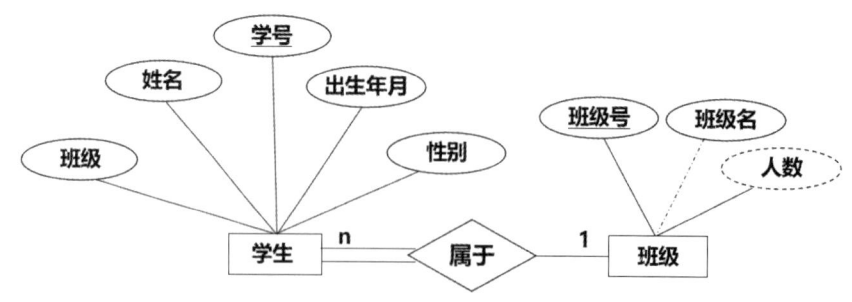

图 2.14　全部参与联系的 E-R 图

（2）具有角色指示符的 E-R 图。

在 E-R 图中表示角色是通过在菱形框和矩形框之间连线上标注角色指示符来实现的。例如，包含银行所有员工信息的"职工"实体集，它具有属性"职工号""姓名""性别"，我们用"领导"联系集来对有序的"职工"实体对进行建模，其 E-R 图如图 2.15 所示。"职工"实体集中的第一个员工具有工作人员的角色，而第二个员工具有经理的角色，因此"职工"实体集和"领导"联系集之间的角色指示符为"经理"和"工作人员"。

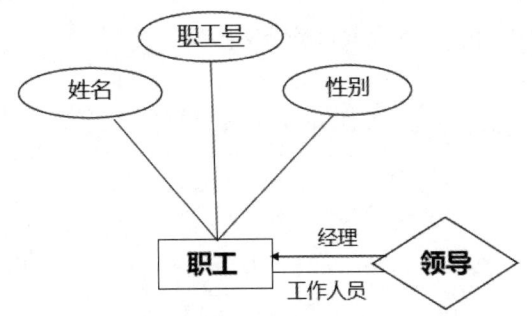

图 2.15 具有角色指示符的 E-R 图

✎ 记一记：请记录本部分学习的重难点。

🛠 动一动：绘制 E-R 图。

假设一个商店里有多个顾客，一个顾客可以到多个商店购物，顾客每次去商店购物都有一个消费金额和日期。

- "商店"属性：商店编号、商店名、地址。
- "顾客"属性：顾客编号、姓名、年龄、性别。

要求：画出 E-R 图，并注明属性和联系类型。

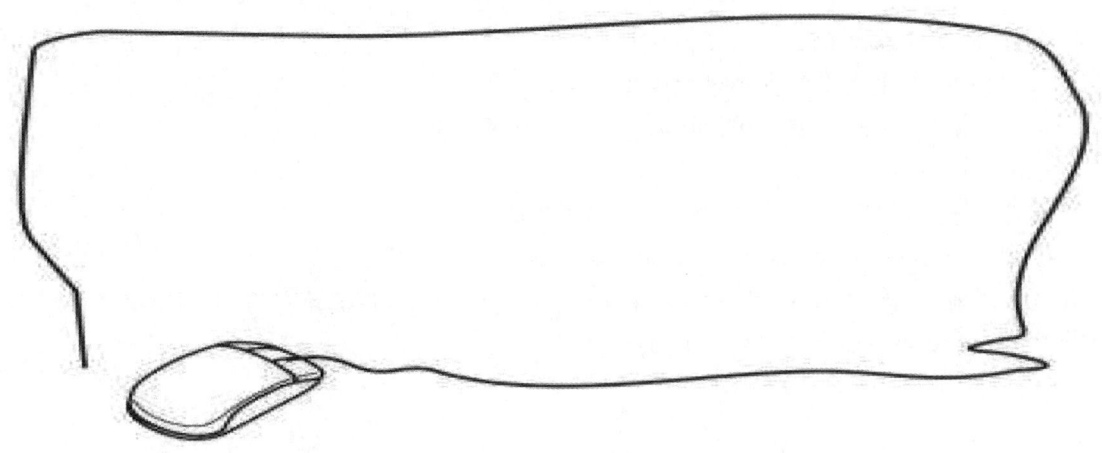

想一想：画 E-R 图的过程中要注意哪些细节？

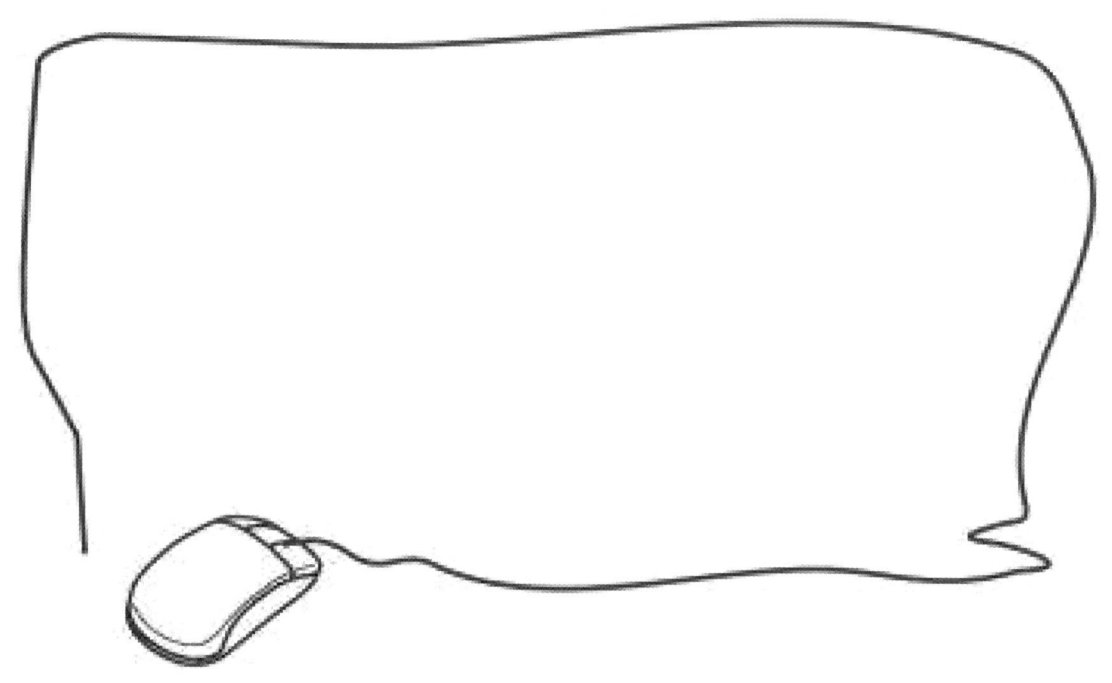

2.3 E-R 模型的设计

上一节讨论了实体、属性和实体集间的联系在 E-R 图中的具体表示方法。当我们从现实世界中抽象出实体、属性和实体集间的联系，并用 E-R 图来描述它们时，会很自然地想到这样几个问题：什么可以作为实体集？什么可以作为属性？如何确定实体集间的联系？本节将讨论在数据库 E-R 模型的设计过程中经常遇到的问题。

2.3.1 确定实体集、属性与实体间的联系

1. 确定实体集和属性

一般来讲，可以作为属性的事物符合以下两条原则。

（1）除了复合属性，其他属性都不能具有需要描述的特性。

（2）属性不能与其他实体发生联系。

符合上述原则的事物就作为属性，其余的应作为实体。

如图 2.16 所示，对"课程"实体集而言，"课程号"、"课程名"、"学分"和"周学时"应该毫无疑问地作为它的属性，但是如果课程类型还与课程的上课周数有关，则应该把"课程类型"作为一个实体，而将"周数"作为它的属性。

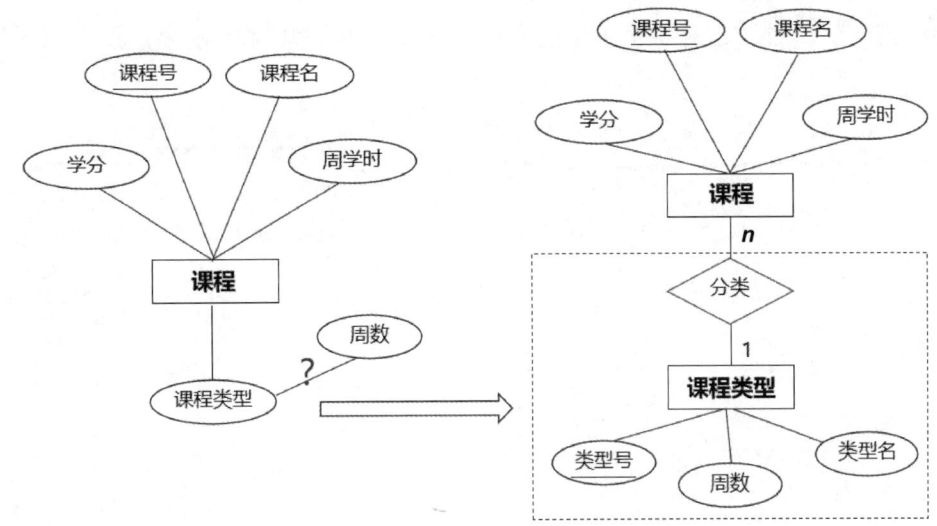

图 2.16　课程与课程类型

2. 确定实体集间的联系

在一个简单的学生管理系统中，存在 3 个实体集，即"课程""教师""学生"，经分析可以得出以下 3 个联系。

（1）教师教授课程。
（2）教师给学生上课。
（3）学生通过上课来学习课程。

因此得到图 2.17 所示的 E-R 图。假设，同一位教师不能重复教授某门课程，如果选修该教师所教授课程的学生特别多，则可以用大教室上课，每个学生可以选修多门课程，每门课程由一位教师教授，同一门课程可以被不同的学生选修。因此，需要给原来 E-R 图的"教授"联系集增加"时间"和"教室号"两个属性。

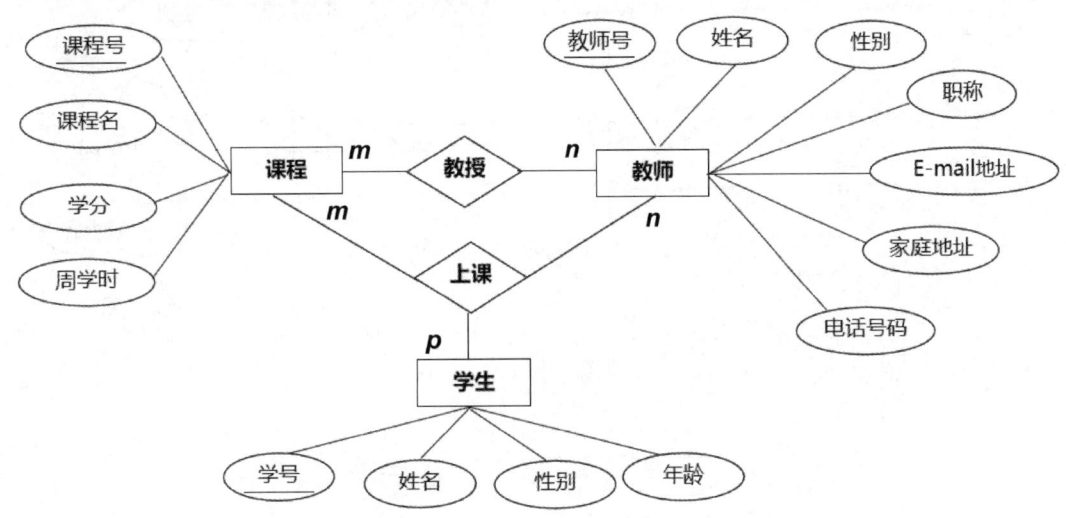

图 2.17　"课程""教师""学生"实体集之间的联系（1）

注意：因为图中 3 个实体集之间都是多对多关系，所以连线上的字母"m""n""p"都表示"多"的意思，这里特别强调下，不是只有 m 和 n 表示"多"，其他字母也是一样的。

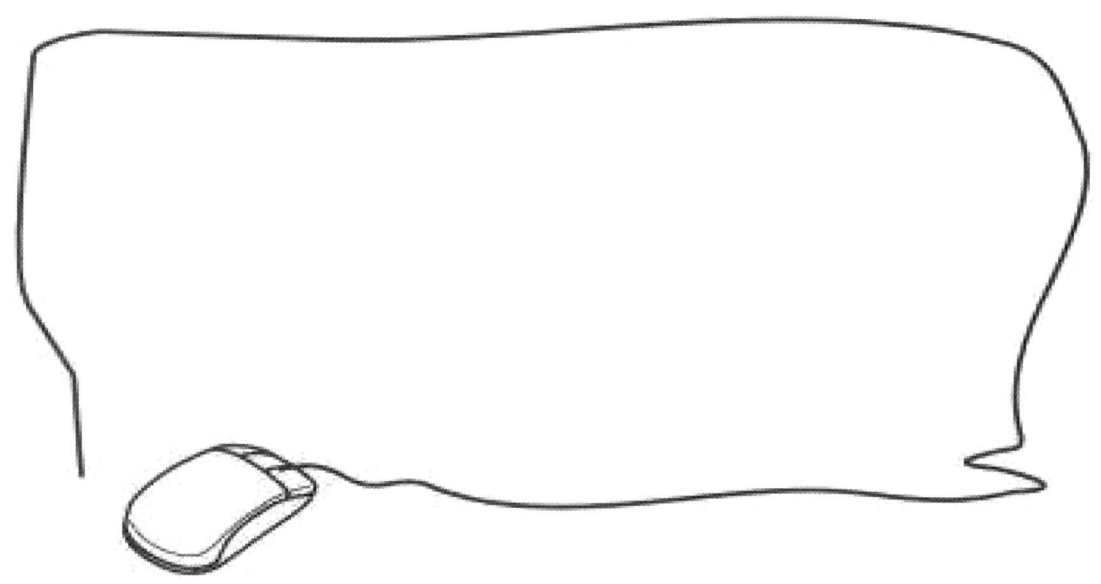

想一想：如果还需要将学生的考试成绩在 E-R 图中体现出来，那么应该怎么处理呢？

"成绩"是一个属性，该属性应该放在哪里呢？是放在图 2.17 所示的"上课"联系集中，还是在"学生"和"课程"实体集间增加一个"考试"联系集，然后将"成绩"作为"考试"联系集的属性呢？

假设对任何课程，学生都可以申请免考（学生可以申请参加某门课程的考试，而不需要到教室去上课），显然用图 2.18 所示的 E-R 图可以准确地表达该语义。

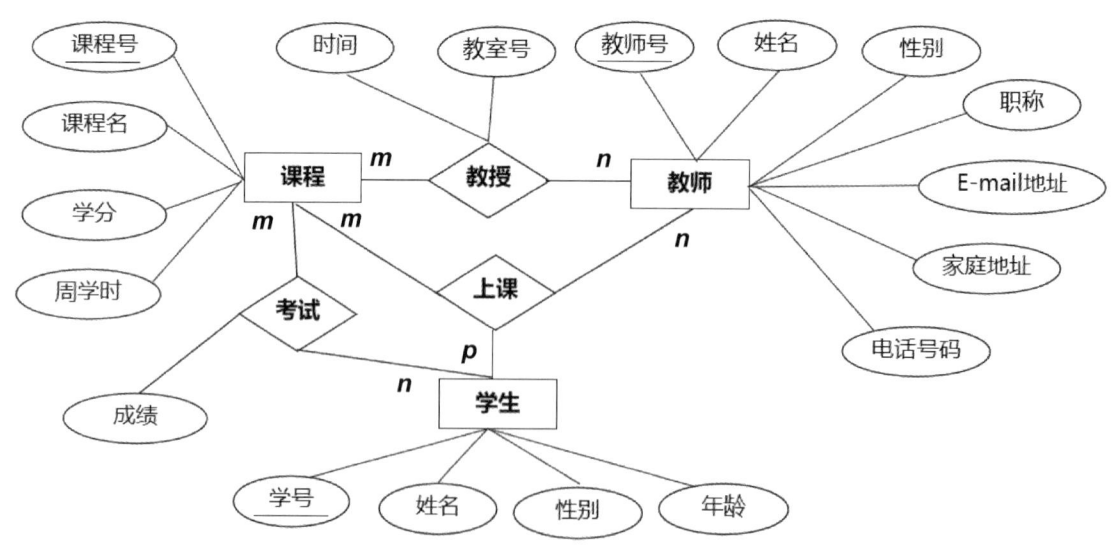

图 2.18 "课程""教师""学生"实体集之间的联系（2）

可见，在建立 E-R 模型时，必须根据具体的应用环境来决定图中包含哪些实体、实体间又包含哪些联系、联系具有什么属性等。

记一记：请记录本部分学习的重难点。

2.3.2 具有复合属性、多值属性和派生属性的 E-R 图

前面已经介绍了属性类型有简单属性与复合属性、单值属性与多值属性及派生属性之分。对于单值属性和简单属性的表示方法，前面的例子中已经介绍了，下面介绍怎样用 E-R 图来表示复合属性、多值属性及派生属性。

"学生"实体集中包括"学号""姓名""出生年月""地址""性别""班级""联系电话"等属性。在这里我们用复合属性"姓名"来代替原来的简单属性"姓名"，这样复合属性"姓名"中就包含 3 个属性："曾用第一个名""曾用第二个名""现在姓名"。同样，复合属性"地址"也包含 4 个属性："国家""省""城市""街道"，其中"街道"属性本身又包含 2 个属性："街道名"和"街道号"。对于"联系电话"属性，我们也用多值属性来进行设置，并用双椭圆表示。另外，我们可以根据出生年月推算出年龄，因此，这里的"年龄"是一个派生属性，用虚线椭圆形框表示。具有复合属性、多值属性和派生属性的 E-R 图如图 2.19 所示。

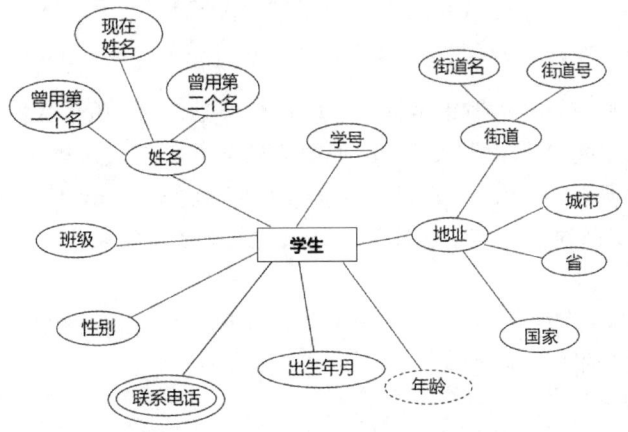

图 2.19 具有复合属性、多值属性和派生属性的 E-R 图

2.3.3 具有弱实体集的 E-R 图

在现实世界中,有些实体的存在必须依赖于其他实体,这样的实体称为弱实体,其他实体则称为常规实体(或强实体)。

例如,一个出版社可能有多个不同的部门,这些部门的存在依赖于出版社的存在,因此,"部门"实体集是弱实体集;教师的子女依赖于教师而存在,那么子女是弱实体。弱实体集所依赖的实体集也称为标识实体集。

在 E-R 图中表示弱实体集的方法如下。

(1)用双边矩形框表示弱实体集。

(2)用双边菱形框表示与弱实体集关联的联系集。

如果弱实体集本身的属性为码的组成部分,那么在这些属性下面加下画线。

例如,图 2.20 所示为具有弱实体集的 E-R 图,表示学校教职工子女随父母享受部分医疗待遇的情况。其中有两个实体集"教职工"和"子女",其中,"子女"依赖于"教职工"的存在而存在,并且用"抚养"联系集来标识子女,因此"子女"实体集是"教职工"实体集的弱实体。"教职工"为标识实体集,"教职工"与"子女"的联系集"抚养"为一对多的联系集。

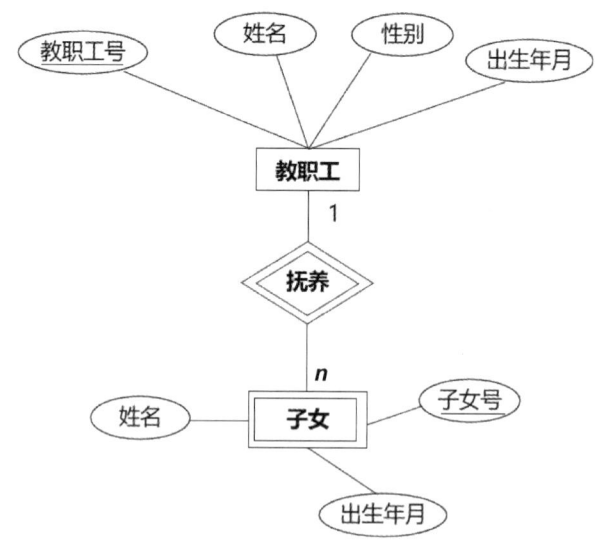

图 2.20 具有弱实体集的 E-R 图

如果联系集所联系的某些实体集是由其他联系集来标识的,那么这种联系称为弱联系。例如,"子女"实体集是由它的子女号及它和"教职工"实体集的联系集("抚养"联系集)来标识的(由教职工号体现)。那么,该教职工所抚养子女的实体集与其他实体集之间的任何联系集都将导致弱联系集,即对于与某弱实体集相联系的其他实体集来说,它们与弱实体集之间的联系都是弱联系。

在这里,"子女"弱实体集的码由"子女号"属性和多对一联系"抚养",以及与其相关的教职工的"教职工号"属性共同组成。

 记一记：请记录本部分学习的重难点。

 想一想：E-R 模型设计的步骤。

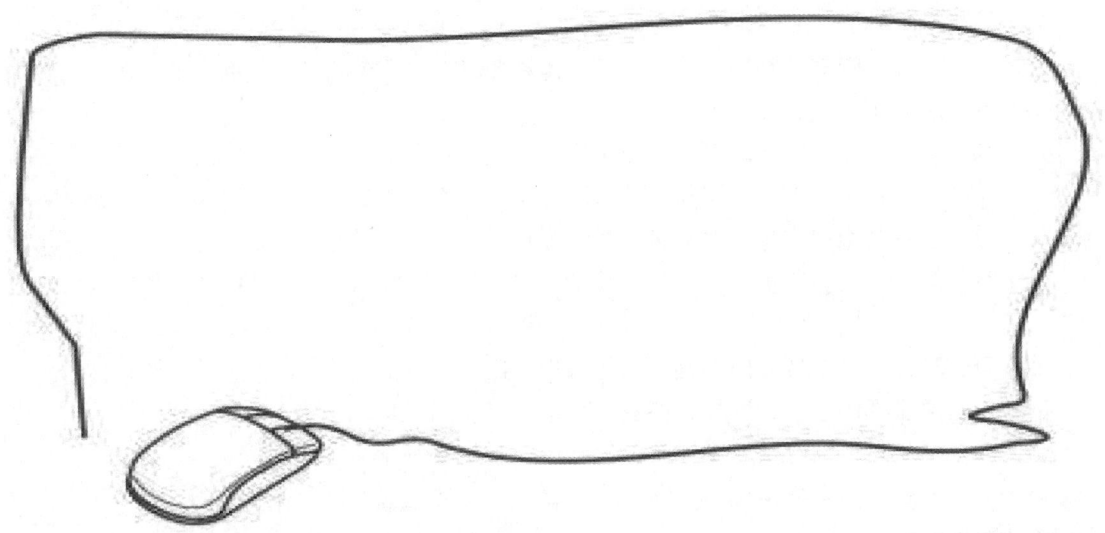

2.4　E-R 模型设计综合实例

E-R 模型的数据模式使得我们在设计给定数据库模式时具有很大的灵活性。通过前面的学习，我们已经掌握了 E-R 图的表示方法，本节将通过"大学教学情况 E-R 模型设计实例"讨论数据库设计者如何进行 E-R 模型设计。

2.4.1　E-R 模型设计步骤

在对一个具体的系统进行 E-R 模型设计之前，应该先对系统进行需求分析。需求分析是整个数据库设计过程的第一步,也是最重要的一步。最初的需求分析可以基于同数据库用户的交谈或设计者对企业的分析。这一阶段产生的描述是定义数据库概念结构的基础。

E-R 模型设计有以下 4 个步骤。

(1) 数据需求分析。

(2) 实体集设计。

(3) 联系集设计。

(4) 综合 E-R 图。

下面先通过对于每个学生来说比较熟悉的高等院校教学情况的例子,来说明如何用 E-R 模型将用户需求转化为 E-R 图所表示的概念设计模式;然后,通过一个简化的银行业务的例子来提高 E-R 模型设计的能力。

2.4.2 高等院校教学情况 E-R 模型设计

我们现在更加详细地分析一下关于高等院校教学情况的数据库设计需求,并且做一个比较全面的 E-R 模型设计。然而,我们并不需要对整个数据库设计的每个方面都建模,为了阐明 E-R 模型设计的过程,现只考虑其中的教学部分。

1. 数据需求分析

我国高等院校的管理体制各具特色,但就其共性来说,各个高等院校的专业、课程、学生和教师之间的关系可归纳为以下内容。

(1) 高等院校有多个专业,每个专业都用唯一的专业代码和专业名称标识。

(2) 每个专业都设置有多门课程,某些课程可被多个专业设置。

(3) 每门课程都由课程号、课程名和学时标识。

(4) 每位教师都由教职工号、姓名、性别、出生年月、职称、(所属)教研室和电话号码标识。

(5) 每位教师可以讲授多门课程,某些课程可由多位教师主讲。

(6) 每个学生都由学号、姓名、性别、出生年月和籍贯标识。

(7) 多个学生可以同时学习同一门课程,一个学生必须学习多门课程。

(8) 一个专业有多个学生,一个学生只能属于某个专业,并属于某个班级。

2. 实体集设计

(1) 专业、课程、学生和教师都可以被看作实体,并对应"专业"实体集、"课程"实体集、"学生"实体集和"教师"实体集。

(2) "专业"实体集的属性包括"专业代码""专业名称",如图 2.21(a)所示,其中"专业代码"属性为主码。

(3) "课程"实体集的属性包括"课程名""课程号""学时",如图 2.21(b)所示,其中"课程号"属性为主码。

(4) "学生"实体集的属性包括"学号""姓名""性别""出生年月""籍贯",如图 2.21(c)所示,其中"学号"属性为主码。

(5) "教师"实体集的属性包括"教职工号""姓名""性别""出生年月""职称""教研室""电话号码",如图 2.21(d)所示,其中"教职工号"属性为主码。

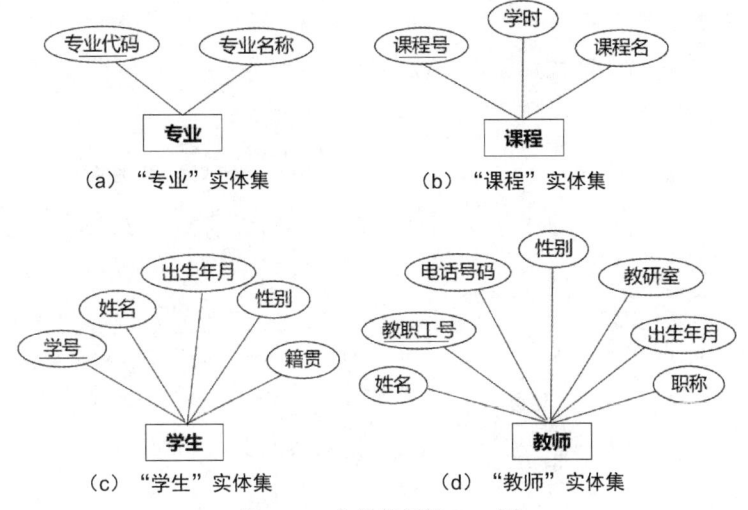

图 2.21　实体集属性 E-R 图

3．联系集设计

通过分析，可以设计出以下联系集。

（1）"专业"实体集和"课程"实体集之间的联系可以用"设置"联系集（多对多联系）来标识。

（2）"教师"实体集和"课程"实体集之间的联系可以用"讲授"联系集（多对多联系）来标识。

（3）"学生"实体集和"课程"实体集之间的联系可以用"学习"联系集（多对多联系）来标识。

（4）"学生"实体集和"专业"实体集之间的联系可以用"归属"联系集（多对一联系）来标识。

标识联系集的基本属性如下。

（1）"学习"联系集的基本属性：分数。

（2）"归属"联系集的基本属性：班级。

实体集间联系的 E-R 图如图 2.22 所示。

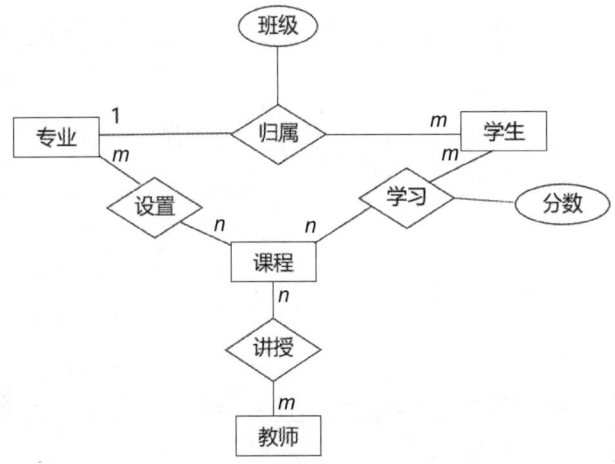

图 2.22　实体集间联系的 E-R 图

4．综合 E-R 图

上述的分析从不同的角度描述了高等院校教学情况的实体-联系模型的特征，其实体-联系模型如图 2.23 所示。

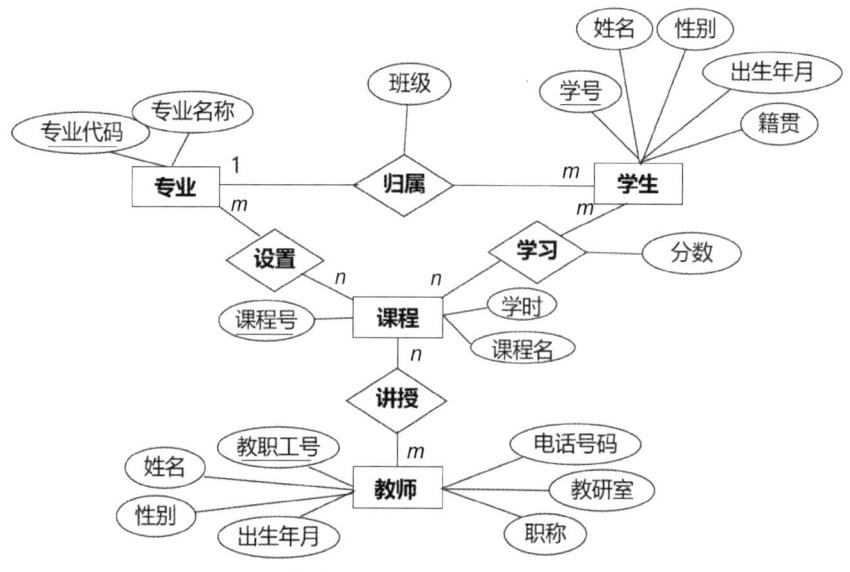

图 2.23　高等院校教学情况的实体-联系模型

从图 2.23 可以看出，虽然"学生"实体集和"教师"实体集有相同的属性："姓名""性别""出生年月"，但由于它们属于不同的实体集，所以代表着不同的特征。

在实际的系统中，如果出现这种情况，最好采用不同的符号来表示。例如，可将教师的姓名表示为"TNAME"，而将学生的姓名表示为"SNAME"。

记一记：请记录本部分学习的重难点。

2.5 本章小结

本章介绍了 E-R 模型（实体-联系模型）的基本概念：实体、实体集、实体型、实体值、联系集、属性等；在实体集与联系集中如何确定主码；联系实体表示的主要形式。E-R 模型为数据库设计者提供了各种各样的选择，使得设计者可以更好地表现被建模的企业。在不同的场合中，概念和对象可以用实体、联系或属性来表示。企业总体结构的某些方面可以用弱实体集、一般化和特殊化来表示。设计者常常需要在简单、紧凑的模型与更精确但也更复杂的模型之间做出合适的选择。为了让读者能够更好地学会建立 E-R 模型，本章列举了很多实例进行讲解，详细分析了 E-R 模型的设计过程。

 问一问：本章学习结束了，你还有什么问题呢？

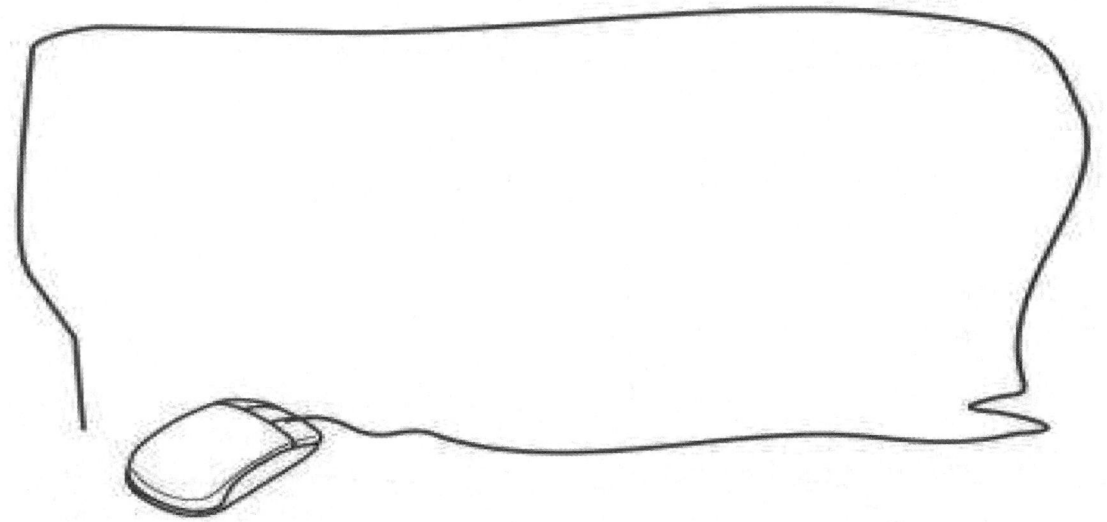

2.6 思政拓展

程序员经常开玩笑地说，大不了我们"删库跑路"，因此"删库跑路"的段子一直在 IT 圈里广为流传，也是很多程序员小哥发泄压力的口头禅。那什么是"删库跑路"呢？"删库跑路"是指互联网公司中掌握着重要信息的系统研发人员，在离开公司时由于各种不满情绪，在未经公司许可的情况下，轻轻敲下一段代码，便能删除所有文件，让公司损失惨重，从而达到自己宣泄情绪的目的。接下来我们一起来看现实版的程序员"删库跑路"事件。

2021 年 3 月，被告人录某入职 B 公司，负责某平台的代码研发工作。3 个月后的 6 月 18 日，被告人录某从 B 公司离职。离职当日，被告人录某未经许可，用本人账户登录服务器位于上海市杨浦区××路××号的代码控制平台，将其在职期间所写某平台优惠券、预算系统及补贴规则等代码删除，导致原定按期上线的项目延后。经审计，为保证系统运行通畅，公司聘请第三方公司恢复数据库等共计支出人民币约 3 万元。

法院认为，被告人录某违反国家规定，对计算机信息系统中存储数据进行删除，后果严重，其行为已构成破坏计算机信息系统罪，后判处录某有期徒刑 10 个月。

检察官表示，对于企业来说，程序员"删库跑路"带来的不只是经济上的损失，还有顾客信任度的丧失及对企业形象的负面影响。因此，公司在平时就应完善相应的安全机制和管理制度，做好备份恢复和权限管理，防患于未然。

而对于程序员来说，通过删除数据宣泄情绪是极其错误的行为，不仅对公司经营造成严重影响，而且将因触犯法律，受到法律的惩处。

这个事件警醒每位数据库从业者，不管具有怎样的怨恨，一定要有职业道德和职业操守，这是人在职场的底线。当然，这里也有公司内部数据库系统管理权限分配等问题，例如，业务运维、网络运维、DBA 等都不能执行系统层的 rm 指令，系统运维也不能执行数据库的指令，以及不同的角色应分配各自相应的执行权限。

议一议：你从"删库跑路"事件中得到什么启发？你觉得作为数据库从业者，应具备哪些职业道德和职业操守？

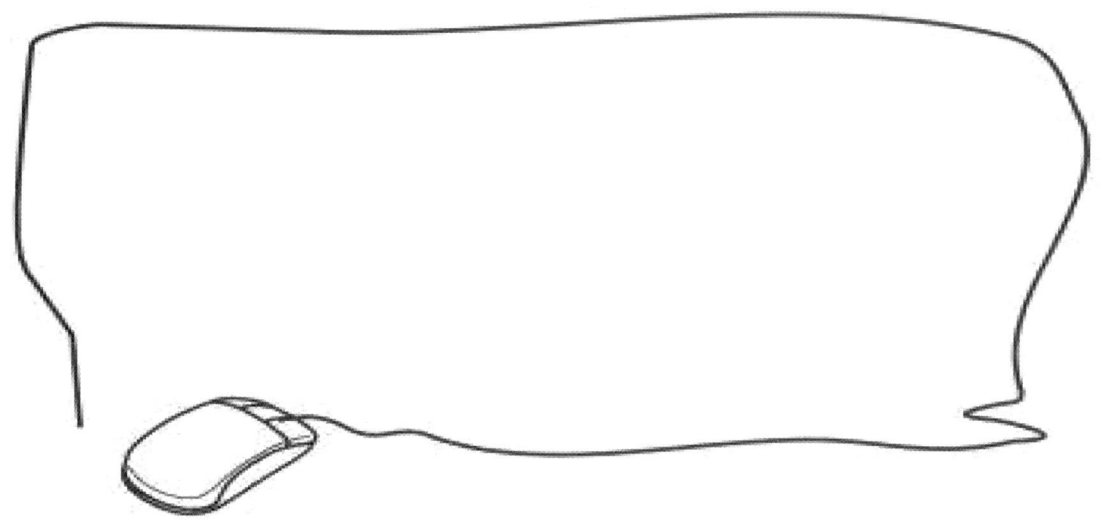

2.7 习题

1. 试给出下列术语的定义：实体、实体集、实体值和属性。
2. 实体间的联系有哪几种？试举例说明。
3. 什么是二元联系？
4. 阐述弱实体集和强实体集之间的区别。
5. 一个大学的注册办公室需维护以下实体的数据。
（1）课程，包括编号、名称、学分、课程提纲和选修条件。
（2）课程提供，包括课程号、年、学期、节数、教师、时间和教室。
（3）学生，包括学号、姓名和计划。
（4）教师，包括教职工号、姓名、系和职称。

此外，要对学生课程的登记和学生所选的每门课的成绩评定进行适当的建模。要求为注册办公室构建一个 E-R 图。

6．用 E-R 图表示某仓库管理的概念模型。

仓库物资管理涉及的实体如下。

仓库：属性有仓库号、面积、电话号码。

零件：属性有零件号、名称、规格、单价、描述。

供应商：属性有供应商号、姓名、地址、电话号码、账号。

职工：属性有职工号、姓名、年龄、职称。

各实体之间的关系如下。

（1）一个仓库可以存放多种零件，一种零件可以存放在多个仓库中。

（2）一个仓库有多个职工，一个职工只能在一个仓库工作。

（3）职工之间具有领导与被领导关系，即仓库主任领导若干个保管员。

（4）一个供应商可以供给多种零件，一种零件可以由多个供应商供给。

记一记：本章学习结束了，你有哪些收获？

第 3 章

关系模型

学习目标

知识目标：掌握关系模型的基本结构及术语；掌握关系模型的数据操作；理解关系模型的完整性约束；掌握 E-R 模型转换成关系模型的方法。

技能目标：会进行关系的基本运算；能将 E-R 模型转换成关系模型。

思政目标：培养严谨、认真的学习态度；培养规则意识和数据共享意识。

关系数据模型（或称关系模型）属于逻辑数据模型，是对现实世界的第二层抽象。典型的逻辑数据模型还有层次模型、网状模型等，但关系模型是目前最重要的数据模型之一。

关系数据库目前是各类数据库中最重要、最流行的数据库之一，采用关系模型作为数据的组织方式。自 20 世纪 80 年代以来，计算机厂商推出的 DBMS 几乎都支持关系模型，非关系系统的产品也大都加上了关系接口。

关系数据库系统是支持关系模型的数据库系统，而关系模型是用二维表结构来表示实体及实体之间联系的数据模型，由关系数据结构、关系操作集合和完整性约束三部分组成。

3.1 关系模型的基本结构及术语

关系模型的结构非常简单，在关系模型中，现实世界中的实体及实体之间的联系都通过关系来表达。

对于用户来说，关系模型中数据的逻辑结构是一张二维表，它由行（也称记录）和列（也称属性）组成。例如，图 3.1 所示为学生基本信息的关系模型。

学生表

学号	姓名	性别	班级	年龄
2021210021	江星	男	大数据2101	19
2021210022	赵盼	男	大数据2101	20
2021210023	刘鹏	男	大数据2101	20
2021210024	李鑫	女	大数据2101	19

图 3.1　学生基本信息的关系模型

关系模型涉及以下概念。

1. 关系

在关系模型中，数据是以二维表的形式存在的，这个二维表就叫作关系。通俗地说，一个关系对应一个表，图 3.1 中的学生表就是一个关系。

但是关系与传统的二维表又有区别。严格地说，关系是一种规范化的二维表，它应满足以下 3 个条件。

（1）关系表中的每一列都是不可再分的基本属性；

（2）表中各属性不能重名；

（3）表中的行、列次序并不重要，即可以交换行、列的前后顺序。

2. 元组

表中的一行为一个元组，相当于一个记录值。图 3.1 所示的学生表中的学号为"2021210021"的行即为一个元组，如图 3.2 所示。

2021210021	江星	男	大数据2101	19

图 3.2　学生表中的一个元组

3. 属性

表中的一列为一个属性，给每个属性都起一个名称，该名称为属性名。图 3.1 所示的学生表中有 5 列，对应 5 个属性（学号，姓名，性别，班级，年龄），如图 3.3 所示。

学号	姓名	性别	班级	年龄

图 3.3　学生表中的 5 个属性

4. 主码

主码（也称主键或主关键字）是表中的属性或属性组，用于唯一确定一个元组。图 3.1 所示的学生表中的"学号"就可作为主码。主码的概念与第 2 章所介绍的内容相同。E-R 模型中的码针对实体，关系模型中的码针对表。

5. 主属性与非主属性

包含在主码中的属性称为主属性，不包含在主码中的属性称为非主属性。图 3.1 所示的学生表中的"学号"既是主码又是主属性，而其他 4 个属性是非主属性。

6. 域

属性的取值范围称为域。图 3.1 所示的学生表中的"性别"属性的域是(男,女)。

7. 分量

元组中的一个属性值。图 3.1 所示的学生表中学号为"2021210021"的元组一共有 5 个属性，即 5 个分量。

8. 关系模式

关系的描述称为关系模式。在通常情况下，简记为 $R(U)$，其中 R 为关系名，U 为 R 中属性的集合，表示为

关系名(属性 1,属性 2,…,属性 n)

例如，图 3.1 所示的学生表的关系可表示为
- 学生(学号,姓名,性别,班级,年龄)。

再定义两个与学生有关的关系模式"课程"与"选课"，表示为
- 课程(课程号,课程名,教师,周课时数,备注)。
- 选课(学号,课程号,成绩)。

9．元数

在关系模型中，属性的个数为元数。图 3.1 所示的学生表有 5 个属性，即 5 个元数。

关系模型主要是以集合论中的"关系（Relation）"概念为基础的。根据集合论的观点，关系是一个元数为 k（$k \geq 1$）的元组的集合。那么，对于关系模型，应该有以下这样一个整体的认识。

（1）关系是元组的集合。
（2）关系模式是命名的属性集合。
（3）元组是属性值的集合。
（4）关系中的每一个属性值都是不可分解的。
（5）关系中不允许出现相同的元组。

记一记：请记录本部分学习的重难点。

动一动：请分析下表。

（1）关系是指什么？关系名是什么？元组有哪几个？属性有哪些？元数是多少？
（2）请写出选课表的关系模式。

选课表

学号	课程号	成绩
2021210021	4	74
2021210022	1	85
2021210023	1	93
2021210024	2	91

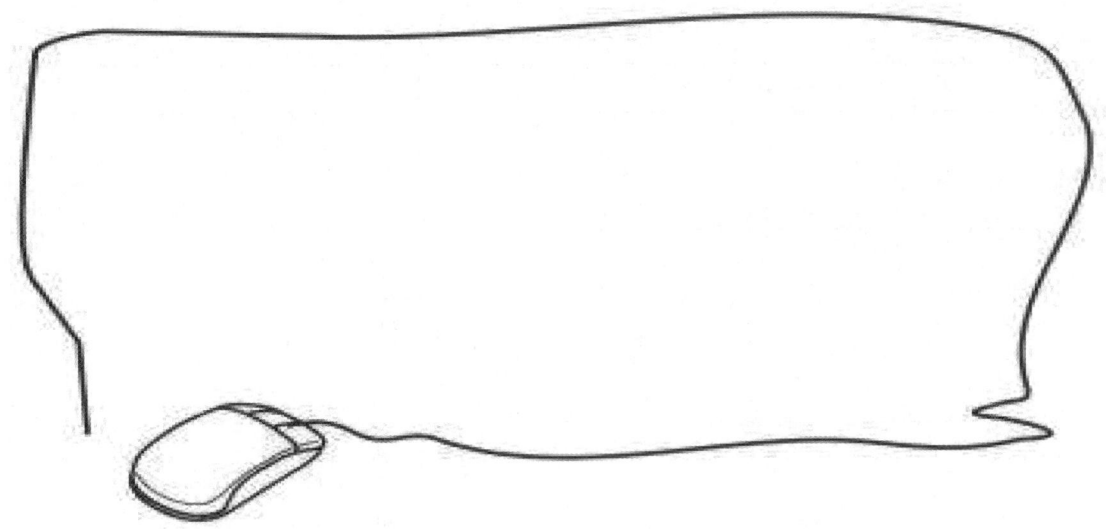

3.2 关系模型的数据操作

3.2.1 关系操作

关系模型的操作对象是集合。也就是说，操作的数据及操作的结果都是完整的表。集合处理能力是关系系统区别于其他系统的一个重要特征。

关系模型中常用的关系操作包括查询操作和插入、删除、修改操作两部分。其中，查询操作的表达能力是最重要的，包括选择、投影、连接、除、并、交、差等。

关系模型中的关系操作能力早期通常是用代数方法或逻辑方法来表示的，分别称为关系代数和关系演算。关系代数用对关系的运算来表达查询要求；关系演算用谓词来表达查询要求。

本节主要介绍关系代数的基本运算。

3.2.2 关系代数

关系代数和在高中时学习的代数相似，但也有差别。在高中代数中，变量表示数目多少，而+、-、*、/等运算符是在数量上进行操作的。但在关系代数中，变量表示关系，运算符操作关系的结果是形成新的关系，如"并"操作可以将一个关系上的元组和另一个关系上的元组合并在一起生成新的关系。事实上，关系代数是封闭的，也就是说，一个或多个关系操作的结果仍然是一个关系。

关系是集合，关系中的元组可以看作是集合的元素，因此，能在集合上执行的操作也能在关系上执行。

关系代数运算符包括集合运算符、专门的关系运算符、比较运算符和逻辑运算符，如表3.1所示。

表 3.1 关系代数运算符

运算符		含义
集合运算符	∪ − ∩	并 差 交
专门的关系运算符	× ÷ σ Π ⋈	广义笛卡儿积 除 选择 投影 连接
比较运算符	> ≥ < ≤ = ≠	大于 大于或等于 小于 小于或等于 等于 不等于
逻辑运算符	¬ ∧ ∨	非 与 或

关系模型中常用的关系操作包括选择（Select）、投影（Project）、连接（Join）、除（Divide）、并（Union）、交（Intersection）、差（Difference）等查询（Query）操作和增加（Insert）、删除（Delete）、修改（Update）操作两部分。其中，选择、投影、连接是最基本的关系操作。

1．并操作

两个集合 R、S 的并操作如图 3.4 所示。

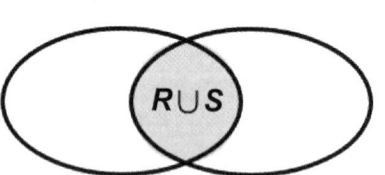

图 3.4 $R \cup S$ 示例

在关系代数中，两个关系的"并"是指将一个关系的元组加到第二个关系中，生成新的关系，新关系的属性列数没有发生变化。元组在新关系中出现的顺序是无关紧要的，但必须消除重复元组，即所有至少在一个关系中出现的元组集合。关系 R 与关系 S 的"并"记作：$R \cup S$。

为了使操作有意义，关系必须在并操作上是兼容的，也就是说，每个关系必须要有相同数目的属性，而且在对应列中的属性必须有相同的域。

在图 3.5 所示的关系及域定义中，"学生表 1"和"学生表 2"关系在并操作上是兼容的。因为它们都有 5 个属性，且对应的属性值都取自相同的域。而关系"学生表 1"和"课程表"在并操作上是不兼容的，虽然它们都有 5 个属性，但其有些对应的属性没有相同的域。

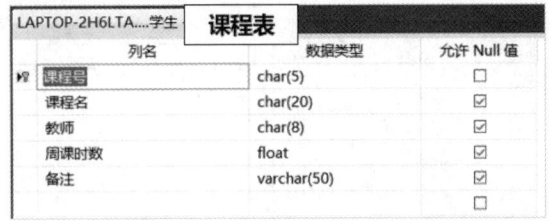

图 3.5　关系及域定义

在图 3.6 中给出了"学生表 1"和"学生表 2"两个关系实例的并操作过程及结果，记作：学生表 1∪学生表 2。

学生表1

学号	姓名	性别	班级	年龄
2021210001	张燕	女	大数据2102	19
2021210002	陈芳	女	大数据2102	19
2021210023	刘鹏	男	大数据2101	20

学生表2

学号	姓名	性别	班级	年龄
2021210021	江星	男	大数据2101	19
2021210022	赵盼	男	大数据2101	20
2021210023	刘鹏	男	大数据2101	20
2021210024	李鑫	女	大数据2101	19

学生表1∪学生表2

学号	姓名	性别	班级	年龄
2021210001	张燕	女	大数据2102	19
2021210002	陈芳	女	大数据2102	19
2021210021	江星	男	大数据2101	19
2021210022	赵盼	男	大数据2101	20
2021210023	刘鹏	男	大数据2101	20
2021210024	李鑫	女	大数据2101	19

图 3.6　关系"学生表 1"和"学生表 2"及它们的"并"

2. 差操作

两个集合的"差"操作（$R-S$）生成一个新的结果集，该结果集包括所有在集合 R 中出现而不在集合 S 中出现的元素，两个集合的差操作如图 3.7 所示。

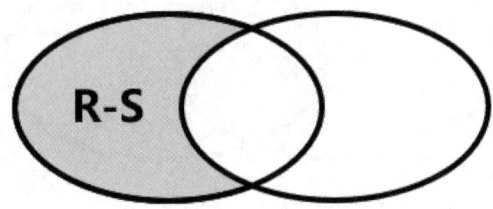

图 3.7　$R-S$ 示例

在关系代数中，两个关系的"差"是指在第一个关系中出现而未在第二个关系中出现的元组所组成的新关系，即所有出现在一个关系中而不在另一个关系中的元组集合。关系 R 与关系 S 的"差"记作：$R-S$。

使用差操作的关系必须是在并操作上兼容的。对于学生表 1 和学生表 2，"差"的结果如图 3.8 所示。与算术运算中一样，$R-S$ 和 $S-R$ 的结果是不同的。图 3.9 所示为学生表 2-学生表

1 的结果。

学生表1

学号	姓名	性别	班级	年龄
2021210001	张燕	女	大数据2102	19
2021210002	陈芳	女	大数据2102	19
2021210023	刘鹏	男	大数据2101	20

学生表2

学号	姓名	性别	班级	年龄
2021210021	江星	男	大数据2101	19
2021210022	赵盼	男	大数据2101	20
2021210023	刘鹏	男	大数据2101	20
2021210024	李鑫	女	大数据2101	19

学生表1-学生表2

学号	姓名	性别	班级	年龄
2021210001	张燕	女	大数据2102	19
2021210002	陈芳	女	大数据2102	19

图 3.8 关系"学生表 1"和"学生表 2"及它们的"差"

学生表1

学号	姓名	性别	班级	年龄
2021210001	张燕	女	大数据2102	19
2021210002	陈芳	女	大数据2102	19
2021210023	刘鹏	男	大数据2101	20

学生表2

学号	姓名	性别	班级	年龄
2021210021	江星	男	大数据2101	19
2021210022	赵盼	男	大数据2101	20
2021210023	刘鹏	男	大数据2101	20
2021210024	李鑫	女	大数据2101	19

学生表2-学生表1

学号	姓名	性别	班级	年龄
2021210021	江星	男	大数据2101	19
2021210022	赵盼	男	大数据2101	20
2021210024	李鑫	女	大数据2101	19

图 3.9 学生表 2-学生表 1 的结果

由上述差操作的结果,我们知道减法的顺序不同,最后得出的值也不同。

3. 交操作

两个集合的"交"操作生成一个新的结果集,该结果集包括所有在关系 R 中出现并且在关系 S 中也出现的元素,两个关系的"交"操作如图 3.10 所示。

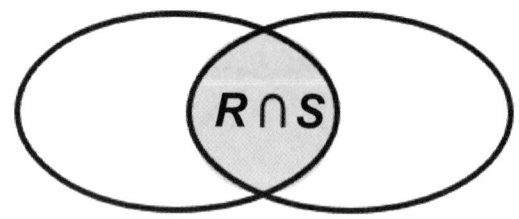

图 3.10 $R \cap S$ 示例

两个关系的"交"是指同时出现在第一个和第二个关系中的元组所组成的新关系,关系 R 与关系 S 的"交"记作:$R \cap S$。

交操作使用的关系也必须是在并操作上兼容的。在图 3.11 中,学生表 1 和学生表 2 的"交"是一个元组{2021210023,刘鹏,男,大数据 2101,20},即它是同时出现在学生表 1 和学生表 2 中的唯一元组。

学生表1

学号	姓名	性别	班级	年龄
2021210001	张燕	女	大数据2102	19
2021210002	陈芳	女	大数据2102	19
2021210023	刘鹏	男	大数据2101	20

学生表2

学号	姓名	性别	班级	年龄
2021210021	江星	男	大数据2101	19
2021210022	赵盼	男	大数据2101	20
2021210023	刘鹏	男	大数据2101	20
2021210024	李鑫	女	大数据2101	19

学生表1∩学生表2

学号	姓名	性别	班级	年龄
2021210023	刘鹏	男	大数据2101	20

图 3.11 关系"学生表 1"和"学生表 2"及它们的"交"

动一动：求以下关系代数 $R \cup S$、$R \cap S$、$R-S$ 的结果。

R

学号	课程号
2021210021	2
2021210022	4
2021210023	1

S

学号	课程号
2021210021	2
2021210024	3
2021210025	2

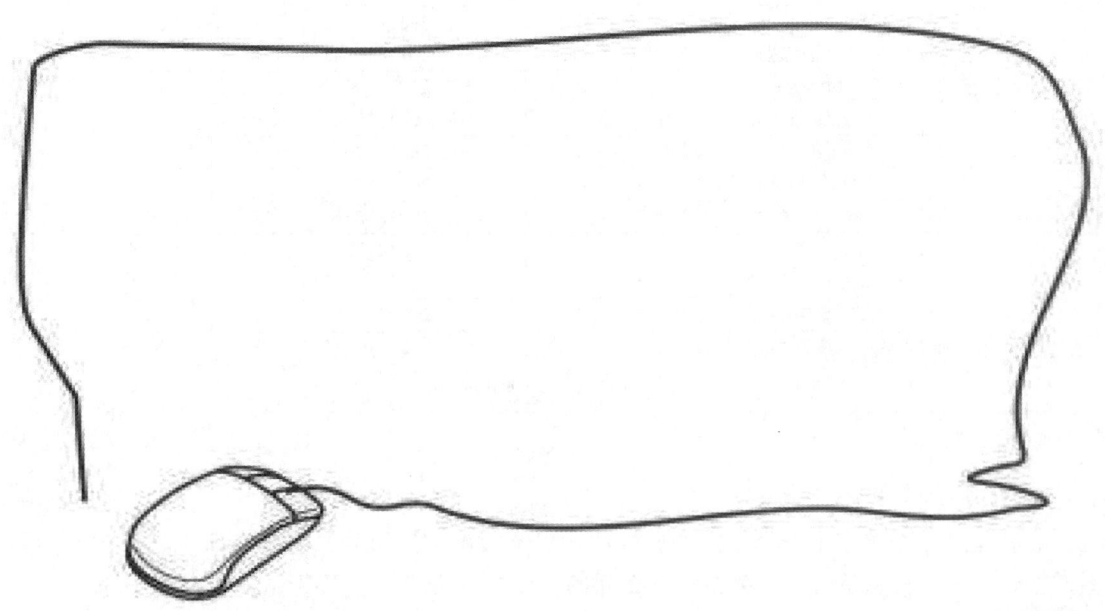

4．笛卡儿乘积操作

两个关系的"积"（也称笛卡儿乘积）是指第一个关系中的每个元组和第二个关系中的每个元组的连接。关系 A（含有 X 个属性列，M 个元组）和关系 B（含有 Y 个属性列，N 个元组）的"积"是一个含有 $X+Y$ 个属性列，$M \times N$ 个元组的关系。"积"记作：$A \times B$ 或 $B \times A$。

图 3.12 所示的"课程表"关系有 5 个属性列，4 个元组；"选课表"关系有 3 个属性列，4 个元组，因此课程表和选课表的笛卡儿乘积结果有 8 个属性列，16 个元组，它们的连接过程如图 3.12 所示，其笛卡儿乘积结果如图 3.13 所示。

从图 3.13 中可以看出，关系"选课表"与"课程表"笛卡儿乘积的结果中包含了一些没有意义的元组。为了抽取出有意义的信息，还需要执行其他操作，关于这一点，将在后面进行讲解。

课程表

课程号	课程名	教师	周课时数	备注
1	关系数据库应用	吴老师	3	
2	Python语言基础	黄老师	3	
3	大数据分析技术	黄老师	4	
4	数据采集与预处理	涂老师	4	

选课表

学号	课程号	成绩
2021210021	4	74
2021210022	1	85
2021210023	1	93
2021210024	2	91

图 3.12　关系"选课表"和"课程表"的笛卡儿乘积的连接过程

课程号	课程名	教师	周课时数	备注	学号	课程号	成绩
1	关系数据库应用	吴老师	3		2021210021	4	74
1	关系数据库应用	吴老师	3		2021210022	1	85
1	关系数据库应用	吴老师	3		2021210023	1	93
1	关系数据库应用	吴老师	3		2021210024	2	91
2	Python语言基础	黄老师	3		2021210021	4	74
2	Python语言基础	黄老师	3		2021210022	1	85
2	Python语言基础	黄老师	3		2021210023	1	93
2	Python语言基础	黄老师	3		2021210024	2	91
3	大数据分析技术	黄老师	4		2021210021	4	74
3	大数据分析技术	黄老师	4		2021210022	1	85
3	大数据分析技术	黄老师	4		2021210023	1	93
3	大数据分析技术	黄老师	4		2021210024	2	91
4	数据采集与预处理	涂老师	4		2021210021	4	74
4	数据采集与预处理	涂老师	4		2021210022	1	85
4	数据采集与预处理	涂老师	4		2021210023	1	93
4	数据采集与预处理	涂老师	4		2021210024	2	91

图 3.13　关系"课程表"和"选课表"笛卡儿乘积的结果

5. 投影操作

投影是从一个关系中选择指定的属性的操作。投影的结果是一个带有所选属性的新的关系，换句话说，投影是从一个关系中选择列的操作。关系 R 上的投影是从 R 中选择若干属性列组成新关系的操作。"投影"记作：$\prod A(R)$，其中，A 为 R 的属性列。

【例 3.1】 在图 3.12 所示的"课程表"关系中，查询课程号、课程名及教师的信息，即求出课程表在"课程号""课程名""教师"属性上的投影，可表示为 $\prod_{课程号,课程名,教师}(课程表)$ 或 $\prod_{1,2,3}(课程表)$，结果如图 3.14（a）所示。

【例 3.2】 在图 3.12 所示的"课程表"关系中，查询教师的信息。课程表在"教师"属性上的投影记作：$\prod_{教师}(课程表)$，结果如图 3.14（b）所示。

课程号	课程名	教师
1	关系数据库应用	吴老师
2	Python语言基础	黄老师
3	大数据分析技术	黄老师
4	数据采集与预处理	涂老师

教师
吴老师
黄老师
涂老师

(a) $\prod_{课程号,课程名,教师}$(课程表)　　(b) $\prod_{教师}$(课程表)

图 3.14 "课程表"关系的投影运算举例

注意：图 3.14（b）所示的"教师"只有 3 位，而"课程表"有 4 个元组，很显然，有一个元组被消除了。这是因为在投影完成后，元组{黄老师}出现了两次，投影结果是一个关系，而关系不包含任何重复的元组，所以冗余的元组就被消除了。

6．选择操作

投影操作取得的是在垂直方向上关系的子集（列），选择操作取得的是水平方向上关系的子集（行）。投影标识的是新关系包括的属性，选择标识的是新关系包括的元组。在关系 R 中选择满足给定条件的元组，可以记作：$\sigma_F(R)$。

其中 F 表示选择条件，它是一个逻辑表达式，取逻辑值"真"或"假"。在逻辑表达式中，可以使用 =、≠、<、>、≤、≥，还可以使用连词 and（∧）、or（∨）、not（¬）。

从关系中找出满足给定条件的元组即为选择。这是从行的角度进行的运算，即水平方向上抽取元组。

下面几个例子以图 3.14 中的"课程表"关系进行运算。

【例 3.3】查询周课时数为 4 的课程信息：$\sigma_{周课时数=4}$(课程表)或 $\sigma_{4=4}$(课程表)。其中下角标 4 为"周课时数"属性列的序号，结果如图 3.15（a）所示。

【例 3.4】查询课程号大于 3 的课程信息：$\sigma_{课程号>3}$(课程表)或 $\sigma_{1>3}$(课程表)，结果如图 3.15（b）所示。

课程号	课程名	教师	周课时数	备注
3	大数据分析技术	黄老师	4	
4	数据采集与预处理	涂老师	4	

(a) $\sigma_{周课时数=4}$(课程表) 或 $\sigma_{4=4}$(课程表)

课程号	课程名	教师	周课时数	备注
4	数据采集与预处理	涂老师	4	

(b) $\sigma_{课程号>3}$(课程表) 或 $\sigma_{1>3}$(课程表)

图 3.15 "课程表"关系选择示例

关系运算的对象和结果都是关系。我们可以把多个关系运算的组合称为一个关系代数表达式。举例如下。

【例 3.5】找出所有年龄大于 20 岁的学生姓名。

$\prod_{姓名}(\sigma_{年龄>20}(学生表))$

【例 3.6】查询名叫张三的学生的性别和年龄。

$\prod_{姓名,性别,年龄}(\sigma_{姓名='张三'}(学生表))$

【例 3.7】 查询名叫张三和张六的学生的性别和年龄。

$\prod_{姓名,性别,年龄}(\sigma_{姓名='张三'\vee 姓名='张六'}(学生表))$

【例 3.8】 查询所有学生都及格的课程的课程号。

$\prod_{课程号}(课程表) - \prod_{课程号}(\sigma_{分数<60}(选课表))$

记一记：请记录本部分学习的重难点。

动一动：设有学生表、选课表两个关系模式，如下所示。

- 学生表(<u>学号</u>,姓名,年龄,性别,班级)。
- 选课表(<u>学号</u>,<u>课程号</u>,成绩)。

请用关系代数完成以下运算。

（1）查询每个学生的学号、姓名和班级。

（2）查询有成绩不及格的课程的课程号。

（3）查询成绩大于 90 分的学生的学号和课程号。

（4）查询姓名为"张三"且年龄大于 18 岁的学生的性别和班级。

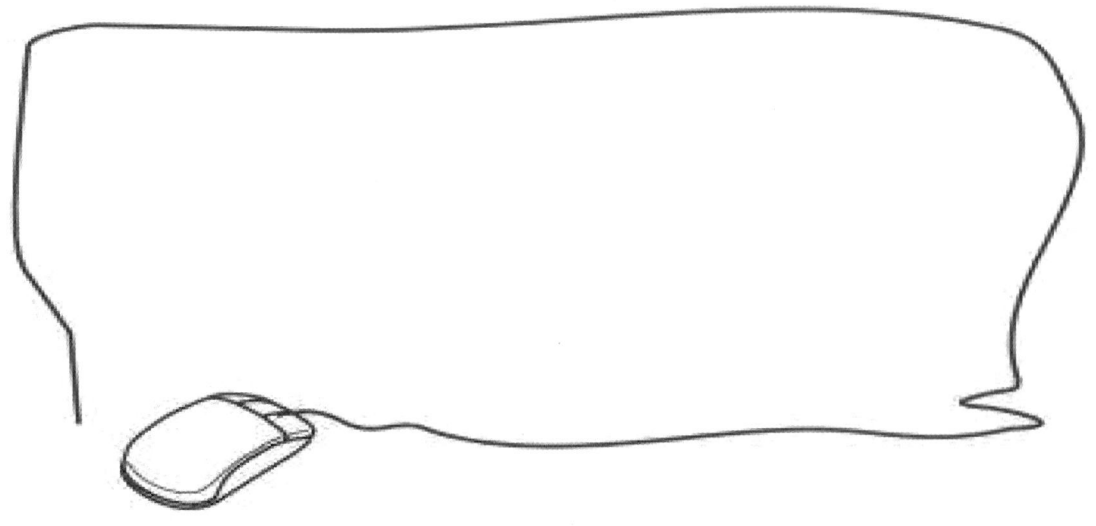

想一想：若需找出所有选择了"软件工程"课程的学生的学号，那么该如何设计关系代数表达式呢？

- 学生(学号,姓名,年龄,性别,班级)。
- 课程(课程号,课程名,教师,周课时数,备注)。
- 选课(学号,课程号,成绩)。

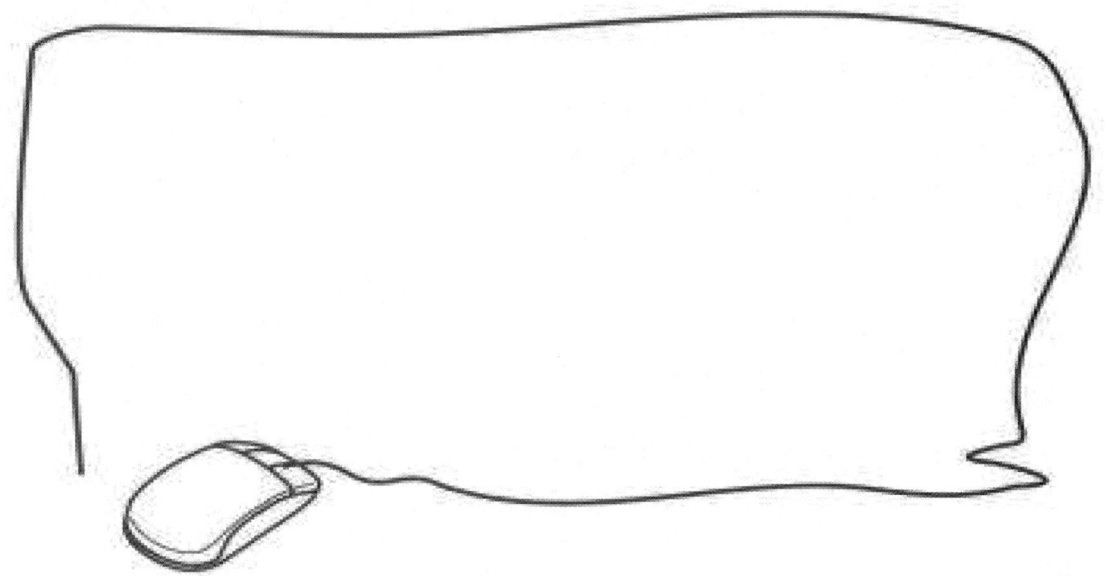

7. 连接操作

连接操作是积、选择和可能包括的投影操作的组合，记作：。

其中：A 和 B 分别为 R 上度数相等且可比的属性组，⊙表示比较运算符。

两个关系的连接操作定义如下。

（1）形成 R×S 的结果。

（2）选择去除某些元组（选择的标准是连接时要指定的一部分）。

（3）通过投影的方式移走一些属性（可选择地）。

在图 3.12 所示的"课程表"和"选课表"关系中，要想知道学生所选课程的"课程名"，就需要通过匹配"课程号"的"选课表"元组和"课程表"元组来连接。也就是说，如果课程表中的"课程号"等于选课表中的"课程号"，则将"课程表"元组和"选课表"元组进行连接。

若要产生元组，让我们再来看图 3.13 中定义的"课程表"和"选课表"关系的积，其实这里有许多的元组是没有意义的，仅有 4 个元组是有意义的，如图 3.16（a）所示。我们可以看到有一个"课程号"属性是冗余的，需要用投影操作消除它，消除后的结果如图 3.16（b）所示。

连接运算中有两种最为重要也最为常用的连接形式：一种是等值连接，另一种是自然连接。

1）等值连接

连接为"="的连接运算称为等值连接。它可以从关系 R 与关系 S 的广义笛卡儿乘积中选

取与 A、B 属性值相等的元组。选课表与课程表进行等值连接，记作：选课表 $\bowtie_{选课表.课程号=课程表.课程号}$ 课程表，结果如图 3.16（a）所示。

2）自然连接

自然连接是一种特殊的等值连接，它要求两个关系中进行比较的分量必须是相同的属性组，并且在结果中把重复的属性列去掉。选课表与课程表进行自然连接，记作：选课表 $\bowtie$ 课程表，结果如图 3.16（b）所示。

一般的连接操作是从行的角度进行运算的，但自然连接还需要消除重复列，所以是同时从行和列的角度进行的运算。

下面给出将投影、选择及连接等运算组合的例子。

【例 3.9】找出所有选择了"关系数据库应用"课程的学生的学号。

$\prod_{学号}(\sigma_{课程名='关系数据库应用'}(课程表 \bowtie 选课表))$

3）外连接

仔细观察可以发现，图 3.16（a）和图 3.16（b）中都没有课程号等于 3 的课程的信息，这是因为没有学生选修该课程。当"课程表"关系和"选课表"关系进行连接时，没有被学生选修的课程信息就会被删除。如果想保留没有被选修的课程信息，那么可以用外连接，结果如图 3.16（c）所示。

除上述连接外，还可以有其他形式的连接。

课程号	课程名	教师	周课时数	备注	学号	课程号	成绩
1	关系数据库应用	吴老师	3		2021210022	1	85
1	关系数据库应用	吴老师	3		2021210023	1	93
2	Python语言基础	黄老师	3		2021210024	2	91
4	数据采集与预处理	涂老师	4		2021210021	4	74

(a) 等值连接

课程号	课程名	教师	周课时数	备注	学号	成绩
1	关系数据库应用	吴老师	3		2021210022	85
1	关系数据库应用	吴老师	3		2021210023	93
2	Python语言基础	黄老师	3		2021210024	91
4	数据采集与预处理	涂老师	4		2021210021	74

(b) 自然连接

课程号	课程名	教师	周课时数	备注	学号	课程号	成绩
1	关系数据库应用	吴老师	3		2021210022	1	85
1	关系数据库应用	吴老师	3		2021210023	1	93
2	Python语言基础	黄老师	3		2021210024	2	91
3	大数据分析技术	黄老师	4				
4	数据采集与预处理	涂老师	4		2021210021	4	74

(c) 外连接

图 3.16 关系"课程表"与"选课表"连接示例

注意：无论是哪种条件的连接，在连接条件上都有一个重要的限制：条件中的属性必须来自同一个域。因此，课程表中的"课程号"与选课表中的"成绩"连接是非法的。即使"课程号"和"成绩"在大小上是兼容的，但因为它们来自不同的域，在语义上，这样的连接也是没有意义的。

记一记：请记录本部分学习的重难点。

动一动：书写以下关系代数表达式。

学生选课库的关系模式如下。

- 学生(<u>学号</u>,姓名,性别,年龄,班级)。
- 课程(<u>课程号</u>,课程名,教师,周课时数,备注)。
- 选课(<u>学号</u>,<u>课程号</u>,成绩)。

（1）求选修了课程号为"C2"的课程的学生学号。

（2）求年龄大于20岁的所有女学生的学号、姓名。

（3）求选修了课程的学生的学号和姓名。

（4）求没有选修课程的学生的学号和姓名。

（5）求没有选修课程号为"C1"的课程的学生学号。

（6）求选修了"C2"课程或"C3"课程的学生学号。

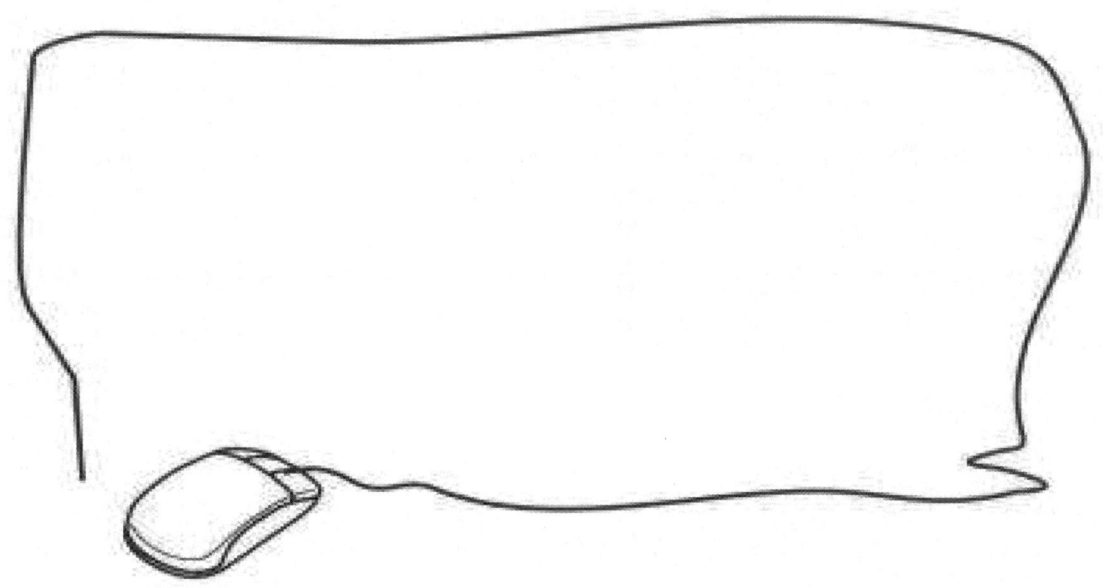

3.3 关系模型的完整性约束

现实世界中有以下 3 个问题。

(1) 如何保证一个数据（实体）是可识别的。

(2) 如何由一个数据找到另一个数据。

(3) 如何保证一个数据的取值是合理的。

关系模型是通过关系的完整性约束来解决以上问题的。关系模型的完整性规则是对关系的某种约束条件，可以有 3 类完整性约束：实体完整性、参照完整性和用户定义的完整性。其中，实体完整性和参照完整性是关系模型必须满足的完整性约束条件，被称为关系的两个不变性，应该由关系系统自动支持。

目前许多关系数据库管理系统都提供了定义和检查实体完整性、参照完整性和用户定义的完整性的功能。对于违反实体完整性和用户定义的完整性的操作，一般都采用拒绝执行的方式进行处理。而对于违反参照完整性的操作，并不都是简单地拒绝执行，有时要根据应用语义执行一些附加的操作，以保证数据库的正确性。

3.3.1 实体完整性

实体完整性（Entity Integrity）规则：若属性 A 是基本关系 R 的主属性，则属性 A 不能取空值。

例如，在课程表(课程号,课程名,教师,周课时数,备注)中，"课程号"属性为主码，则"课程号"不能取相同的值，也不能取空值。

对于实体完整性规则说明如下。

(1) 实体完整性规则是针对基本关系而言的。一个基本表通常对应现实世界的一个实体集。例如，学生关系对应学生的集合。

(2) 现实世界中的实体是可区分的，即它们具有某种唯一性标识；相应地，关系模型以主码作为唯一性标识。

(3) 主码中的属性即主属性不能取空值。所谓空值是指"不知道"或"无意义"的值。如果主属性取空值，则说明存在某个不可以被标识的实体，即存在不可区分的实体，这与(2)相矛盾，因此这个规则称为实体完整性规则。

(4) 实体完整性规则规定基本关系的所有主属性都不能取空值，而不仅是主码整体不能取空值。例如，在选课表(学号,课程号,成绩)中，(学号,课程号)为主码，则"学号"和"课程号"两个属性都不能取空值。

实体完整性保证一个表中的每一行都是唯一的（元组的唯一性）。为保证实体完整性，要求关系数据库中所有的表都必须有主码，而且表中不允许存在无主键值的记录或主键值相同的记录。

3.3.2 参照完整性

1. 关系间的引用

现实世界中的实体之间往往存在某种联系，关系模型中的实体与实体间的联系都是用关系来描述的，因此可能存在着关系间的引用。

【例 3.10】职工实体集和部门实体集及职工与部门之间的一对多联系可以用下面的关系表示，其中主码用下画线来标识。
- 职工(<u>职工号</u>,姓名,性别,部门号,上司,工资,佣金)。
- 部门(<u>部门号</u>,名称,地点)。

显然，这两个关系之间存在着属性的引用，即"职工"关系引用了"部门"关系的主码"部门号"。"职工"关系中的"部门号"属性的值必须是确实存在的，也就是说，"部门"关系中应该有该部门的记录。即"职工"关系中的某个属性的取值需要参照"部门"关系的属性值。

【例 3.11】学生、课程及学生与课程之间的多对多联系可以用以下 3 个关系表示。
- 课程表(<u>课程号</u>,课程名,教师,周课时数,备注)。
- 学生表(<u>学号</u>,姓名,年龄,性别,班级)。
- 选课表(<u>学号,课程号</u>,成绩)。

这 3 个关系之间也存在着属性的引用，即"选课表"关系引用了"学生表"关系的主码"学号"和"课程表"关系的主码"课程号"；同样，"选课表"关系中"学号"的取值必须是确实存在的，即"学生表"关系中必须有该学生的记录；"选课表"关系中的"课程号"的取值也必须是确实存在于"课程表"关系中的课程号，即"课程表"关系中必须有该课程的记录。换句话说，"选课表"关系中某些属性的取值需要参照其他关系的属性值。

注意：**不仅两个或两个以上的关系间可以存在引用关系，同一关系内的属性间也可以存在引用关系。**

【例 3.12】有如下职工关系。
- 职工(<u>职工号</u>,姓名,性别,部门号,上司,工资,佣金)。

在"职工"关系中，"职工号"属性是主码，"上司"属性表示该职工直接上司的职工号，它引用"职工"关系中的"职工号"属性，即"上司"必须是确实存在的职工号，因此同一关系的内部属性之间也可能存在引用关系。

2. 外码（外键）

设 F 是基本关系 R 的一个或一组属性，但不是关系 R 的码，如果 F 与基本关系 S 的主码 Ks 相对应，则称 F 是基本关系 R 的外码（Foreign key），基本关系 R 为参照关系，基本关系 S 为被参照关系。关系 R 和关系 S 不一定是不同的关系。

显然，基本关系 S 的主码 Ks 和参照关系的外码 F 必须定义在同一个域上。

在【例 3.10】中，"职工"关系的"部门号"属性与"部门"关系的主码"部门号"相对应，因此"部门号"属性是"职工"关系的外码。这里的"职工"关系是参照关系，"部门"关系是被参照关系，如图 3.17（a）所示。

在【例 3.11】中，"选课表"关系的"学号"属性与"学生表"关系的主码"学号"相对应，"课程号"属性与"课程表"关系的主码"课程号"相对应，因此，"学号"和"课程号"属性是"选课表"关系的外码。这里的"学生表"关系和"课程表"关系均为被参照关系，"选课表"关系为参照关系。如图 3.17（b）所示。

"职工"关系 —部门号→ "部门"关系
(a)

"学生表"关系 —学号→ "选课表"关系 ←课程号— "课程表"关系
(b)

图 3.17 关系的参照图

在【例 3.12】中,"上司"属性与本身的主码"职工号"属性相对应,因此"上司"属性是外码。这里的"职工"关系既是参照关系又是被参照关系。

需要指出的是,外码并不一定要与相应的主码同名(如【例 3.12】)。但是,在实际应用中,为了便于识别,当外码与相应的主码属于不同关系时,往往给它们取相同的名字。

记一记:请记录本部分学习的重难点。

3. 参照完整性规则

假如一个数据库中存储着"学生"、"课程"及它们之间关系的数据。如果在某天我们更新了一门课程的主键值,那么所有选修了该课程的学生都将查不到该课程的信息。

在更改课程的主键值时,我们实际上忽略了为该课程的相关记录更新外键值,即创建了数据"孤儿"(和主键值不匹配的外键记录)。在这种情况下,系统无法将选课的明细与课程信息对应起来。

若没有引用完整性的保障,则可能输入不匹配的外键值。关系模型不允许这些数据"孤儿"的出现,最简单的解决办法就是实现参照完整性。

参照完整性用于定义外码与主码之间的引用规则如下。

若属性(或属性组)F 是基本关系 R 的外码,它与基本关系 S 的主码 K_s 对应(关系 R 和关系 S 不一定是不同的关系),则关系 R 中的每个元组在关系 F 上的值必须为以下两类值。

(1)空值(F 中的每个属性值均为空值)。

(2)等于 S 中某个元组的主键值。

例如,在【例 3.10】中,定义了"职工"关系与"部门"关系之间的参照完整性,如图 3.18 所示,则"职工"关系中的每个元组的"部门号"属性只能取以下两类值。

(1)空值,表示尚未给该职工分配部门。

(2)非空值,必须是"部门"关系中某个元组的部门号值,表示该职工不可能分配到一个不存在的部门中,即被参照关系"部门"中一定存在一个元组,它的主键值等于该参照关系"职工"中的外码值。

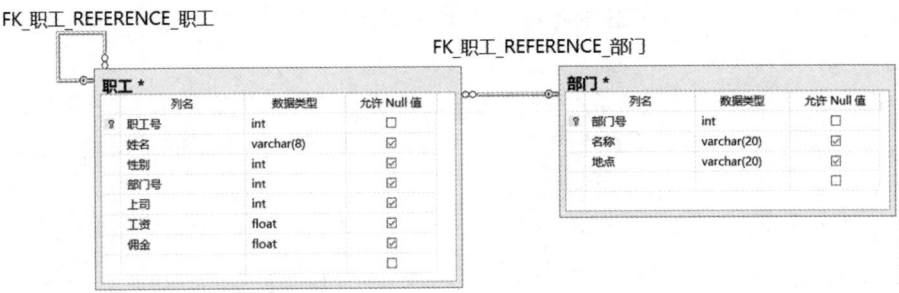

图 3.18 "职工"关系与"部门"关系之间的参照完整性

想一想：图 3.18 中有几个外码？其参照完整性为？

在【例 3.11】中，定义了"学生表"、"课程表"与"选课表"关系之间的参照完整性，如图 3.19 所示。按照参照完整性规则，"学号"和"课程号"属性也可以取两类值：空值或目标关系中已经存在的值。但由于"学号"和"课程号"是"选课表"关系中的主属性，则按照实体完整性规则，它们均不能取空值。所以"选课表"关系中的"学号"和"课程号"属性实际上只能取相应的被参照关系中已经存在的主键值。

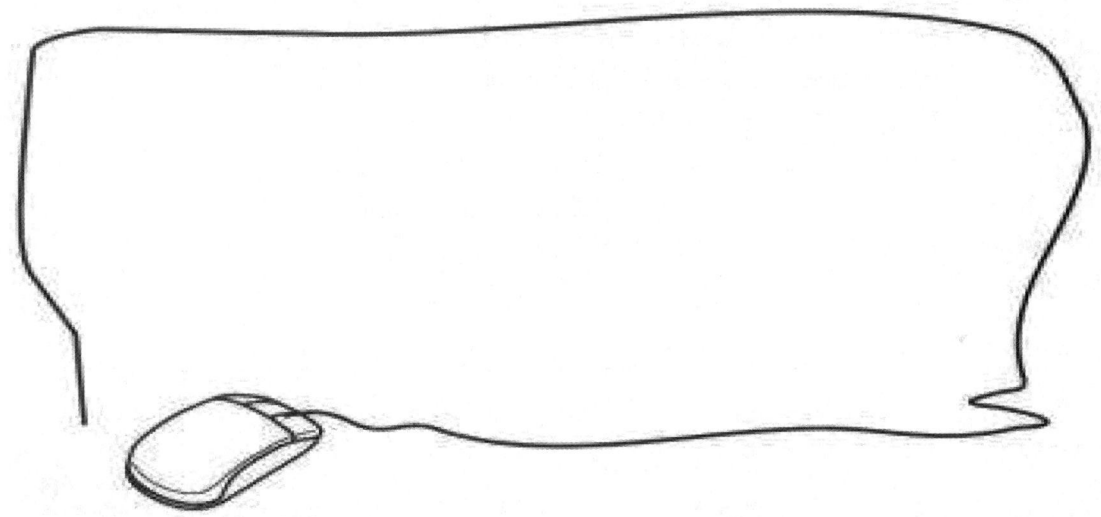

图 3.19 "学生表""课程表"与"选课表"关系之间的参照完整性

在表与表之间启用参照完整性之后，数据输入将受到更多的限制，以图 3.19 为例对此展开介绍。

（1）不可在"选课表.学号"属性中输入新的外键值，除非先在"学生表.学号"属性中将新值作为主键值输入；同样，不可在"选课表.课程号"属性中输入新的外键值，除非先在"课程表.课程号"属性中将新值作为主键值输入。

（2）如果"选课表.学号"中存在一个匹配的值（外键），那么不能在"学生表.学号"中更改该值（主键）；同样，如果"选课表.课程号"中存在一个匹配的值（外键），那么不能在"课程表.课程号"中更改该值（主键）。

（3）如果"选课表.学号"中存在一个匹配的值（外键），那么不能从"学生表.学号"中删除该值（主键）。

在参照完整性规则中，R 与 S 可以是同一个关系。

在例【3.12】中，按照参照完整性规则，"上司"属性可以取两类值：空值（表示该职工没有上司）；非空值（该值必须是本关系中某个元组的职工号）。

在定义参照完整性时应注意以下内容。

（1）外键和相应的主键可以不同名，只要定义在相同值域上即可。

（2）R 和 S 也可以是同一个关系模式，表示属性之间的联系。

外键值是否允许为空，应视具体问题而定。

记一记：请记录本部分学习的重难点。

3.3.3 用户定义的完整性

实体完整性和参照完整性是关系模型必须满足的完整性约束条件，只要是关系数据库系统就应该支持实体完整性和参照完整性。除此之外，不同的关系数据库系统根据其应用环境的不同，往往还需要一些特殊的约束条件。用户定义的完整性就是针对某些具体关系数据库的约束条件，它反映某一具体应用的数据必须满足的语义要求。例如，某个属性必须取唯一值、某个属性不能取空值、某些属性值之间应满足一定的函数关系、某个属性的取值范围在 1~12 等。关系模型应提供定义和检验这类完整性的功能，以便用统一的、系统的方法处理它们，而不应由应用程序提供这一功能。

例如，选课表(课程号,学号,成绩)，在定义"选课表"关系时，我们可以对"成绩"属性定义必须大于或等于 0 的约束。

3.4 E-R 模型转换为关系模型

在 E-R 模型向关系模型的转换过程中，要解决的问题是如何将实体和实体间的联系转换为关系模式，以及如何确定这些关系模式的属性和码。

1. 转换原则

关系模型的逻辑结构是一组关系模式的集合。E-R 模型是由实体、实体的属性及实体之间的联系三个要素组成的。所以将 E-R 模型转换为关系模型实际上就是将实体及实体之间的各种联系转换为关系模式，这种转换一般遵循以下原则。

原则 1：将 E-R 模型中的每个实体集转化为一个关系模式，实体集中实体的属性转化为该关系模式的属性，实体的码（实体键）转化为该关系模式的码，每个实体转化为该关系模式对应关系的一个元组。

原则 2：E-R 模型中的联系，根据联系方式的不同，采取不同手段以使被它联系的实体所对应的关系彼此有某种联系。具体方法如下。

（1）一个 1∶1 联系可以转换为一个独立的关系模式，也可以与任意一端对应的关系模式合并。如果转换为一个独立的关系模式，则与该联系相连的各实体的码及联系本身的属性均转换为关系的属性，每个实体的码都是该关系的候选码。如果与某一端实体对应的关系模式合并，则需要在该关系模式的属性中加入另一个关系模式的码和联系本身的属性。

（2）一个 1∶n 联系可以转换为一个独立的关系模式，也可以与 n 端对应的关系模式合并。如果转换为一个独立的关系模式，则与该联系相连的各实体的码及联系本身的属性均转换为关系的属性，而关系的码为 n 端实体的码。

（3）一个 m∶n 联系转换为一个关系模式。与该联系相连的各实体的码及联系本身的属性均转换为关系的属性，而关系的码为各实体码的组合。

原则 3：定义参照完整性。

原则 4：评价关系模式。此原则将在本书第 4 章中讲解。

2. 转换实例

下面是几种不同联系方式的 E-R 模型转换成关系模型的例子，在转换过程中我们暂时不对转换后的关系模式进行评价。

【例 3.13】图 3.20 所示为一个 1∶1 联系的 E-R 模型，它表示"系"与"系主任"两个实体集之间的"任职"联系：一个系主任只能在一个系里任职，而一个系只能有一个系主任。要求将此 E-R 模型转换为关系模型。

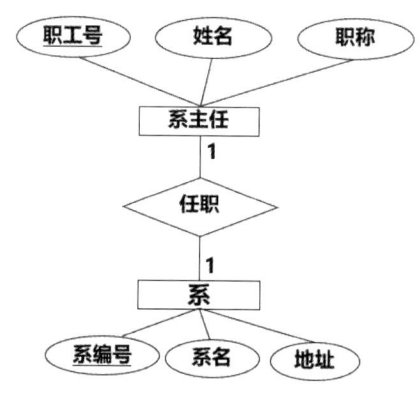

图 3.20 "系主任"与"系"的 E-R 模型

转换步骤如下。

第一步：根据原则 1，将每个实体集转换为一个关系模式，实体的属性转换为关系模式的属性，实体的码转换为关系模式的码。因此，图 3.20 中的两个实体集转换成以下两个关系模式。

- 系主任(<u>职工号</u>,姓名,职称)。
- 系(<u>系编号</u>,系名,地址)。

第二步：根据原则 2，对于 1∶1 联系可以有几种不同的转换方式，现选择其中一种，把"任职"联系并入"系"实体集对应的关系中，即在"系"关系模式中加入"系主任"实体集的码"职工号"。

- 系(<u>系编号</u>,系名,地址,职工号)。

第三步：根据原则 3，定义参照完整性，即将"系"关系模式中的"职工号"定义为外码，参照"系主任"关系模式中的职工号。

所以图 3.20 所示的 E-R 模型转换成以下关系模式。

- 系主任(<u>职工号</u>,姓名,职称)。
- 系(<u>系编号</u>,系名,地址,职工号)。

其中，职工号为外码。

动一动：若把"任职"联系并入"系主任"实体集中，请写出关系模式。

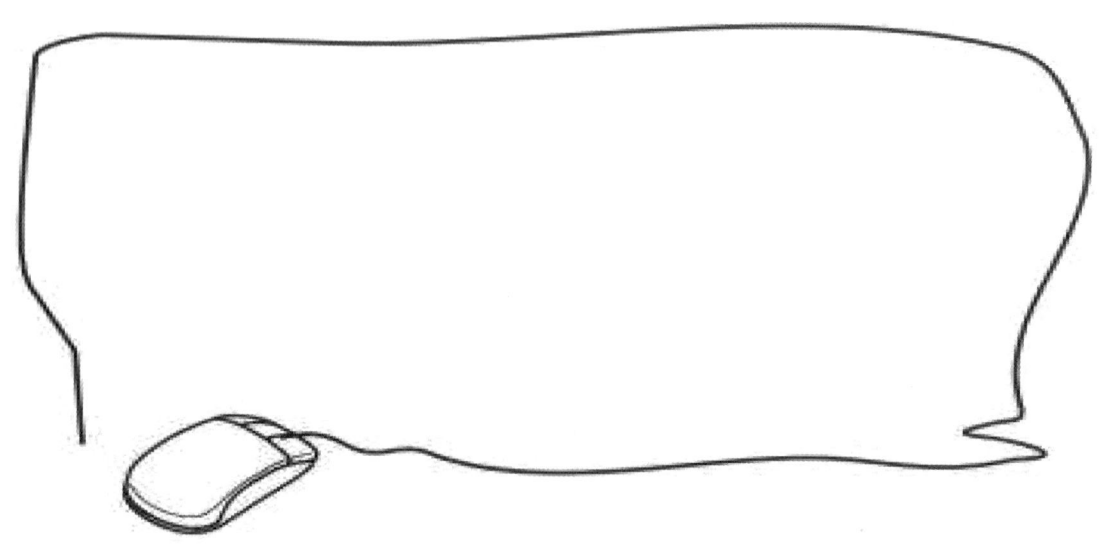

【例3.14】图3.21所示为一个1∶n联系的E-R模型,它表示两个不同实体集"仓库"与"商品"之间的联系:一个仓库可以存放多种商品,一种商品只能存放在一个仓库中,商品存放在仓库中还产生了"数量"属性。要求将图3.21所示的E-R模型转换为关系模型。

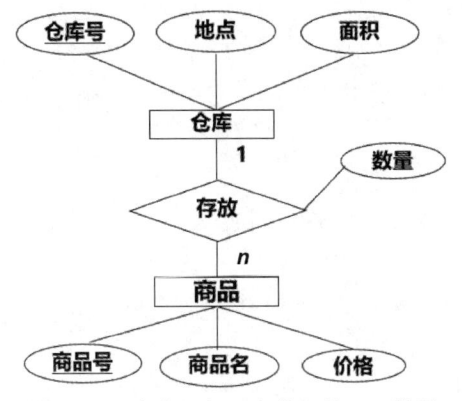

图3.21 "仓库"与"产品"的E-R模型

转换步骤如下。

第一步:根据原则1,将每个实体集转换为一个关系模式,实体的属性转换为关系模式的属性,实体的码转换为关系模式的码。因此,图3.21的两个实体集转换成以下两个关系模式。
- 仓库(<u>仓库号</u>,地点,面积)。
- 商品(<u>商品号</u>,商品名,价格)。

第二步:根据原则2,对于1∶n联系可以有几种不同的转换方式,现选择其中一种,把两个实体集的联系及其属性并入n端,即将1端关系的码"仓库号"及"存放"联系产生的属性"数量"一起并入"产品"实体集对应的关系模式中。
- 商品(<u>商品号</u>,商品名,价格,仓库号,数量)。

第三步:根据原则3,定义参照完整性,即将"产品"关系模式中的"仓库号"定义为外码,参照"仓库"关系模式中的"仓库号"。

所以图3.21的E-R模型转换成以下关系模式。
- 仓库(<u>仓库号</u>,地点,面积)。
- 商品(<u>商品号</u>,商品名,价格,仓库号,数量)。

其中,"仓库号"为外码。

【例3.15】图3.22所示为一个1∶n联系的E-R模型(有角色指示符),表示同个实体集"职工"之间的联系:一个领导可以直接领导多个职工,一个职工的直接上级只能有一个,领导也是职工中的一员。

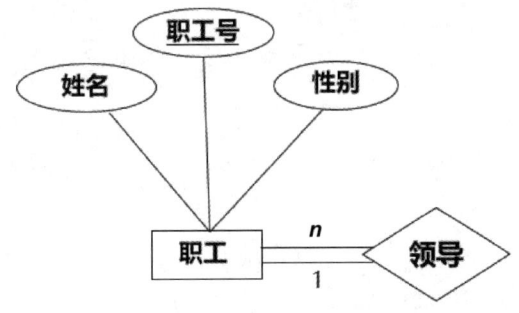

图3.22 同个实体型职工的E-R模型

转换步骤如下。

第一步：根据原则 1，将每个实体集转换为一个关系模式，实体的属性转换为关系模式的属性，实体的码转换为关系模式的码。因此，图 3.22 所示的 E-R 模型转换成以下关系模式。
- 职工(职工号,姓名,性别)。

第二步：根据原则 2，如果同一实体内存在 1∶n 联系，则需要在此实体集所对应的关系模式中多设一个属性，用来表示与该个体相联系的上级个体的关键字。则将"职工"关系模式重新定义为：
- 职工(职工号,姓名,性别,上级职工号)。

第三步：根据原则 3，定义参照完整性，即将"职工"关系模式中的"上级职工号"作为外码，参照"职工"关系模式中的"职工号"。

所以图 3.22 的 E-R 模型转换成以下关系模式。
- 职工(职工号,姓名,性别,上级职工号)。

其中，"上级职工号"为外码。

记一记：请记录本部分学习的重难点。

【例 3.16】图 3.23 所示为一个 m∶n 联系的 E-R 模型，它表示两个实体集"学生"与"课程"之间的联系：一门课程可以被多个学生选修，一个学生可以选修多门课程，学生选修课程还产生了"成绩"属性。

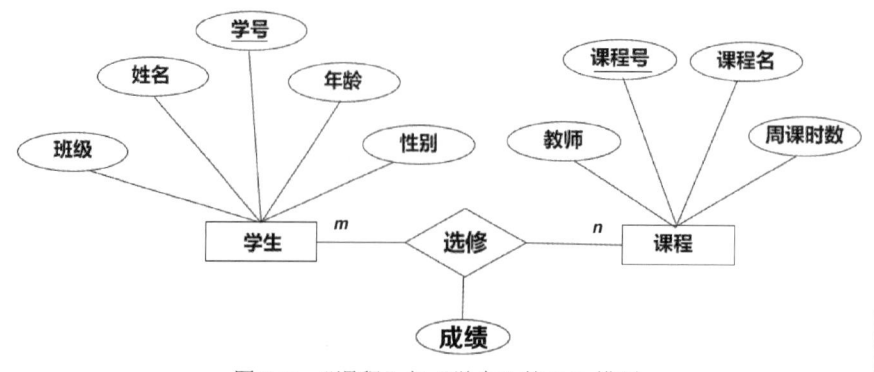

图 3.23 "课程"与"学生"的 E-R 模型

转换步骤如下。

第一步：根据原则 1，将每个实体集转换为一个关系模式，实体的属性转换为关系模式的属性，实体的码转换为关系模式的码。因此，图 3.23 的 E-R 模型转换成以下关系模式。

- 课程(<u>课程号</u>,课程名,周课时数,教师)。
- 学生(<u>学号</u>,姓名,年龄,性别,班级)。

第二步：根据原则 2，对于 $m:n$ 联系，要转换成一个关系模式，需要将图 3.23 中的联系转换成一个"选修"关系模式，在这个联系中分别加入 n 端实体集的码"课程号"与 m 端实体集的码"学号"，以及联系本身的属性"成绩"，并将两个实体集码的组合作为该关系模式的码。

- 选修(<u>学号,课程号</u>,成绩)。

第三步：根据原则 3，定义参照完整性，即将"选修"关系模式中的"学号"定义为外码，参照"学生"关系模式中的"学号"；将"选修"关系模式中的"课程"定义为外码，参照"课程"关系模式中的"课程号"。

所以图 3.23 的 E-R 模型转换成以下关系模式。

- 课程(<u>课程号</u>,课程名,周课时数,教师)。
- 学生(<u>学号</u>,姓名,年龄,性别,班级)。
- 选修(<u>学号,课程号</u>,成绩)。

其中，"学号"是外码，"课程号"也是外码。

【例 3.17】图 3.24 所示为一个 $m:n$ 联系的 E-R 模型（具有角色指示符），它表示同一个实体集之间的联系：一个复杂的零部件可以由多个不同的零部件组装起来，而且一个零部件可以与其他零部件组装成不同的复杂的零部件。

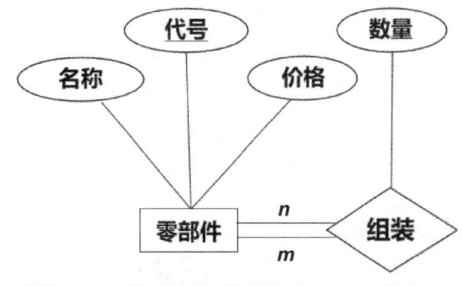

图 3.24　同个实体型零部件 $m:n$ 联系的 E-R 模型

转换步骤如下。

第一步：根据原则 1，将每个实体集转换为一个关系模式，实体的属性转换为关系模式的属性，实体的码转换为关系模式的码。因此，图 3.24 的实体集转换成以下关系模式。

- 零部件(<u>代号</u>,名称,价格)。

第二步：根据原则 2，对于 $m:n$ 联系，要转换成一个关系模式，需要将图 3.24 中的联系转换成一个"组装"关系模式，该关系模式的属性中至少要包括它所联系的双方实体集的码，联系自身若有属性，也需加入此关系模式中。

- 组装(<u>代号,组装件代号</u>,数量)。

第三步：根据原则 3，定义参照完整性，即将"组装"关系模式中的"代号"定义为外码，参照"零部件"关系模式中的"代号"；将"组装"关系模式中的"组装件代号"定义为外码，参照"零部件"关系模式中的"代号"。

所以图 3.24 的 E-R 模型转换成以下关系模式。

- 零部件(<u>代号</u>,名称,价格)。
- 组装(<u>代号,组装件代号</u>,数量)。

其中，"代号"与"组装件代号"组合是主码，同时，"代号"和"组装件代号"也是外码。

记一记：请记录本部分学习的重难点。

动一动：根据图 3.25 所示的 E-R 模型，请写出对应的关系模型。

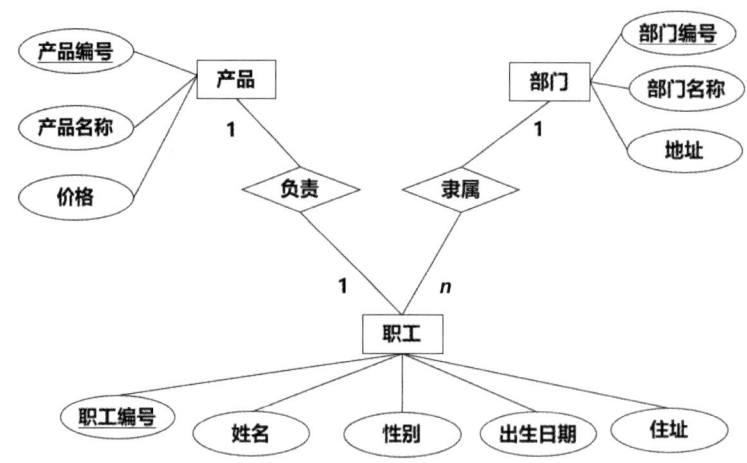

图 3.25 "产品""职工"和"部门"的 E-R 模型

3.5 关系模型的特点

关系模型具有如下特点。
1）模型概念单一
在关系模型中，无论实体本身还是实体间的联系均用关系表示。
2）集合操作
在关系模型中，操作（运算）的对象和结果都是元组的集合，即关系。
3）关系必须规范化
只有规范化的关系才能为我们所用。下一章将具体讲解关系的规范化。

3.6 本章小结

关系数据库系统是支持关系模型的数据库系统，是目前最流行的数据库系统之一。在 20 世纪 70 年代以后开发的数据库管理系统产品几乎都是基于关系的。

本章系统地讲解了关系数据库的重要概念，包括关系模型的基本结构及术语、关系模型的数据操作、关系模型的完整性约束及 E-R 模型转换为关系模型，并在讲解概念的同时引入了具体的例子。

1）关系模型的基本结构及术语
关系模型用二维表结构表示实体集。
2）关系模型的数据操作
关系代数的各种基本运算，如交、并、减、选择、投影、连接等，其中自然连接是关系代数中常用的一种运算。
3）关系模型的完整性约束
关系数据库的数据与更新操作必须遵循三类完整性规则：实体完整性规则、参照完整性规则及用户定义的完整性规则。其中，前两个规则由系统自动支持，第三个规则反映某一具体应用所涉及的数据必须满足语义的要求，具体数据的约束条件由应用环境决定。
4）E-R 模型转换为关系模型
E-R 模型转换为关系模型的实质就是如何将实体集和实体集间的联系转换为关系模式，以及如何确定这些关系模式的属性和码。

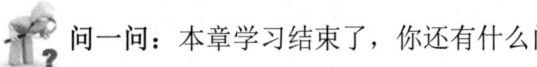
问一问：本章学习结束了，你还有什么问题呢？

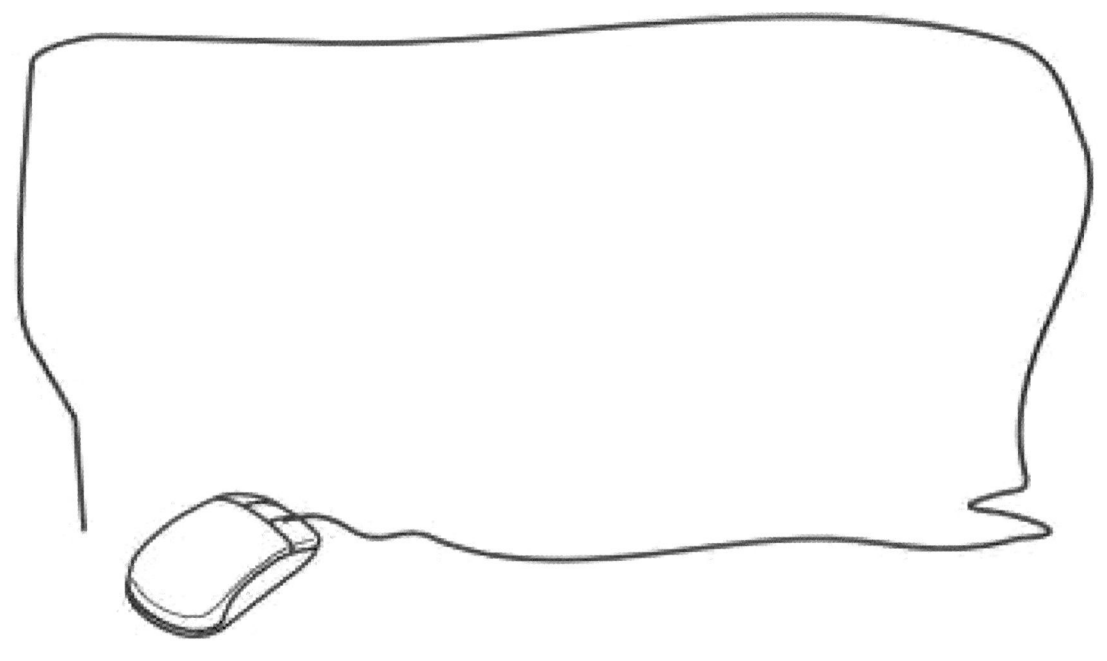

3.7 思政拓展

近些年,共享已经深入我们生活的许多方面,并成为生活中的一种习惯。共享即共同分享,表现的是一种和谐友善的氛围,一种利人利己的精神。共享时代需要共享精神。共享精神需要道德文明的支撑,才能在全社会形成"人人为我,我为人人"的文明氛围。

首先,互联网推崇的开放价值和共享精神一直被社会所认可,但在现实生活中,实现跨平台数据传输、打破应用孤岛状态,远比我们想象中的要困难。例如,我们很难将网易云音乐的歌单转到 QQ 音乐上,在这个网盘里存储的资料也很难直接搬到另一个网盘上,更别说让 iPhone 信息完完整整地同步到另一台新 Android 手机上。好消息是目前已有一些科技巨头开始重视并计划联手打造一个开源的数据传输服务方案,可以允许用户"将数据从一个服务直接传输到另一个服务上,而无须重复下载和上传"。

其次,在国家出台加快培育数据要素市场政策的背景下,推进政府数据开放共享,已成为提升政务服务、优化营商环境、实现国家治理体系和治理能力现代化的重要手段。数据作为国家基础性、战略性资源,已成为社会经济发展的新型生产要素。加快政府数据开放共享,提升政府数据资源价值,将有利于优化营商环境,催化经济倍增效益,促进经济高质量发展。

再次,实现政府数据开放与共享的目的是利企便民,各级政府及部门应树立以用户需求为中心的开放共享服务理念,做到"让数据多跑路、让群众少跑腿",建立本地区"一盘棋"的政府数据管理机制,确定数据管理统筹协调机构,提高综合管理力度,理顺政务数据开发和利用中各个环节的参与主体及各类主体的权责体系。

最后,数据库设计者是软件与信息服务行业的从业者,在这个行业中,更需要"共享精神"。例如,我们经常看到一些开源软件与代码等,这些都是行业内"共享精神"的体现。希望大家能够培养"共享精神",树立共享意识,反哺于社会,真正做到"人人为我,我为人人"。

议一议:作为数据库从业人员,你觉得在大数据时代下实现"数据共享"的重要性体现在哪些方面?

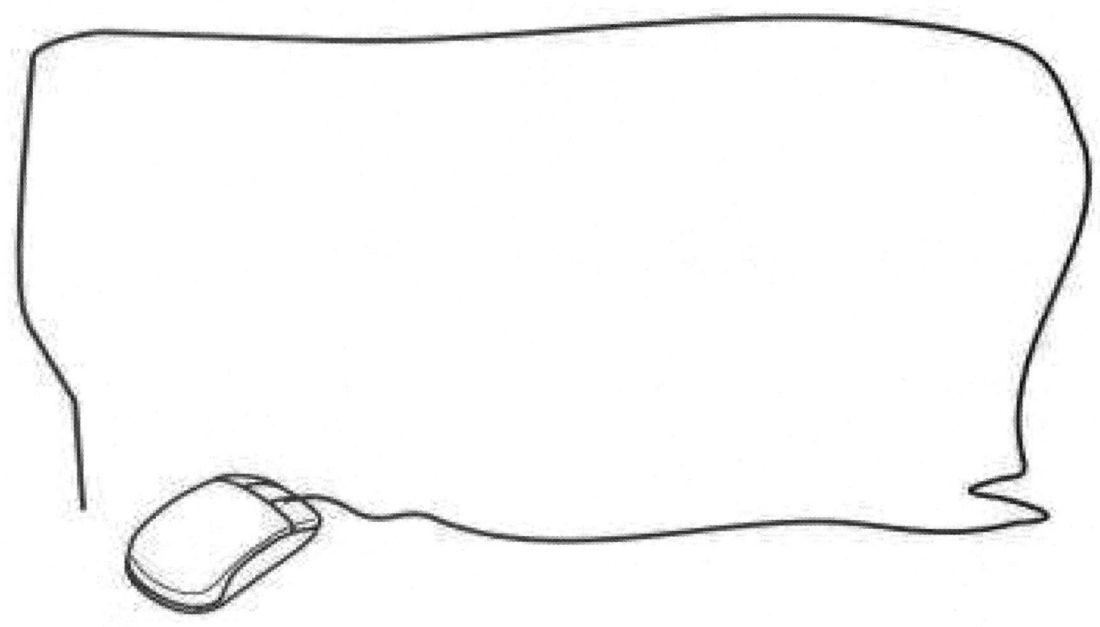

3.8 习题

1. 给出关系、属性、元组和域的定义。
2. 给出并集相容的定义,并分别列举两个并集相容和并集不相容的例子。
3. 试述关系模型的完整性约束。
4. 试述等值连接与自然连接的区别与联系。
5. 设有学生-课程关系数据库,它由三个关系模式组成,如下所示。
- 学生 S(学号 S#,姓名 SN,所在系 SD,年龄 SA)。
- 课程 C(课程号 C#,课程名 CN,选修课号 PC#)。
- SC(学号 S#,课程号 C#,成绩 G)。

要求:请用关系代数分别写出下列查询(用英文字段表示即可)。

(1) 查询所有学生的情况。
(2) 查询年龄大于或等于 20 岁的学生的姓名。
(3) 查询选修课号为 C2 的课程号。
(4) 查询课程号 C1 的成绩为 A 的所有学生的姓名。
(5) 查询学号为 S1 的学生所选修的所有课程名及选修课号。
(6) 查询年龄为 23 岁的学生所选修的课程名。

6. 参考图 3.26 的 E-R 模型，要求转换成相应的关系模式，并指出每个关系模式的主码和外码。

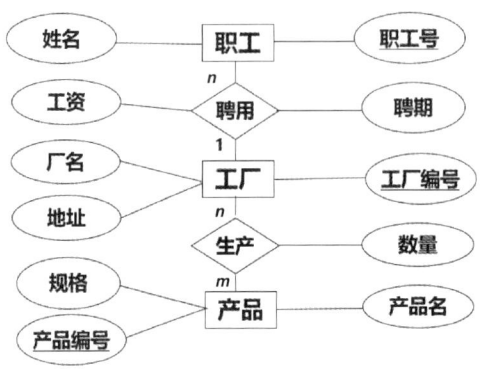

图 3.26　习题 6 的 E-R 模型

7. 请设计一个图书馆数据库，此数据库对每个借阅者保持读者记录，包括读者号、姓名、地址、性别、年龄、单位。对每本书都有书号、书名、作者、出版社。对每本被借出的书都有读者号、借出的日期、应还日期。要求给出 E-R 模型，并将其转换为关系模式。

记一记：本章学习结束了，你有哪些收获？

第4章

关系数据库设计理论

学习目标

知识目标：了解数据库冗余和存储异常问题；理解函数依赖的相关概念；掌握三大范式的概念；掌握数据库设计的基本步骤。

技能目标：会进行关系范式的判断与分解；会进行关系数据库概念结构及逻辑结构设计。

思政目标：树立隐私保护、数据安全意识；树立良好的职业道德素养，拥有正确的是非观，遵纪守法；树立正确的择业与就业观；树立团队合作共赢意识，培养团队协作能力。

数据库是一组相关数据的集合。它不仅包括数据本身，而且包括数据之间的联系。给出一组数据，如何构造一个合适的数据模型，在关系数据库中应该组织成几个关系模式，每个关系模式包括哪些属性，都是数据库设计要解决的问题。

以关系模型为基础的数据库用关系来描述现实世界。关系具有概念单一性的特点，一个关系既可以描述一个实体，又可以描述实体间的联系。一个关系模型包括一组关系模式，各个关系模式都不是完全孤立的，只有它们相互关联，才能构成一个关系模型。这些关系模式的全体定义构成关系数据库模式。

那么，在关系数据库设计中，如何把现实世界表达成数据库模式，即如何组建数据库模式是首要问题。一个数据库模式是一组关系模式的集合，因此数据库设计实际上是指从多种可能的组合中选取一个合适的、性能好的关系模式集合作为数据库模式。在实现具体数据库系统之前，尚未录入实际数据时，组建较好的数据库模式是整个系统运行效率，甚至系统成败的关键。不合理的数据库模式可以通过规范化转化为合理的数据库模式。我们把满足一定特征的一类关系模式称为范式，有以下几类范式：第一范式、第二范式、第三范式、BC范式、第四范式、第五范式。范式的级别越高，要求越严格。而规范化是指，把低一级范式的关系模式，通过模式分解转换为若干个高一级范式的关系模式集合的过程。一般来说，关系数据库模式只要满足第三范式就可以了。

关系数据库设计与应用（工作手册式）

4.1 冗余和存储异常问题

首先，我们来看一个例子。

【例 4.1】 设计一个教学管理数据库，并从该数据库中得到学生的学号、姓名、年龄、系名、系主任姓名、学习的课程名和该课程的成绩等信息。

第一种设计模式： 只采用一个简单的"教学"关系模式。

设计包括 7 个属性的"教学"关系模式如下。

- 教学(学号,姓名,年龄,系名,系主任,课程名,成绩)。

表 4.1 所示为"教学"关系模式数据示例。

表 4.1 "教学"关系模式示例

学号	姓名	年龄	系名	系主任	课程名	成绩
98001	李华	21	计算机	王民	C语言	90
98001	李华	21	计算机	王民	高等数学	80
98002	张平	22	计算机	王民	C语言	65
98002	张平	22	计算机	王民	高等数学	70
98003	陈兵	21	数学	赵敏	高等数学	95
98003	陈兵	21	数学	赵敏	离散数学	75
99001	陆莉	23	物理	王珊	普通物理	85

想一想：请思考以上关系模式存在哪些问题。

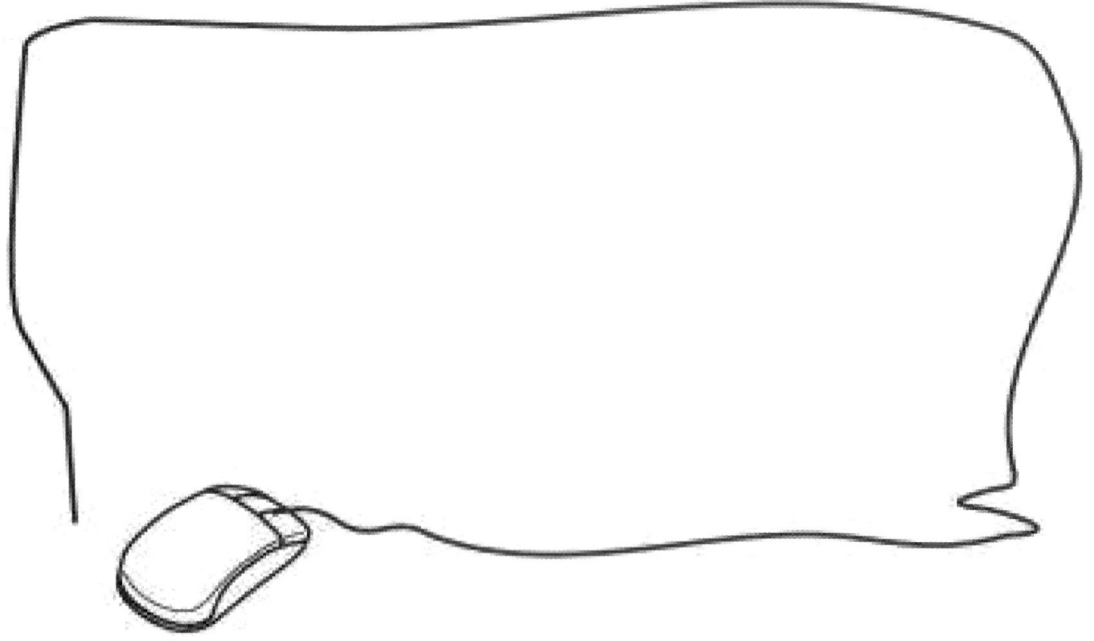

通过分析，在实际的使用过程中，该关系模式存在以下 4 方面的问题。

1. 数据冗余问题

一个学生只有一个姓名，但在表 4.1 中，若一个学生选修多门课程，则该学生的姓名就要重复多次。同样，一个系也只有一个系主任，而表 4.1 中系主任的姓名重复次数就更多了。

2. 数据更新问题

假如计算机系的系主任换了，那么表 4.1 中 4 条记录的系主任列都需要修改，假如改得不一样，或少改一处，则会造成数据不一致。

3. 数据插入问题

假如新成立了一个系：化工系，并且也有了系主任，但还没有招学生，所以不能在表 4.1 中插入化工系的记录，也就不能在数据库中保存化工系的系名和系主任的信息。同样，如果新增一门课程，但还没有学生选修，则也不能插入该课程的记录中。

4. 数据删除问题

如果数学系的学生全部毕业了，则需要删除该系的学生记录，但如果该系的学生记录全部被删除了，则该系的系名、系主任信息也从数据库中删除了。

结论：以上关系模式不是一个好的关系模式。

一个好的关系模式，除了能满足用户对信息存储和查询的基本要求，还应具备下列条件。

（1）尽可能少的数据冗余。
（2）没有插入异常。
（3）没有删除异常。
（4）没有更新异常。

对于有问题的关系模式，可以通过模式分解的方法实现规范化。将上述关系模式分解为以下 3 个关系，则可以克服以上出现的问题。

第二种设计模式：采用 3 个关系模式。

- 学生(学号,姓名,年龄,系名)。
- 系(系名,系主任)。
- 选课(学号,课程名,成绩)。

采用第二种设计模式，则上述 4 类问题基本都得到解决了。那么，对于上述 4 类问题，采用第二种设计模式能否将其完全消除呢？如何分解关系模式，分解的依据是什么？这就是本章的学习任务。

4.2 函数依赖

上一节的例子涉及如何分解关系模式，对关系模式进行分解的指导依据是函数依赖。函数依赖反映了数据之间的内在联系，它是本章讨论的中心问题。

前面已经指出，现实世界中的事物是相互联系、相互制约的。这种联系分为两类：一类是实体与实体之间的联系；另一类是实体内部各属性之间的联系。在第 2 章中，我们已经讨论了实体集之间的联系，下面讨论属性之间的联系。

4.2.1 属性之间的联系

第 2 章讨论了实体集与实体集之间的联系。其实,现实世界中实体集的属性之间也是相互联系的,属性之间的联系分为 3 类:一对一联系、一对多联系、多对多联系。

1. 一对一联系

例如,对于学生表(学号,姓名,性别,班级,年龄)关系,在一所学校中,学号是唯一的,如果学生中没有重名,则姓名与学号两个属性之间就是一对一联系(1:1),在这种情况下,姓名可以确定学号,学号也可以确定姓名。

一般地,设 X、Y 为一个关系中的属性或属性组,为简便起见,把它们的所有可能取值组成的两个集合也叫作 X、Y。如果对于 X 中的任意具体值,Y 中至多有一个值与之对应,并且对于 Y 中的任一具体值,X 中也至多有一个值与之对应,则称 X、Y 这两个属性之间是一对一联系。

2. 一对多联系

同样,在学生表(学号,姓名,性别,班级,年龄)关系中,一个班级有若干学生,那么,这若干学生都属于同一个班级,而每个学生都有唯一的学号。这样,如果找到一个班级,则总是有多个学生的学号或姓名与之对应;而任意一个学生的学号总是可以找到一个班级与之对应,即同一个班级,有多个学号与之对应,这种联系被称为一对多联系(1:m)。

一般地,设 X、Y 为一个关系中的属性或属性组,为简便起见,把它们的所有可能取值组成的两个集合也叫作 X、Y。如果 X 中的任意一个具体值,至多与 Y 中的一个值相对应,而 Y 中的任意一个具体值却可以与 X 中的多个值相对应,则称 X 与 Y 两个属性间为多对一联系,或 Y 与 X 为一对多联系。

3. 多对多联系

例如,在选课表(学号,课程号,成绩)关系中,一个学生可以选修多门课程,同一门课程可以有多个学生同时选修,则学号与课程号之间为多对多联系($m:n$)。

一般地,设 X、Y 为关系中的属性或属性组,把它们的所有可能取值组成的两个集合也叫作 X、Y。在 X、Y 两个属性集中,如果任意一个值都可以至多和另一个属性集中的多个值相对应,反之亦然,则称属性 X 和 Y 是多对多联系。

显然,这三类联系之间存在着包含关系,1:1 是 1:m 的特例;1:m 又是 $m:n$ 的特例(当 $m=1$ 时)。

关系中属性值之间的这种既相互依赖又相互制约的联系被称为数据依赖。数据依赖主要有两种形式:函数依赖和多值依赖。这里仅介绍函数依赖。

4.2.2 函数依赖

函数是我们非常熟悉的概念,例如,以下公式

$$Y = f(X)$$

对 X 与 Y 在数量上的对应关系,可以理解为任意给定一个 X 值,都会有一个 Y 值与它对应。我们可以说,X 函数决定 Y,或 Y 函数依赖于 X。

但是在关系数据库中，讨论函数或函数依赖注重的是语义上的关系，例如，

$$省=f(城市)$$

即只要给出一个具体的城市，都会有唯一的省与它相对应。例如，"温州市"在"浙江省"。与上面的例子比较，这里的"城市"是自变量 X，"省"是函数值 Y。X 函数决定 Y，或 Y 函数依赖于 X 可表示为

$$X \rightarrow Y$$

根据以上讨论，可以将函数依赖理解为如果有一个关系 R，X 和 Y 均为 R 的子集，那么对于关系 R 中的任意一个 X 值，都只有一个 Y 值与之相对应，则称 X 函数决定 Y，或 Y 函数依赖于 X。

显然，函数依赖讨论的是属性之间的依赖关系，它是语义范畴中的概念，也就是说，关系模式的属性之间是否存在函数依赖只与语义有关。下面给出函数依赖的定义。

定义：设一个关系为 $R(U)$，X 和 Y 为属性集 U 上的子集，若对于 X 上的每个值都有 Y 上的唯一值与之对应，则称 X 和 Y 具有函数依赖关系，并称 X 函数决定 Y，或 Y 函数依赖于 X。记作 $X \rightarrow Y$，其中 X 叫作决定因素，Y 叫作依赖因素。

【例 4.2】设一个职工关系为(职工号,姓名,性别,年龄,职务)，判断该关系属性之间的函数依赖。

首先，"职工号"用来标识每个职工，将其选作该关系的主码。

其次，在"职工号"被确定之后，该职工的"姓名"就确定了，或者说一个职工的"姓名"由其"职工号"唯一确定，所以称"职工号"函数决定"姓名"，或"姓名"函数依赖于"职工号"，记作"职工号→姓名"，"职工号"为该函数依赖的决定因素。

同理，当一名职工的"职工号"被确定之后，它所对应的"性别""年龄""职务"等属性值就被唯一确定下来了，所以称"职工号"函数决定"性别""年龄""职务"等描述职工特征的属性，可以分别记作"职工号→性别""职工号→年龄""职工号→职务"。

记一记：请记录本部分学习的重难点。

👷 动一动：请说出下列关系模式中的函数依赖。

- 学生(<u>学号</u>,姓名,年龄,性别)。
- 选课(<u>学号</u>,<u>课程号</u>,成绩)。

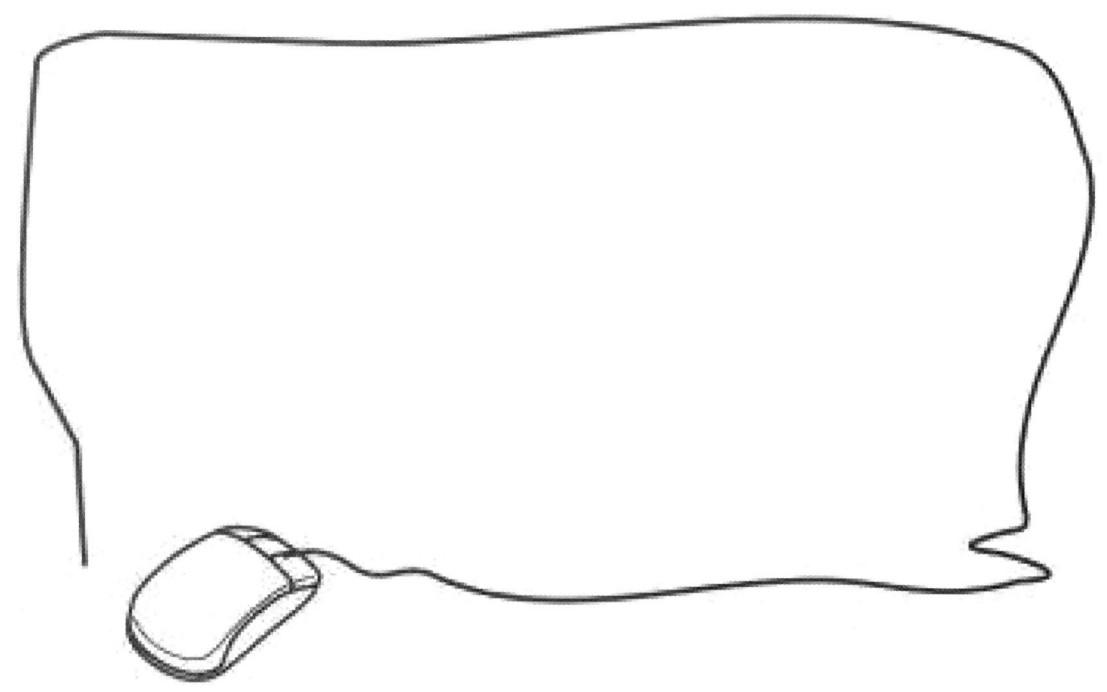

根据函数依赖的定义，可以找出以下规律。

在一个关系模式中，如果属性 X、Y 间是 $1:1$ 的联系，则存在着函数依赖 $X \rightarrow Y$、$Y \rightarrow X$，这时可称 X、Y 相互函数依赖。

如果属性 X、Y 间是 $1:n$ 的联系，则存在函数依赖 $Y \rightarrow X$，但 $X \not\rightarrow Y$。

如果属性 X、Y 间是 $m:n$ 的联系，则 X 与 Y 之间不存在任何函数依赖。

【例 4.3】学生表(<u>学号</u>,姓名,性别,年龄,班级)，判断下面三种情况是否存在函数依赖，如果存在，请说明是哪种函数依赖。

（1）"学号"与"姓名"之间是 $1:1$ 的联系（假设不重名的情况下）："学号"和"姓名"相互依赖。

（2）"班级"与"学号"之间是 $1:m$ 的联系："学号"决定"班级"。

（3）"年龄"与"班级"之间是 $m:n$ 的联系：不存在函数依赖。

❓ 想一想：职工(<u>职工号</u>,姓名,性别,年龄,职务)，判断下面三种情况对应属性之间是否存在函数依赖，如果存在，请说明是哪种函数依赖。

（1）"职工号"与"姓名"之间是 $1:1$ 的联系（假设不重名的情况下）。

（2）"职务"与"职工"号之间是 $1:m$ 的联系。

（3）"性别"与"年龄"之间是 $m:n$ 的联系。

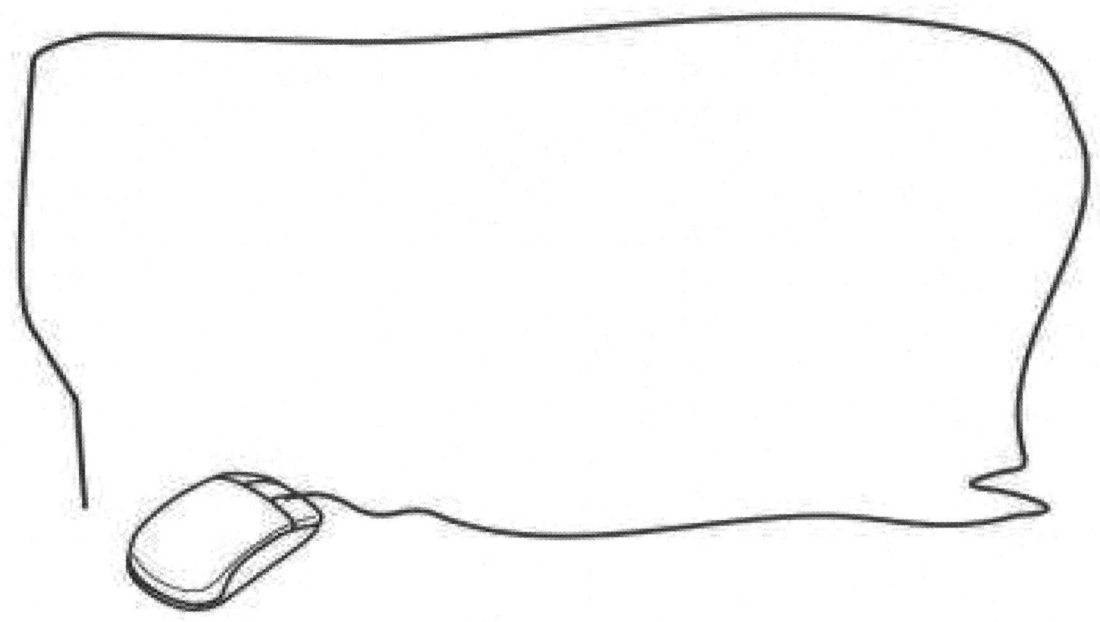

通过以上例题来分析属性间的函数依赖，我们能得出以下结论：如果属性组 $A \supseteq$ 属性组 B，则 $A \rightarrow B$。

注意：函数依赖是指关系 R 中的所有元组均应满足的约束条件，而不是指 R 中的某个或某些元组应满足的约束条件。关系中的元组无论增加或者更新都不能破坏函数依赖。因此，必须根据语义来确定数据之间的函数依赖，而不能单凭某一时刻中关系的实际值来判断。

4.2.3 函数依赖的几种特例

我们在这里介绍几种常见的函数依赖，包括平凡函数依赖与非平凡函数依赖、完全函数依赖与部分函数依赖、传递函数依赖等。

1. 平凡函数依赖与非平凡函数依赖

定义：在关系模式 $R(U)$ 中，X 和 Y 为属性集 U 上的子集。

（1）若 $X \rightarrow Y$，且 X 不包含 Y，则称 $X \rightarrow Y$ 为非平凡函数依赖。

（2）若 $Y \subseteq X$，则必有 $X \rightarrow Y$，则称 $X \rightarrow Y$ 为平凡函数依赖。

例如，职工号→姓名，因为"职工号"不包含"姓名"，所以是非平凡函数依赖；(职工号,性别)→职工号，因为(职工号,性别)包含"职工号"，所以是平凡函数依赖。

这里需要注意的是，由于在 $Y \subseteq X$ 时，一定有 $X \rightarrow Y$，平凡函数依赖必然成立，没有意义，所以一般所说的函数依赖是指非平凡函数依赖。

2. 完全函数依赖与部分函数依赖

定义：在关系模式 $R(U)$ 中，X 和 Y 为属性集 U 上的子集，若 Y 函数依赖于 X（$X \rightarrow Y$），但 Y 不函数依赖于 X 的任意真子集，则称 Y 对 X 为完全函数依赖，记作 $X \xrightarrow{f} Y$。否则，称 Y 对 X 为部分函数依赖，记作 $X \xrightarrow{p} Y$。

由定义可知，当 X 是单个属性时，由于 X 不存在任何真子集，因此如果 $X \rightarrow Y$，则 Y 完全依赖于 X。

例如，在学生表(学号,姓名,性别,班级,年龄)关系中，对于(学号,姓名)→性别，因为不可能存在两个学生学号、姓名都相同，但是性别不同的情况，所以"性别"函数依赖于(学号,姓名)是成立的。但是，这个依赖不是完全函数依赖，而是部分函数依赖。因为存在着学号→性别，而"学号"是(学号,姓名)的一个真子集，不符合完全函数依赖的定义，所以(学号,姓名) $\xrightarrow{P}$ 性别。

再举一个例子，在选课表(学号,课程号,成绩)关系中，对于(学号,课程号)→成绩，因为每个学号的每个课程只有一个成绩，所以不存在学号和课程号相同，而成绩不同的情况。

接下来讨论它是否属于完全函数依赖。首先，(学号,课程号)的真子集有两个："学号"和"课程号"。因为一个学生可以选修多门课程，所以会有多个成绩，故可能存在学号相同、成绩不同的情况，所以学号→成绩是不成立的；再者，一门课程可以被多个学生选修，每个学生在这门课程上会都得到不同的成绩，故可能存在课程号相同、成绩不同的情况，所以课程号→成绩也不成立。

综上所述，(学号,课程号)→成绩成立，并且"成绩"不函数依赖于(学号,课程号)的任何一个真子集，所以(学号,课程号) $\xrightarrow{f}$ 成绩。

3. 传递函数依赖

定义：在关系模式 $R(U)$ 中，X 和 Y 为属性集 U 上的子集，若 Y 函数依赖于 X（$X→Y$），并且 Z 函数依赖于 Y（$Y→Z$），而 $Y \nrightarrow X$，则有 Z 函数依赖于 X（$X→Z$），这种函数依赖被称为传递函数依赖，记作 $X \xrightarrow{传递} Z$。

从定义可知，条件 $X→Y$ 和 $Y \nrightarrow X$ 是十分必要的。如果 X、Y 互相依赖，实际上处于等价地位，此时，$X→Z$ 则为直接函数依赖，并非传递函数依赖。

例如，存在一个关系模式 $S1$(学号,系名,系主任)，由于一个学生只能属于某个系，所以学号→系名是成立的。并且，一个系只能有一个系主任，所以系名→系主任是成立的。然而，因为一个系有若干学生，所以系名 $\nrightarrow$ 学号。正是因为以上 3 个条件，所以学号→系主任是成立的，并且为传递函数依赖。

实际上，部分函数依赖必然是传递函数依赖。

📝 **记一记**：请记录本部分学习的重难点。

动一动：已知关系模式 R(学号,课程名,专业号,专业名,成绩)，请判断以下属性间是否存在函数依赖，如果存在，那么是哪种函数依赖？

(1) (学号,课程名,专业号) 成绩。
(2) 学号 专业号 专业名。
(3) (学号,专业名) 成绩。
(4) (学号,课程名) 成绩。
(5) (课程名,专业名,成绩) (课程名,成绩)。

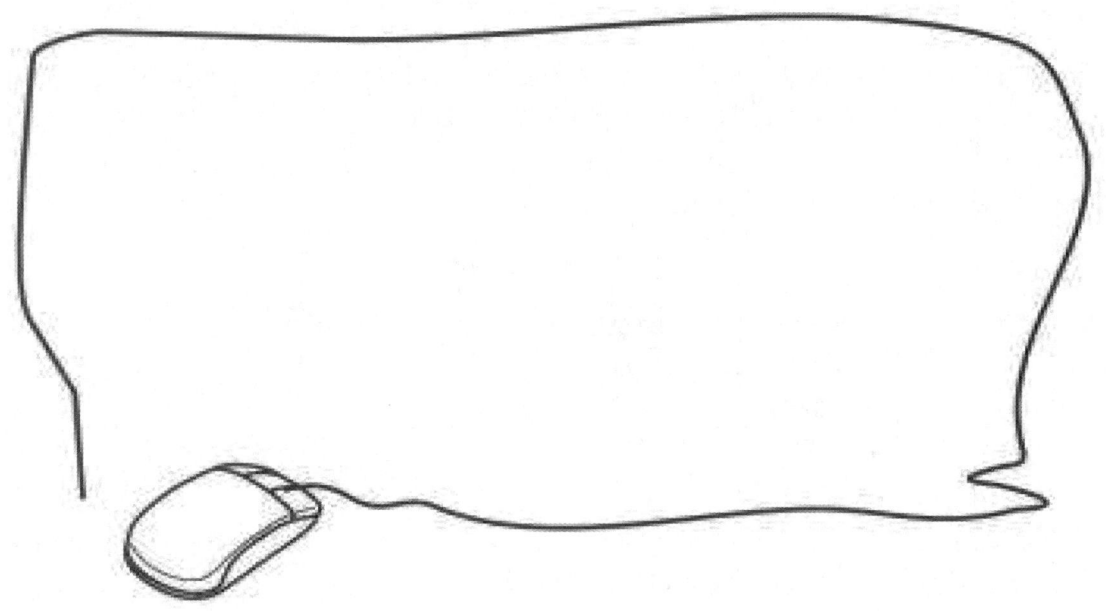

4.3 关系范式

关系数据库中的关系要满足一定的要求。若关系满足不同程度的要求，则称它属于不同的范式（NORMAL FORM）。范式是判断关系模式是否满足不同程度的规范化要求的标准。满足最低要求的范式属于第一范式，简称 1NF；在第一范式中进一步满足一些要求的关系属于第二范式，简称 2NF，以此类推，还有 3NF、BCNF、4NF、5NF。一般来说，数据库设计到符合第三范式就可以了，故本书只讨论到 3NF。

对关系模式属性间的函数依赖加以不同的限制就形成了不同的范式。这些范式是递进的，即如果一个关系是 1NF 的，则它比不是 1NF 的关系要好；同样，2NF 的关系比 1NF 的关系要好。

4.3.1 第一范式

定义：设 R 是一个关系模式，如果 R 中的每一个属性都是不可分解的，则称 R 属于第一范式，记作 $R \in 1NF$。

例如，表 4.2 所示的关系就不是第一范式的关系。

表 4.2 非第一范式的表

姓名	工资		
	基本工资	奖金	补发
张三	1000	300	500
李四	1200	300	600
王五	1100	400	600

因为在表 4.2 中，"工资"还可再分为"基本工资""奖金""补发"三个数据项，这违背了第一范式中元组的每个属性不可再分的原则，所以它不满足第一范式。

将非第一范式的关系转换为第一范式的关系非常简单，只需要将所有数据项都分解成不可再分的最小数据项，如表 4.3 所示。

表 4.3 第一范式的表

姓名	基本工资	奖金	补发
张三	1000	300	500
李四	1200	300	600
王五	1100	400	600

【例 4.4】某校要建立一个数据库来描述学生和系的一些情况，对象有学生的学号、姓名，系的名称、系主任，学生选修的课程名称和成绩。

实际上有以下条件。

（1）一个系有若干学生，但一个学生只属于一个系。

（2）一个系只有一名系主任。

（3）一个学生可以选修多门课程，每门课程有若干学生选修。

（4）每个学生学习每一门课程都有一个成绩。

主码是（学号，课程号），非主属性有"姓名""系名""系主任""成绩"。

根据以上描述，可设计出以下的关系模式：

SA（学号，姓名，系名，系主任，课程号，成绩）

可以看出，SA 是符合第一范式（1NF）要求的。

不满足 1NF 条件的关系称为非规范化的关系，因此，第一范式是关系模式的基本要求。

想一想：以上关系模式 SA(学号,姓名,系名,系主任,课程号,成绩)是否满足第一范式？

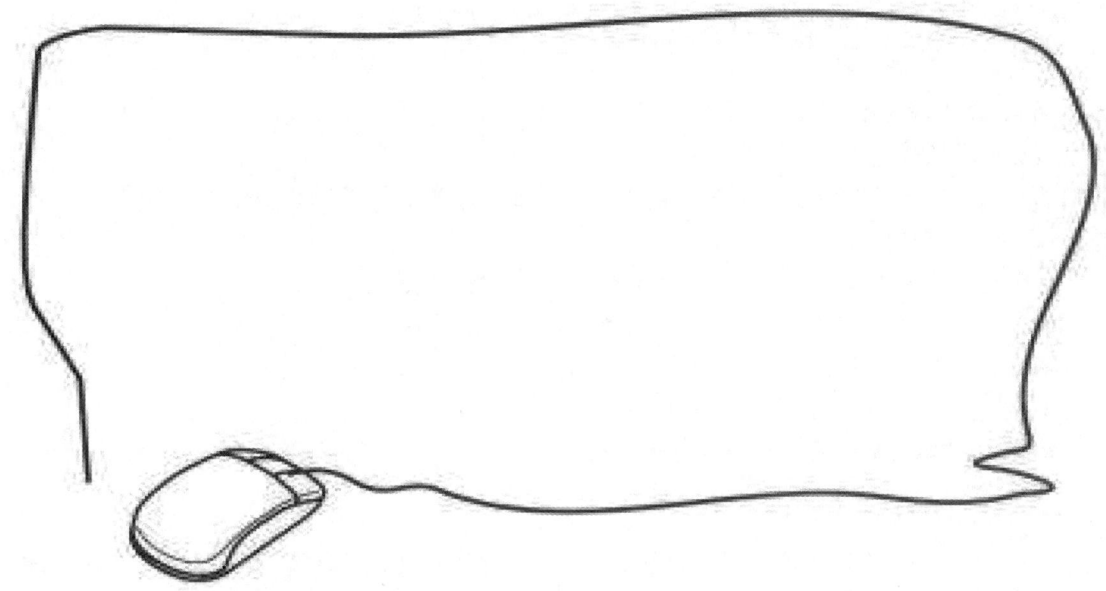

显然,以上关系模式满足第一范式;虽然满足第一范式,但仍然存在较多的数据冗余、插入、删除和修改异常等问题。所以,第一范式仅是关系模式的最低要求,仅仅满足第一范式是不够的。

4.3.2 第二范式

定义:如果关系模式 $R \in 1NF$,并且 R 中的每一个非主属性均完全函数依赖于主码,则称 R 属于第二范式,记作 $R \in 2NF$。

从定义中可以得出,若某个满足 1NF 的关系模式的主码是单属性,则此关系模式肯定满足 2NF。

但是,如果主码是由多个属性列共同构成的复合主码,并且存在非主属性对主属性的部分函数依赖,则这个关系就不是 2NF 关系。

现在再来分析上面的关系模式 SA(学号,姓名,系名,系主任,课程号,成绩),虽然满足第一范式,但依然存在以下问题。

(1)数据冗余:假设一个学生选修多门课程,那么姓名、系名、系主任就会重复多次。

(2)修改异常:如果某个学生从数学系转到计算机系,修改系名时还必须修改系主任。若该学生选修了多门课程,则要多次修改系名和系主任。

(3)插入异常:无法插入还未选课的学生。

(4)删除异常:如果某个系的学生全部毕业了,我们在删除全体学生信息的同时会把这个系及系主任的信息也一同删去。

从关系模式 SA 可以看出:

(1)非主属性"姓名"仅函数依赖于"学号",即"姓名"部分函数依赖于主码(学号,课程号)。

(2)非主属性"系名"仅函数依赖于"学号",即"系名"部分函数依赖于主码(学号,课程号)。

（3）非主属性"系主任"仅函数依赖于"学号"，即"系主任"部分函数依赖于主码(学号,课程号)。

所以 SA 不满足第二范式，不是 2NF 关系。造成 SA 不是 2NF 的原因是在 SA 中存在非主属性部分函数依赖于主码的情况。

可以用模式分解的方法将非 2NF 的关系模式分解为多个 2NF 的关系模式。去掉部分函数依赖关系的分解过程如下。

（1）对于组成主码的属性集合，将其每一个子集作为主码并分别构成一个表。

（2）对于每个表，将依赖于此主码的属性放置到此表中。

因此，将 SA 分解为以下两个关系模式：

- SC(学号,课程号,成绩)，主码为(学号,课程号)。
- SD(学号,姓名,系名,系主任)，主码为"学号"。

可以看出，SC 和 SD 均满足第二范式。

想一想：不满足第二范式的关系模式必然存在各种存储异常。但满足了 2NF 的关系模式是否就不存在存储异常了呢？

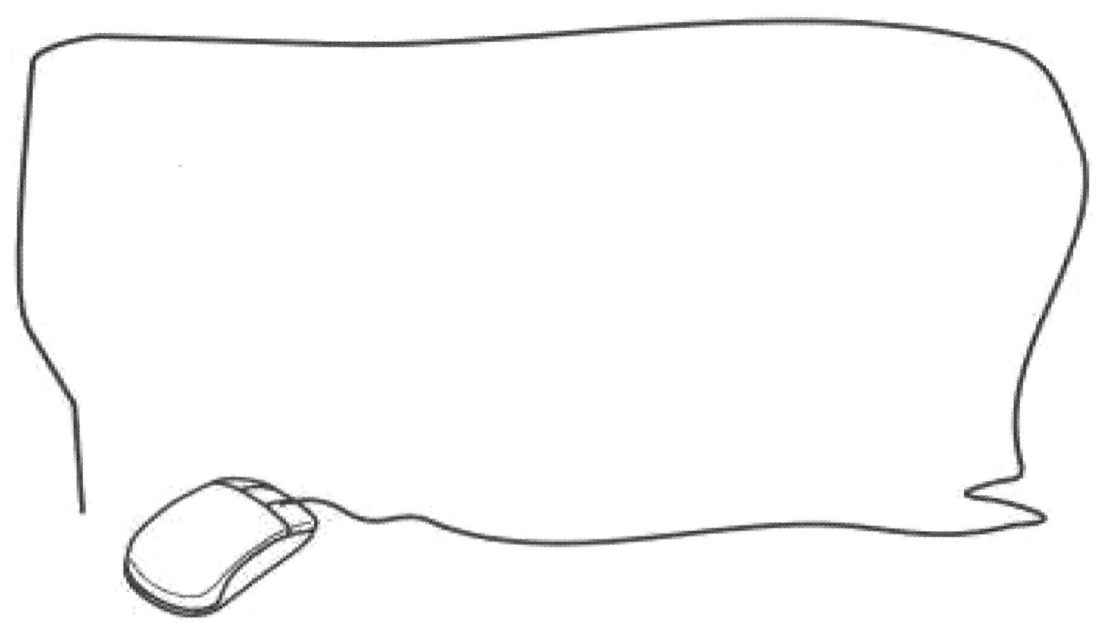

4.3.3 第三范式

定义：如果关系模式 R∈2NF，且 R 中每一个非主属性对任何主码都不存在传递函数依赖，则称 R 属于第三范式，记作 R∈3NF。

从定义可以看出，如果存在非主属性对主码的传递函数依赖，则相应的关系模式就不是 3NF。因此，若非主属性只有一个，则此关系模式肯定满足 3NF。

接着上面的例子，关系模式 SC 和 SD 均满足了 2NF，但依然会出现插入异常、删除异常、更新异常等问题。

分析关系模式 SD(学号,姓名,系名,系主任)，它满足 2NF，但还存在以下问题。

（1）存在数据冗余：大量的系信息冗余。

（2）存在插入异常：在系刚成立，即没有学生时不能添加该系。

（3）存在删除异常：在某系学生全部毕业时，系的信息丢失。

（4）存在修改异常：若系主任变动，则需要改动多处。

在 SD(学号,姓名,系名,系主任)中，存在以下函数依赖。

学号→系名，系名→系主任，而系名↛学号。

那么存在着一个传递函数依赖：学号→系主任。

分析可知，因为在 SD 中存在传递函数依赖，所以 SD 不满足 3NF。当关系模式中存在传递函数依赖时，这个关系模式仍然有存储异常的问题，因此还需要对其进行进一步的分解。去掉传递函数依赖的分解过程如下。

（1）对于每个不是主码的决定因子，从关系模式中删除依赖于该决定因子的属性。

（2）新建一个关系模式，其中应包含原表中所有依赖于该决定因子的属性。

（3）将决定因子作为新关系模式的主码。

将 SD 分解以下关系模式。

- SB(学号,姓名,系名)。
- DT(系名,系主任)。

这两个关系模式不再存在传递函数依赖，它们均为第三范式。

由于 3NF 关系模式不存在非主码属性对主码的部分函数依赖和传递函数依赖，因此在很大程度上消除了数据冗余和更新异常。因此，在数据库设计中，一般要求达到 3NF，它是一个实际可用的关系模式应满足的最低范式。

记一记：请记录本部分学习的重难点。

想一想：是否范式越高越好，还是合适最重要？请说说你的见解。

4.4 关系模式的规范化

为了提高规范化程度，通常将范式程度低的关系模式分解为若干个范式程度高的关系模式。当发现一个关系存在存储异常时，就应该把此关系分解为两个或两个以上单独的关系，从而消除这些异常。因此，关系模式的规范化是把一个低一级的关系模式分解为高一级的关系模式的过程。

4.4.1 各范式之间的关系

由前面的定义可知，对于关系模式 R，如果 R 中的每一个属性都是不可分解的，则称 R 是属于第一范式的。在第一范式的基础上，如果关系模式 R 中的所有非主属性都完全函数依赖于任意主码，即只要消除非主属性对主码的部分函数依赖，关系模式 R 就能满足第二范式的要求。在第二范式的基础上，如果关系模式 R 中的所有非主属性对任意主码都不存在传递函数依赖或非主属性之间不存在函数依赖，即只要消除非主属性对主码的传递函数依赖或非主属性之间的函数依赖，则称关系 R 满足第三范式的要求。当然还有 BCNF、4NF 和 5NF，本书只介绍到 3NF，一般情况下关系模式分解到 3NF 就可以了。1NF 到 5NF 的范式的关系模式规范化过程如图 4.1 所示。

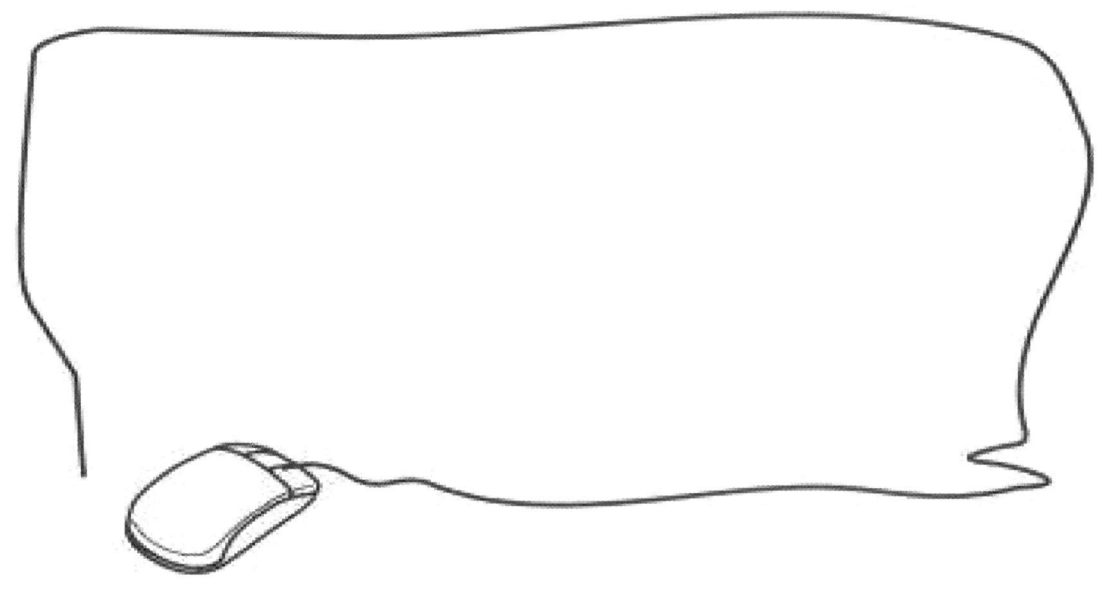

图 4.1 关系模式规范化过程

4.4.2 关系模式的分解准则

规范化的方法是进行模式分解,但分解后产生的模式应与原模式等价,即模式分解必须遵循一定的准则,不能在表面上消除操作异常问题,却留下其他的问题。模式分解要满足以下原则。

1)模式分解是无损连接

无损连接是指分解后的关系通过自然连接可以恢复成原来的关系,即通过自然连接得到的关系与原来的关系相比,既不多出信息,又不丢失信息。

2)模式分解能够保持函数依赖

保持函数依赖是指在模式分解的过程中,函数依赖不能丢失,即模式分解不能破坏原来的语义。

例如,上述关系模式 SA(学号,姓名,系名,系主任,课程号,成绩),经过第一次模式分解得到以下两个关系模式。
- SD(学号,姓名,系名,系主任)。
- SC(学号,课程号,成绩)。

将 SA 分解为满足第二范式的 SD 和 SC,此分解为无损分解,如图 4.2 所示。

SA (学号, 姓名, 系名, 系主任, 课程号, 成绩)

学号	姓名	系名	系主任	课程号	成绩
98001	李华	计算机	王民	1	90
98001	李华	计算机	王民	2	80
98002	张平	计算机	王民	2	65
98003	张名	计算机	王民	2	70

无 损 分 解

SD (学号, 姓名, 系名, 系主任)

学号	姓名	系名	系主任
98001	李华	计算机	王民
98002	张平	计算机	王民
98003	张名	计算机	王民

SC (学号, 课程号, 成绩)

学号	课程号	成绩
98001	1	90
98001	2	80
98002	2	65
98003	2	70

图 4.2 无损分解过程

首先,将分解后的两个关系模式通过自然连接来得到 SA 关系模式,即遵循无损分解的过程;其次,分解后的两个关系模式,其属性之间的函数依赖关系没有发生变化,即遵循模式分解的第二个原则。

关系模式的规范化是关系数据库设计的重要理论指南和依据。

(1)规范化目的:使结构合理,消除存储异常;使数据冗余尽量小,便于插入、删除和更新。

(2)规范化原则:遵从概念单一化原则,即一个关系模式描述一个实体或实体间的一种联系。规范的实质就是概念单一化。

(3)规范化方法:将关系模式分解成两个或多个关系模式。

(4)规范化要求:分解后的关系模式集合应当与原来的模式等价,即经过自然连接可以恢复原模式而不丢失信息,并保持属性间的合理关系。

4.5 关系数据库设计实例

4.5.1 关系数据库设计的基本步骤

在 1.5 节中我们提到了关系数据库设计的过程,在第 2 章至本章中我们围绕着数据库设计的"概念设计"与"逻辑设计"展开介绍,在本节中我们将详细说明并展现关系数据库设计的 4 个步骤。如图 4.3 所示。

图 4.3 关系数据库设计步骤

1. 需求分析阶段

需求分析是整个数据库设计过程中的第一步,也是最重要的一步。该阶段的主要任务是收集信息并对信息进行分析和整理,从而为后续的各个阶段提供充足的信息。

2. 概念设计阶段

概念设计的目标是以需求分析为依据,产生反映全组织信息需求的整体数据库的概念结构,即概念模型。概念模型用 E-R 图描述。

3. 逻辑设计阶段

逻辑设计阶段的任务是将概念设计阶段的 E-R 图转换成特定的 DBMS 所支持的数据模型。

该过程可分为以下两步。

(1) 将 E-R 图转换为基本的关系模式。

(2) 关系规范化处理。

4. 物理设计阶段

物理设计阶段是为逻辑模型选取一个最适合其应用环境的物理结构的过程,即数据库物理设计阶段。该阶段的任务是为有效实现逻辑设计确定所采取的存储策略。

这里给出一个简略的关系数据库设计步骤(不考虑物理设计阶段)。数据库设计步骤如下。

步骤 1 建立 E-R 模型

步骤 1.1 需求分析

1.1.1 系统目的

1.1.2 数据需求

1.1.3 事务需求

步骤 1.2 实体集设计

1.2.1 标识出实体

1.2.2 标识出实体属性

1.2.3 标识出实体属性的域
1.2.4 标识出主码

步骤 1.3 联系集设计

1.3.1 标识出联系
1.3.2 标识出联系属性及其域

步骤 1.4 综合 E-R 模型

1.4.1 结合 1.2 和 1.3，画出综合 E-R 图
1.4.2 检查是否存在不合理或者冗余的实体、属性和联系以得到综合 E-R 模型

步骤 2 从 E-R 模型转换到关系模型

步骤 2.1 将实体转换为关系模式

步骤 2.2 考虑联系的转换：一对一、一对多、多对多

步骤 3 对设计出的关系模型进行规范化检查，要求达到 3NF

步骤 3.1 检查每一个关系模式是否符合 2NF，如果不符合就分解转化

步骤 3.2 检查每一个关系模式是否符合 3NF，如果不符合就分解转化

根据以上步骤，关系数据库设计各阶段的相关任务如表 4.4 所示。

表 4.4 关系数据库设计各阶段的相关任务

阶段	任务
1. 需求分析	收集信息并对信息进行**分析和整理**
2. 概念设计	形成概念结构，即**概念模型**（用**E-R图**描述）
3. 逻辑设计	①将E-R图转换为基本的**关系模式**； ②**关系规范化处理**
4. 物理设计	为逻辑模型选取一个**最适合**其应用环境的物理结构

4.5.2 关系数据库设计实例

在本实例中会对大家都很熟悉的学校食堂用餐卡系统进行简单的数据库设计。

要求：对简化的学校食堂用餐卡系统建模。

步骤 1 建立 E-R 模型

步骤 1.1 需求分析

1.1.1 系统目的

方便管理学生用餐卡的发放、挂失、补办，管理人员信息、学生信息、存储金额及相关数据信息等。

1.1.2 数据需求

A．用餐卡信息：用餐卡编号，持卡人编号，办卡日期，余额；
B．持卡人信息：姓名，性别，照片，编号，身份证号，部门，人员类别；
C．操作员信息：职工编号，姓名，性别，照片，身份证号码，参加工作时间，密码等；
D．账户操作详细信息：流水号，用餐卡编号，存/取，操作员编号，操作时间，发生金额等。

1.1.3 事务需求

A．办新卡，修改卡信息；

B．存取卡中金额；

C．维护人员信息；

D．列出数据库中的每餐使用金额的清单及余额信息；

E．列出所有持卡人的信息；

F．列出每个月的累计消费信息；

G．列出用餐卡是否为挂失卡信息。

步骤 1.2　实体集设计

有 3 个实体集："用餐卡""持卡人""操作员"。标识如下。

（1）实体集"用餐卡"，属性包括"用餐卡号""持卡人编号""办卡日期""余额"，其中，"用餐卡号"为主码，如图 4.4（a）所示。

（2）实体集"持卡人"，属性包括"姓名""性别""照片""编号""身份证号""部门""人员类别"，其中，"编号"为主码，如图 4.4（b）所示。

（3）实体集"操作员"，属性包括"操作员编号""姓名""性别""照片""身份证号""工作时间""密码"，其中，"操作员编号"为主码，如图 4.4（c）所示。

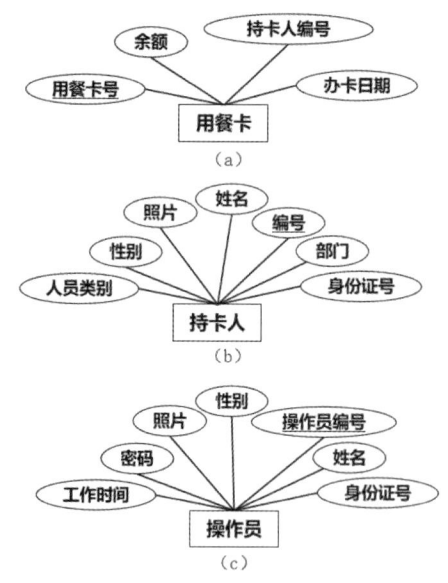

图 4.4　各实体集的 E-R 图

步骤 1.3　联系集设计

有如下两个联系。

（1）"拥有"联系：标识持卡人拥有用餐卡（"用餐卡"与"持卡人"之间的一对多联系）。

（2）"操作"联系：标识操作员处理用餐卡的账户信息（"操作员"与"用餐卡"之间的多对多联系），其本身还具有存/取、挂失、操作发生的时间及发生金额属性。

联系集的 E-R 模型如图 4.5 所示。

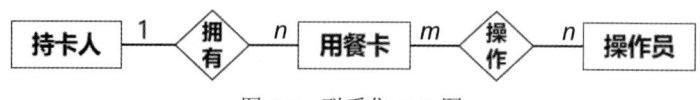

图 4.5　联系集 E-R 图

步骤 1.4 综合 E-R 模型

1.4.1 结合 1.2 和 1.3 两个步骤，画出综合 E-R 图，如图 4.6 所示

1.4.2 检查

经过分析，不存在不合理的或者冗余的实体、属性和联系，得到综合 E-R 模型。

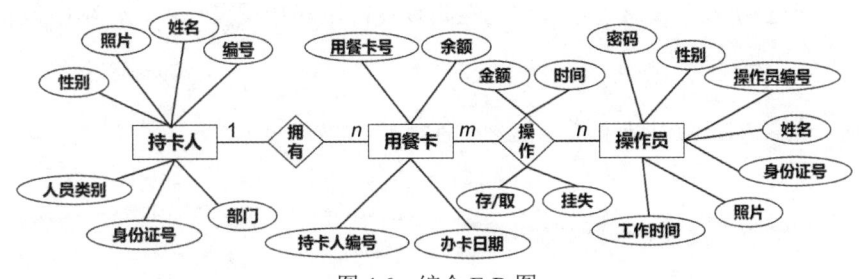

图 4.6 综合 E-R 图

步骤 2：从 E-R 模型转换到关系模型

步骤 2.1 将实体转换为关系模式

根据第 3 章的实体转换原则，将每个实体集转换为一个关系模式，实体的属性转换为关系模式的属性，实体的码转换为关系模式的码。将三个实体集转换为以下三个关系模式。

- 持卡人(姓名,性别,照片,编号,身份证号,部门,人员类别)。
- 用餐卡(用餐卡号,持卡人编号,办卡日期,余额)。
- 操作员(操作员编号,姓名,性别,照片,身份证号,工作时间,密码)。

步骤 2.2 对不同的联系类型，考虑联系的转换

根据第 3 章的联系转换原则，对于"拥有"联系，因为是一对多联系，所以可以把"一"端的主码放入"多"的一端；对于"操作"联系，因为是多对多联系，所以应建立一个新的关系模式，该关系模式中应该包括两端的码及联系本身的属性，如下所示。

用餐卡(用餐卡号,持卡人编号,办卡日期,余额)，其中，"持卡人编号"为参照"持卡人"的外码。

操作(用餐卡号,操作员编号,存/取,挂失,时间,金额)，其中，"用餐卡号"为外码，参照"用餐卡"关系的主码；"操作员编号"为外码，参照"操作员"关系的主码。

步骤 3：对设计出的关系模型进行规范化检查，要求达到第三范式

经分析，所有关系模式都不存在非主属性对关键字的部分函数依赖，所以满足第二范式；所有关系模式都不存在非主属性对关键字的传递函数依赖，所以满足第三范式。

4.6 本章小结

本章首先从关系模式可能存在的存储异常问题出发，引入函数依赖的概念，然后介绍了以函数依赖为基础的关系范式，包括 1NF、2NF、3NF。范式的每一次升级都是通过模式分解实现的，在进行模式分解时应注意保持分解后的关系能够具有无损连接性并保持原有的函数依赖关系。

关系规范化理论的根本目的是指导我们设计出没有数据冗余和操作异常等问题的关系模

式。对于一般的数据库应用来说，设计到第三范式就足够了。因为规范化程度越高，关系的个数也就越多，所以有可能降低数据的查询效率。只有掌握关系数据库设计理论，才能在数据库设计过程中克服盲目性，做到目标明确。

最后，本章还讨论了数据库设计的方法和基本步骤。数据库设计的方法有很多，一般包括4个阶段：需求分析阶段、概念设计阶段、逻辑设计阶段和物理设计阶段，其中最重要的两个环节是概念设计和逻辑设计。

问一问：本章学习结束了，你还有什么问题呢？

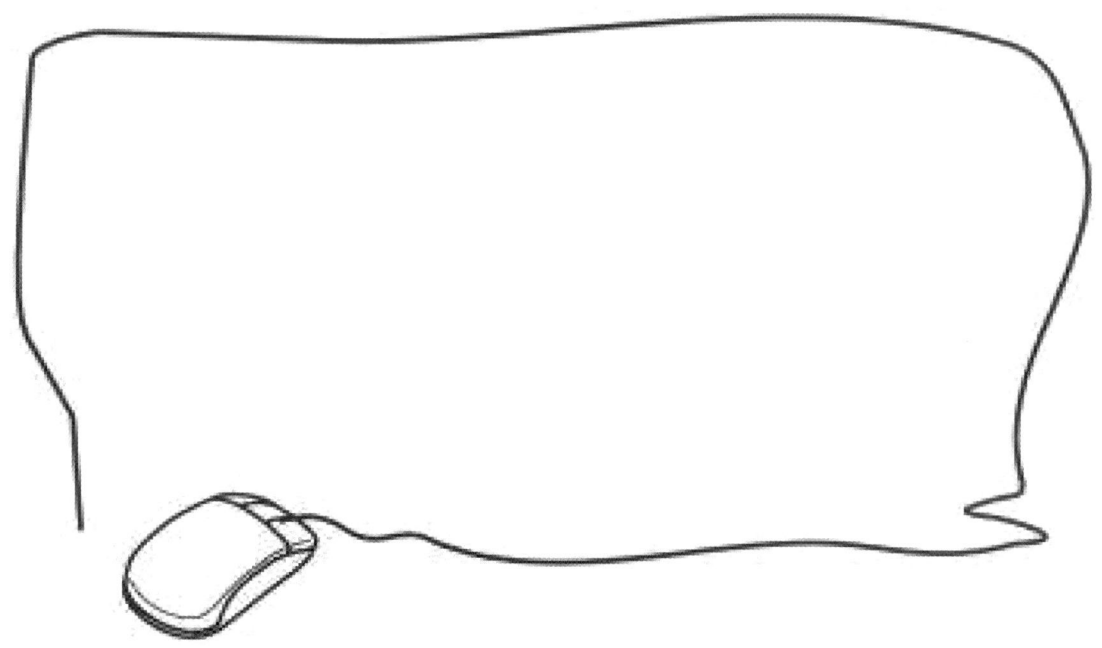

4.7　思政拓展

本章在讲解关系范式的时候，提到过只满足第一范式的关系模式，除了数据冗余、删除、插入与更新等问题，我们在这里进一步讨论隐私安全、数据安全的问题。

首先，若一条记录展示过多的数据信息，则容易泄露隐私，比如电信诈骗。很多信息的泄露都是人为的，所以各位同学未来在从事相关数据库、数据岗位的时候，要遵守职业道德，做好数据隐私保护。

其次，正是由于一条记录展示过多的数据信息，因此在删除无用数据的同时，会导致其他有用数据的丢失，数据安全就没有保障。而近几年网上经常出现的 DBA "删库跑路"的案例，DBA 删除了数据库，导致数据丢失，公司承受重大损失，这一行为已经构成了犯罪。所以大家一定要谨记做人的底线、是非观，遵纪守法，不能因为一时的冲动，而酿成大错。

议一议：你认为一名数据库技术人员要具备哪些道德品质和职业素养呢？

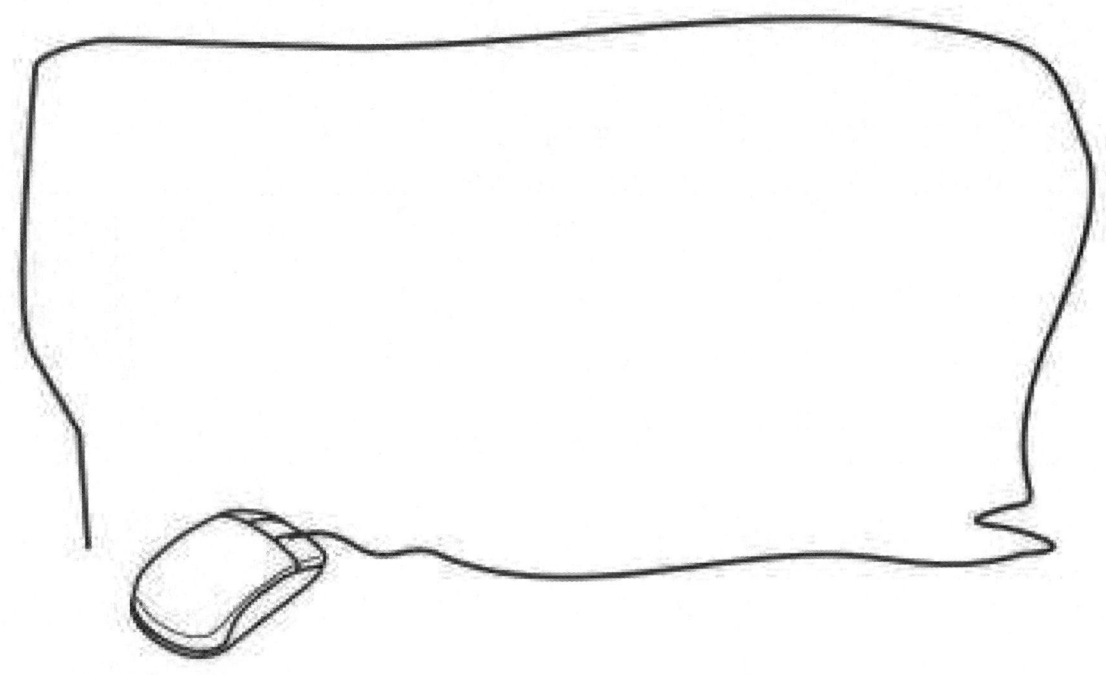

4.8 习题

1. 关系规范中的操作有哪些异常？它是由什么原因引起的，解决的办法是什么？
2. 请解释以下术语：函数依赖、部分函数依赖、传递函数依赖。
3. 简述什么是范式，以及什么是 1NF、2NF、3NF。
4. 设有关系模式：*S1*(学号,姓名,出生日期,所在系,宿舍楼)，其语义为一个学生只在一个系学习，一个系的学生只住在一个宿舍楼里。指出此关系模式的主码，判断此关系模式是第几范式的。若不是第三范式的，请将其规范化为第三范式的关系模式，并指出分解后的每个关系模式的主码和外码。
5. 设有关系模式：*S2*(学号,姓名,所在系,班级号,班主任,系主任)，其语义为一个学生只在一个系的一个班学习，一个系只有一个系主任，一个班只有一个班主任。指出此关系模式的主码，判断此关系模式是第几范式的。若不是第三范式的，请将其规范化为第三范式的关系模式，并指出分解后的每个关系模式的主码和外码。
6. 在一个订货数据库中，存有顾客、货物、订货单的信息。

（1）对每个顾客应包含顾客号（唯一的）、收货地址（一个顾客可以有几个地址、不同的顾客地址不能相同）、赊购限额、余额及折扣等信息。

（2）对每一种货物包含货物号、制造商、每个厂商的实际存货量、规定的最低存货量和货物描述等信息。

（3）对每个订单包含顾客号、收货地址、订货日期、订货细则（每个订单有若干条），每条订货细则内容为货物号及订货数量。

在每个订单的每个细则中还应有一个未发量（此值初始时为订货数量，随着发货将减为零）。

请进行一个简略的数据库设计，要求给出 E-R 模型，再将其转换为关系模型，并检查该关系模型是否符合 3NF。

📝 记一记：本章学习结束了，你有哪些收获？

第 5 章

SQL 基础

学习目标

知识目标：认识 SQL 的标准；认识 SQL 的数据类型；掌握 SQL 的定义语句。
技能目标：会创建数据库表和数据库；能在数据表中插入数据、更新数据及删除数据。
思政目标：培养严谨认真的学习态度；了解航天精神，并将航天精神融入学习和工作当中。

关系数据库都配有说明性的关系数据库语言，即用户只需说明需要什么数据，而不必表示如何获取这些数据，系统会自动完成。其中成功、应用广泛的首推 SQL，它已成为关系数据库语言的国际标准。

本章是关系数据库 SQL 的入门，我们会认识 SQL 的标准、数据类型，掌握如何定义语句，创建数据库、数据表，并在已创建的数据表中执行插入数据、删除数据、更新数据等操作，同时为在后续章节中学习 SQL 语句的各种查询奠定基础。

5.1 SQL 基本概念

SQL（Structured Query Language）是结构化查询语言的简称，是关系数据库管理系统中最流行的数据查询和更新语言之一。

SQL 有两种发音方法：读作 S—Q—L，或者发 "Sequal" 的音。

5.1.1 SQL 的标准

SQL 是 "Structured Query Language" 的缩写，它的前身是著名的关系数据库原型系统 System R 所采用的 SEQUEL 语言。作为一种访问关系数据库的标准语言，SQL 自问世以来得到了广泛的应用，很多数据库产品都支持 SQL，不仅有著名的大型商用数据库产品如 Oracle、DB2、Sybase、SQL Server，还有很多开源的数据库产品如 PostgreSQL、MySQL，甚至一些小型的产品如 Access。近些年蓬勃发展的 NoSQL 系统最初宣称不再需要 SQL，后来也不得不修正为 Not Only SQL，来拥抱 SQL。

IBM 公司对关系数据库及 SQL 的形成和规范化产生了重大的影响。在 1970 年代初，IBM 公司 San Jose,California 研究实验室的埃德加·科德发表了将数据组成表格的应用原则（Codd's Relational Algebra）。1974 年，IBM 的 Ray Boyce 和 Don Chamberlin 将 Edgar F.Codd 论述的关系数据库的 12 条准则的数学定义以简单的关键字语法表现出来，里程碑式地提出了 SQL（Structured Query Language），并在 1976 年 11 月的 IBM Journal of R&D 上公布新版本的 SEQUEL2，1980 年改名为 SQL。随着数据库技术的应用和发展，SQL 已成为关系数据库的标准语言。

SQL 不同于 Java、C#这样的程序设计语言，它只是数据库能够识别的指令，但是在程序中，可以组织 SQL 语句并将其发送给数据库，数据库再执行相应的操作。例如，要在 C#程序中得到 SQL Server 数据库表中的记录，可以先在 C#程序中编写 SQL 查询语句，然后发送到数据库中，数据库根据查询的 SQL 语句进行查询，再把查询结果返回 C#程序。

5.1.2 SQL 的特点

SQL 之所以能够被用户和业界所接受并成为国际标准，是因为它是一种综合、功能强大且简洁易学的语言。SQL 集数据查询、数据操纵、数据定义和数据控制功能于一体，其主要特点如下。

（1）一体化。SQL 风格统一，可以完成数据库活动中的全部工作，包括创建数据、定义模式、更改和查询数据、安全性控制和维护数据库等。

（2）高度非过程化。SQL 是一种面向结果的语言。所谓面向结果指的是仅告诉数据库需要什么数据，而不需要关心如何获取数据。

（3）简洁。虽然 SQL 功能强大，但它只有为数不多的几条命令，完成核心功能的语句只用了 9 个动词，我们在下节中会进行学习。

（4）能以多种方式使用。SQL 可以直接以命令的方式交互使用，也可以嵌入程序设计语言中使用。而且不管用哪种方式，SQL 的语法基本都是一样的。

5.1.3 SQL 的功能概述

SQL 的功能可以分为 4 部分：数据定义功能、数据控制功能、数据查询功能和数据操纵功能。实现这 4 部分功能对应的命令如表 5.1 所示。

表 5.1 SQL 命令

SQL 功能	命　令
数据定义	CREATE、DROP、ALTER
数据查询	SELECT
数据操纵	INSERT、UPDATE、DELETE
数据控制	GRANT、REVOKE

SQL 语言分为以下几类。
- 数据定义（DDL）：实现定义、删除和修改数据库对象（基本表、视图、索引等）的功能。
- 数据查询（DQL）：实现数据查询的功能。
- 数据操纵（DML）：实现对数据库数据的增加、删除和修改的功能。
- 数据控制（DCL）：实现控制用户对数据库的操作权限的功能。

5.2 SQL 数据类型

通过在前面章节中的介绍，我们知道关系数据库的表是由列组成的，列指明了要存储的数据的含义，同时指明了要存储的数据类型。因此，在定义表结构时，必然指明每列的数据类型。

每种数据库产品所支持的数据类型并不完全相同，而且与标准的 SQL 有差异。本书主要介绍 SQL Server 支持的常用数据类型，为进行对比，也列出了对应的标准的 SQL 数据类型。

需要指出的是，本章及后续章节中的所有例子均通过 SQL Server 2012 的 Transact-SQL 实现。

5.2.1 数值型

数值型分为精确型和近似（浮点）型两类。

精确型数据是指在计算机中能够精确存储的数据，比如整型数、定点小数等都是精确型数据；近似型是用于表示浮点型数据的近似数据类型。浮点型数据为近似值，表示在其数据类型范围内的所有数据在计算机中不一定都能被精确地表示。

5.2.2 字符型

字符型数据是由汉字、字母、数字和各种符号组成的，在 SQL Server 中，默认情况下，字符型数据是用单引号引起来的。比如'Visual Basic'、'数据库'、'2022'等都是合法的字符串。

在 SQL Server 中，字符型数据可以用 char、varchar、text 三种形式存储，字符的编码方式有两种：普通字符编码和统一字符编码。普通字符编码指的是不同国家或地区的编码长度不同，比如，英文字符的编码是一个字节（8 位），中文汉字的编码是两个字节（16 位）；而统一字符编码（Unicode）无论对哪个地区、哪种语言均采用双字节（16 位）进行编码。

5.2.3 日期和时间型

SQL Server 的日期和时间型数据可以将日期和时间合并存储，它没有单独存储的日期和时间类型。而 SQL-92 或 SQL-99 可以将日期和时间类型数据分开存储，但它们没有合并存储的日期和时间类型。在 SQL-92 或 SQL-99 中，日期是 Date 类型，时间是 Time 类型。

SQL Server 提供了两种存储日期和时间的数据类型：datetime 和 smalldatetime。
- datetime：占用 8 个字节的存储空间，用于存储日期和时间的结合体，可以存储公元 1753 年 1 月 1 日零时～公元 9999 年 12 月 31 日 23 时 59 分 59 秒的所有日期和时间数据。
- smalldatetime：与 datetime 类型相似，但其日期和时间范围较小，占用 4 个字节的存储空间，存储 1900 年 1 月 1 日～2079 年 6 月 6 日的日期和时间数据。

当存储 datetime 或 smalldatetime 类型的数据时，默认格式是 MMDDYYYYhh:mm:ss AM/PM。当插入数据或在其他地方使用该类型时，需用单引号把它引起来。

在输入日期数据时，可采用以下几种输入格式（以 2021 年 11 月 11 日为例）。

```
Nov 11 2021            /*英文数字格式*/
2021-11-11             /*数字加分隔符格式*/
20211111               /*纯数字格式*/
```

在输入时间数据时，可采用 12 小时格式或 24 小时格式（以 2021 年 11 月 11 日下午 2 点 25 分 35 秒为例）。

```
2021-11-11 2:25:35 PM   /*12 小时格式*/
2021-11-11 14:25:35     /*24 小时格式*/
```

5.2.4 货币型

货币型数据表示正的或负的货币值，在 SQL Server 中使用 money 或 smallmoney 数据类型存储货币型数据，精确度为 4 位小数。货币型数据实际上都是带有 4 位小数的 decimal 类型的数据。在 money 或 smallmoney 类型的字段中输入货币型数据时，必须在数值前加上一个货币符号，如"$"符号；在输入负值时，应当在货币型数据的后面加上一个负号。SQL-92 或 SQL-99 没有对应的货币类型。

SQL Server 所支持的各种数值类型的使用范围，如表 5.2 所示。

表 5.2 数值类型

分 类	备注和说明	数 据 类 型	说 明
二进制数据类型	存储非字符和文本的数据	image	可用来存储图像，最大长度 2,147,483,647 个字节（变长二进制数据）
		binary(n)	固定长度的二进制数据，最多 8,000 个字节
		varbinary(n)	可变长度的二进制数据，最多 8,000 个字节
		varbinary(max)	可变长度的二进制数据，最多 2GB
字符串数据类型	任意字母、符号或数字字符的组合	char	固定长度的 Unicode 字符串
		varchar	可变长度的非 Unicode 字符串
		nchar	固定长度的 Unicode 字符串
		nvarchar	可变长度的 Unicode 字符串
		text	长文本信息
		ntext	可变长度的长文本
日期和时间类型	在单引号内输入日期和时间	datetime	日期和时间

续表

分 类	备注和说明	数据类型	说 明
数值型	仅包含数字，其中包括正数、负数及分数	int, smallint	整数
		float, real	数字
货币型	用于十进制货币值	money	
bit 数据类型	表示是/否的数据	bit	布尔数据类型

5.2.5 SQL 的标识符与关键字

1．SQL 的标识符

- 规则标识符：也称标准标识符，它是字符串，最大长度为 128 个字符，只能由字母、数字及下画线组成，并且以字母开始。规则标识符对大小写不敏感。
- 定界标识符：也称非标准标识符，它是字符串，最大长度为 128 个字符，位于两个双引号之间。定界标识符对大小写敏感（在 Transact-SQL 中，定界标识符也可以位于方括号"[ ]"内）。

2．SQL 的关键字

对于 SQL 有特殊意义的单词，称为关键字，如 SELECT、OR、AND 等。

- 关键字分为两种：保留关键字和非保留关键字。
- 保留关键字不能用于规则标识符中，而非保留关键字没有这样的限制，但是不推荐使用非保留关键字作为规则标识符。
- 关键字对大小写不敏感。
- 详细的关键字列表请查阅相关资料。

3．空值（NULL）

- NULL 代表丢失或未知的数据。
- NULL 属于一个域：不能说其"等于""大于""小于"某个值。

4．三值逻辑结构

- 大部分的逻辑系统都是建立在二值的基础上的，即是/否（True/False）。
- 在 SQL 中，逻辑系统是建立在三值的基础上的，即是/否/未知（True/False/Unknown）。
- 一般来说，对于两个表达式 E1 和 E2，若要比较 E1=E2，E1 为 NULL 或者 E2 为 NULL 或者两者都为 NULL，那么其结果为 Unknown（未知）。

三值逻辑真值表如表 5.3 所示。

表 5.3　三值逻辑真值表

P	Q	Not P	P and Q	P or Q
真	真	假	真	真
真	假	假	假	真
真	未知	假	未知	真
假	真	真	假	真
假	假	真	假	假

续表

P	Q	Not P	P and Q	P or Q
假	未知	真	假	未知
未知	真	未知	未知	真
未知	假	未知	假	未知
未知	未知	未知	未知	未知

记一记：请记录本部分学习的重难点。

5.3 数据定义语句

表是数据库模式中最重要的对象，也是数据库操作最多的对象。关系数据库的表是二维表，包含行和列。创建表就是定义表中列的结构，包括列的名称、数据类型、约束等。下面讨论如何定义这些表。

SQL 的数据定义语句能创建和修改数据库的逻辑结构，包括定义对象（CREATE 语句）、修改对象（ALTER 语句）和删除对象（DROP 语句）。

5.3.1 定义数据库与数据表

1．定义数据库

在 SQL 中，数据库被定义为对象（基本表、视图和索引等）的集合，并包含数据库中每一个对象的定义。数据库在磁盘上是以文件为单位存储的，由数据文件和日志文件组成。
- 数据文件：实际存放数据库中的所有数据和对象。
- 日志文件：存放（记录）用户对数据库所进行的所有操作，它是维护数据库完整性的重要工具。

1）用简单语句定义数据库

用简单语句定义数据库语法如下。

```
CREATE   DATABASE <数据库名称>
```

说明如下。

（1）使用该语句的用户必须具有 DBA（Database Administrator）的权限。

（2）数据库的创建者默认为该数据库的所有者。

（3）用简单语句定义数据库，数据文件和日志文件的初始大小、最大容量、增量及存放位置等都会选择系统默认值。

【例 5.1】用简单语句创建 test 数据库，如图 5.1 所示。

```
CREATE   DATABASE   test
```

图 5.1　用简单语句创建 test 数据库

创建一个名为 test 的数据库，其包含的数据文件和日志文件都选择系统默认值。查看 test 数据库，运行结果如图 5.2 所示。

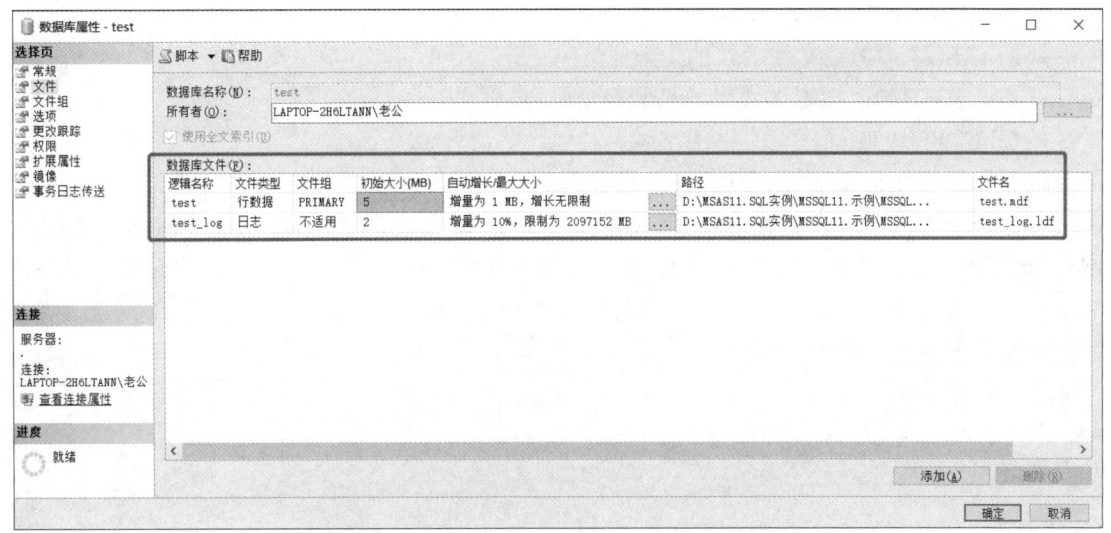

图 5.2　用简单语句创建 test 数据库的运行结果

2）用完整语句定义数据库

使用完整 SQL 语句定义数据库。在创建数据库时可以指定数据库的名称，数据库文件的存放位置，数据文件和日志文件的初始容量、最大容量和增量等。其完整的语法格式如下。

```
CREATE   DATABASE <数据库名称>
ON
{[PRIMARY]
(NAME=<逻辑文件名称>,
FILENAME='<物理文件名称>',
[SIZE=<文件初始大小>],
[MAXSIZE={<文件最大容量>|UNLIMITED}],
[FILEGROWTH=<文件增量>])
```

```
}[,... n]
LOG ON
{(NAME=<逻辑文件名称>,
FILENAME='<物理文件名称>',
[SIZE=<文件初始大小>],
[MAXSIZE={<文件最大容量>|UNLIMITED}],
FILEGROWTH=<文件增量>])
}[,... n]
```

各参数含义如下。
- <数据库名称>：新建数据库的名称。
- ON：显式定义用来存储数据库数据的磁盘文件（数据文件）。
- PRIMARY：在主文件组中指定文件。
- LOG ON：指定用来存储数据库日志的磁盘文件（日志文件）。
- NAME：指定逻辑文件的名称。
- FILENAME：指定物理文件的名称，为操作系统使用的路径和文件名。
- SIZE：指定文件初始大小。
- MAXSIZE：指定文件增长的上限。
- UNLIMITED：指定文件将增长到整个磁盘。
- FILEGROWTH：指定文件的增量。

【例 5.2】用完整 SQL 语句创建 test 数据库。

要求：数据库 test 中包含一个数据文件，逻辑文件名为 test_data，物理文件名为 test_data.mdf，文件初始容量为 10MB，最大容量为 400MB，文件容量递增值为 5MB；事务日志文件的逻辑文件名为 test_log，物理文件名为 test_log.ldf，文件初始容量为 5MB，最大容量不限，文件容量递增值为 10%。

```
CREATE DATABASE test            /*数据库名*/
ON
PRIMARY                         /*主数据文件*/
(
  NAME=test_data,               /*数据文件逻辑名*/
  FILENAME='D:\test_data.mdf',  /*数据文件磁盘(物理)名*/
  SIZE=10MB,                    /*数据文件初始大小*/
  MAXSIZE=400MB,                /*数据文件增长的上限*/
  FILEGROWTH=5MB                /*文件增量*/
)
LOG ON
(
  NAME=test_log,                /*事务日志文件逻辑名*/
  FILENAME='D:\test_log.ldf',   /*事务日志文件磁盘(物理)名*/
  SIZE=5MB,                     /*事务日志文件初始大小*/
  MAXSIZE= unlimited,           /*事务日志文件增长的上限*/
```

```
        FILEGROWTH=10%                    /*文件增量*/
)
```

运行结果如图 5.3 所示。

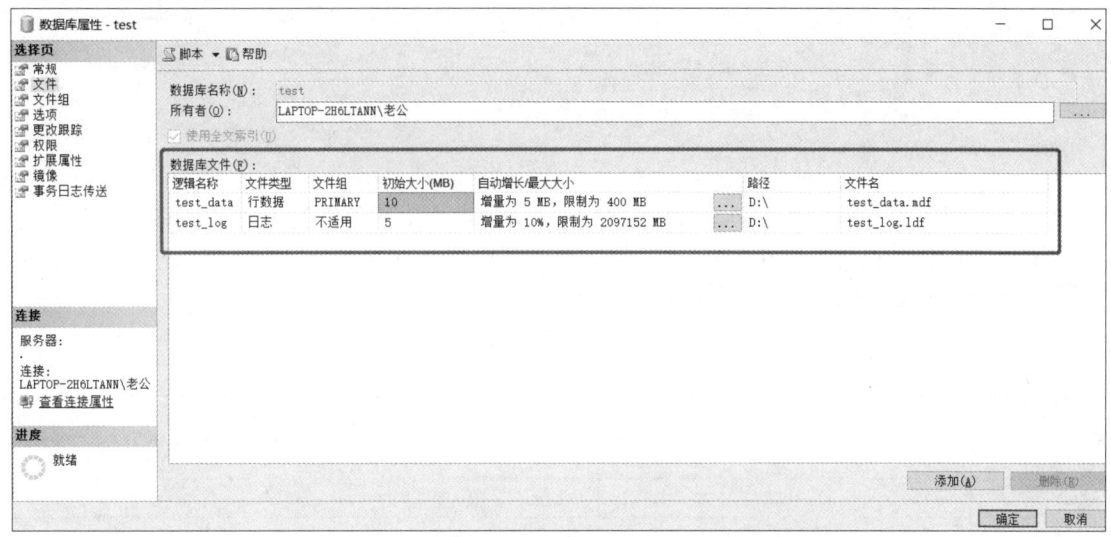

图 5.3　用完整 SQL 语句创建 test 数据库的运行结果

动一动：用 SQL 语句创建一个"学生"数据库，包含一个数据文件，逻辑文件名为 student_data，物理文件名为 student_data.mdf，初始容量为 5MB，最大容量为 1000MB，文件容量递增值为 10MB；事务日志文件的逻辑文件名为 student_log，物理文件名为 student_log.ldf，初始容量为 5MB，最大容量不限，文件容量递增值为 10MB。

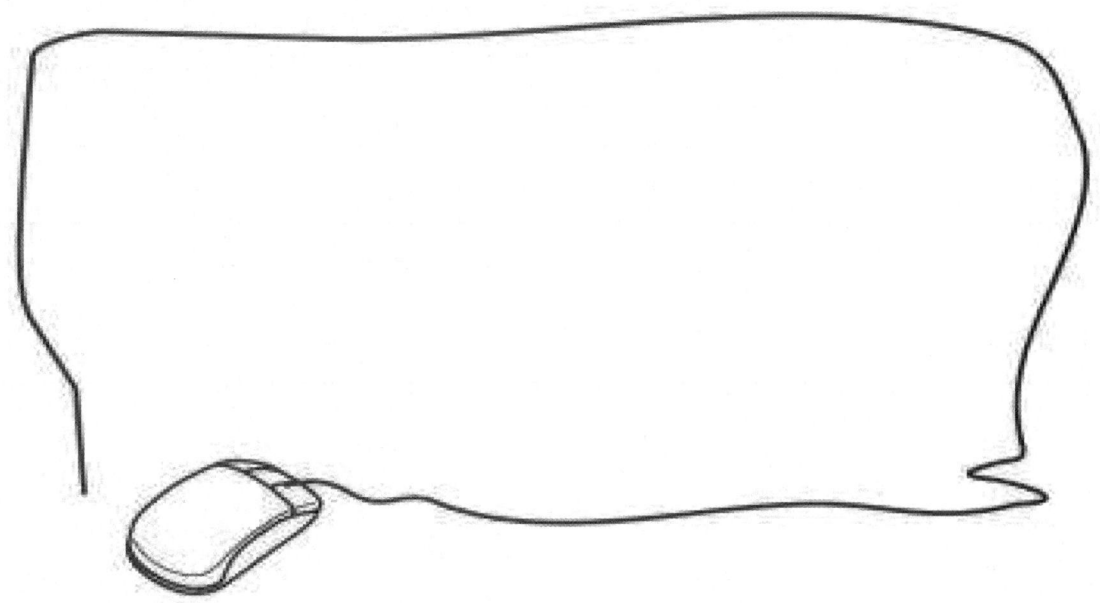

2．定义数据表

使用 CREATE TABLE 语句来定义数据表，这种表通常被称为基本表。CREATE

TABLE 语句的语法非常复杂，其基本的语法格式如下。

```
CREATE TABLE <表名> (
<列名1>  <数据类型1>
<列名2>  <数据类型2>
<列名3>  <数据类型3>
...
<列名n>  <数据类型n>)
```

其中，<表名>是所定义的基本表的名称，<列名>是表中所包含的列的名称。

【例 5.3】用 SQL 语句创建三个表：学生表、课程表、选课表，这三个表的结构分别如表 5.4、表 5.5 和表 5.6 所示。

表 5.4 学生表结构

列　名	数　据　类　型
学号	整数
姓名	字符串，长度为 8
性别	字符串，长度为 1
班级	字符串，长度为 10
年龄	整数

表 5.5 课程表结构

列　名	数　据　类　型
课程号	整数
课程名	字符串，长度为 20
教师	字符串，长度为 8
周课时数	浮点数
备注	变长字符串，最大长度为 50

表 5.6 选课表结构

列　名	数　据　类　型
学号	整数
课程号	整数
成绩	浮点数

创建如上结构的三个表的 SQL 语句如下。

```
CREATE TABLE 学生表
(
学号  INT ,
姓名  CHAR(8),
性别  CHAR(1),
班级  CHAR(10),
年龄  INT
```

```
)
CREATE TABLE 课程表
(
课程号 INT ,
课程名 CHAR(20),
教师 CHAR(8),
周课时数 FLOAT ,
备注 VARCHAR(50)
)
CREATE TABLE 选课表
(
学号 INT ,
课程号 INT ,
成绩 FLOAT
)
```

动一动：用 SQL 语句创建一个"通讯录"表，包括"编号""姓名""联系电话"三个属性列，属性列类型自定义。

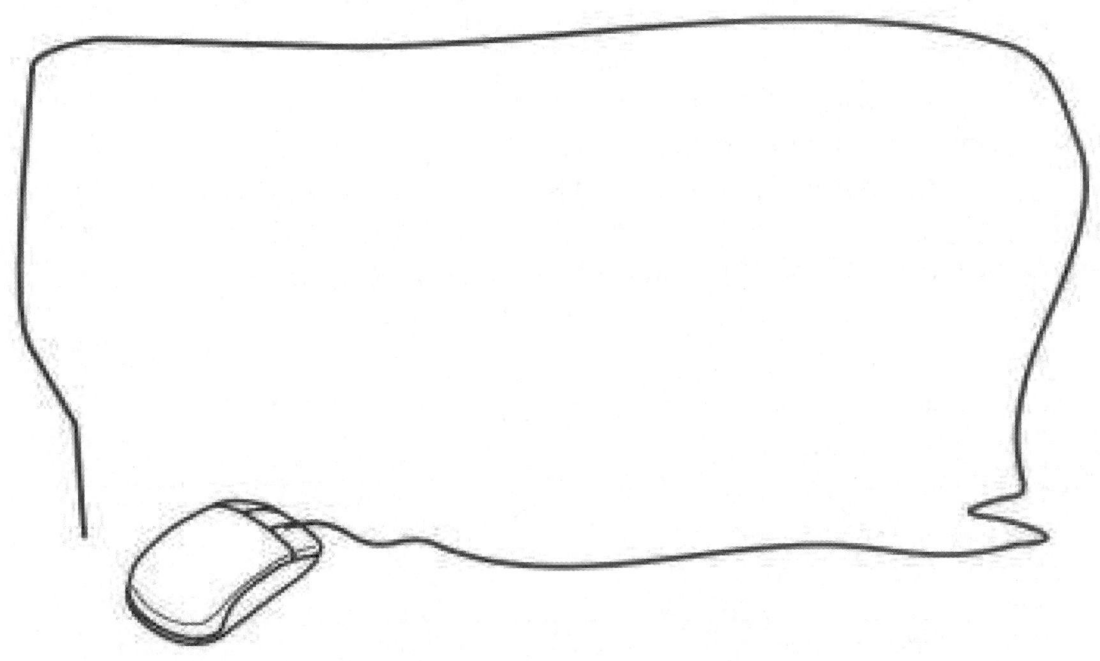

5.3.2 修改数据库与数据表

1．修改数据库

在创建数据库之后，实际操作中常常涉及数据库的修改，如修改数据库的名称、数据文件的大小，添加数据文件，清理数据文件等。

用 SQL 语句修改数据库的完整语法格式如下。

```
USE MASTER
GO

ALTER DATABASE<数据库名称>
{MODIFY NAME=<新数据库名称>
MODIFY FILE=<数据文件名称>
ADD FILE<文件规范>[,...n][TO FILEGROUP {<文件组名称>}]
ADD LOG FILE<文件规范>[,...n]
REMOVE FILE<文件规范>
ADD FILEGROUP<文件组名称>
MODIFY FILEGROUP<文件组名称>{<文件组属性>}
}
GO
```

各参数如下。

- MODIFY NAME：重命名数据库。
- MODIFY FILE：修改数据文件大小。
- ADD FILE：向数据库文件组中添加新的数据文件。
- ADD LOG FILE：向数据库中添加事务日志文件。
- REMOVE FILE：从 SQL Server 实例中删除逻辑文件说明和物理文件。
- ADD FILEGROUP：向数据库中添加文件组。
- MODIFY FILEGROUP：修改某个文件组的属性。

注意：其中，USE MASTER 语句表示选择 MASTER 数据库来创建新的数据库，在默认情况下都是在 MASTER 数据库下创建新的数据库的，在其他情况下用 USE <数据库名称>即可定位到想要的数据库。GO 语句为执行命令，一般与 USE 配合使用。

针对修改数据库的语法格式，对以下不同的情况进行举例分析。

1）重命名数据库

语法格式如下。

```
ALTER DATABASE<原数据库名称>
MODIFY NAME=<新数据库名称>
```

【例 5.4】在 SQL Server 的数据库目录下，将 test 数据库重命名为 test_new，如图 5.4 所示。

```
USE MASTER
GO

ALTER DATABASE test      /*原数据库名称*/
MODIFY NAME=test_new     /*新数据库名称*/
GO
```

图 5.4 重命名数据库

运行结果如图 5.5 所示。

图 5.5 重命名数据库的运行结果

2）修改数据库文件的最大容量

使用 SQL 语句修改数据库主数据文件的最大容量的语法格式如下。

```
ALTER DATABASE<数据库名称>
MODIFY FILE
(NAME=<数据库文件名>,
MAXSIZE=<文件最大容量>)
```

【例 5.5】在 SQL Server 的数据库目录下，修改 test_new 数据库数据文件 test_data 的最大容量为 500MB，如图 5.6 所示。

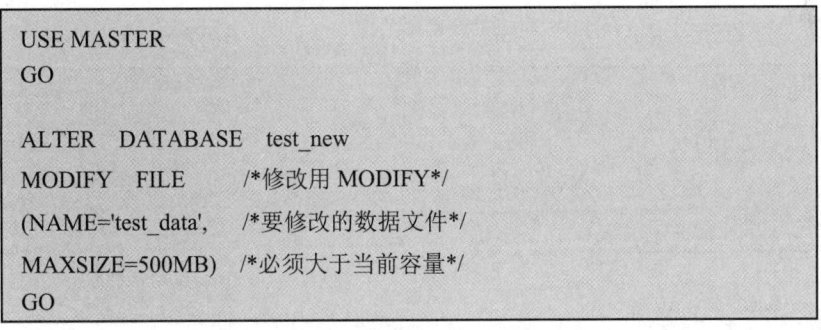

图 5.6 修改数据库文件的最大容量

运行图 5.6 中的语句，查看 test_new 数据库属性，可看出最大容量已被修改，运行结果如图 5.7 所示。

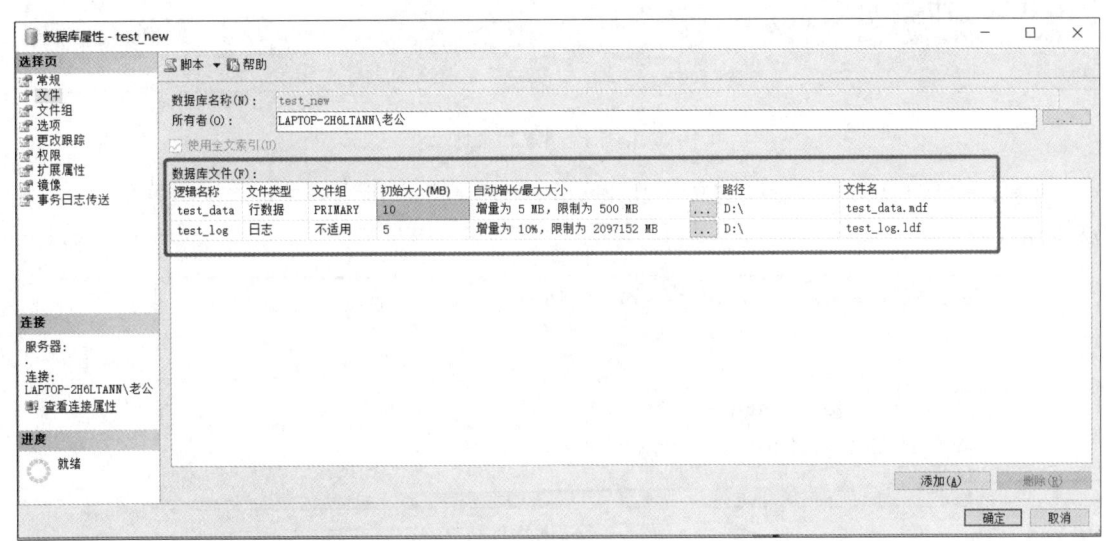

图 5.7 修改数据库文件的最大容量的运行结果

3）添加数据文件

当原有数据库的存储空间不够用时，除了可以扩大原有数据文件的存储量，还可以增加新的数据文件；或者从系统管理的需求出发，采用多个数据文件来存储数据，避免数据文件过大，此时要用到向数据库中增加数据文件的操作。增加的数据文件是辅助（次）数据文件。

使用 SQL 语句在数据库中增加数据文件的语法格式如下。

```
ALTER DATABASE<数据库名称>
ADD FILE
(NAME=<逻辑文件名称>,
FILENAME=<物理文件名>,
SIZE=<初始大小>,
MAXSIZE=<最大容量>,
FILEGROWTH=<文件自动增量>)
TO FILEGROUP=<新文件组>
```

【例 5.6】在 SQL Server 的数据库目录下，修改 test_new 数据库，添加两个辅助数据文件，分别为 test_data1.ndf 和 test_data2.nfd，大小均为 5MB，容量上限均为 100MB，并将这两个辅助文件添加到 newgroup1 文件组中，如图 5.8 所示。

```
USE MASTER
GO
ALTER   DATABASE   test_new
ADD   FILE                    /*新增辅助数据文件*/
(NAME='test_data1',           /*新增第一个辅助数据文件*/
FILENAME='D:\test_data1.ndf',
SIZE=5MB,
MAXSIZE=100MB,
FILEGROWTH=5MB),
(NAME='test_data2',           /*新增第二个辅助数据文件*/
FILENAME='D:\test_data2.ndf ',
SIZE=5MB,
MAXSIZE=100MB,
FILEGROWTH=5MB)
TO FILEGROUP   newgroup1     /*将上述两个辅助文件添加到 newgroup1 文件组中*/
GO
```

图 5.8　添加数据文件

注意：对于在图 5.8 中提到的文件组 newgroup1，需提前新增好才能添加数据文件，如图 5.9 所示。

```
USE MASTER
GO

ALTER   DATABASE   test_new
ADD   FILEGROUP   newgroup1     /*新增文件组*/
GO
```

图 5.9　新增文件组

运行图 5.8 中的语句，查看 test_new 数据库属性，可看出相关辅助文件已添加，运行结果如图 5.10 所示。

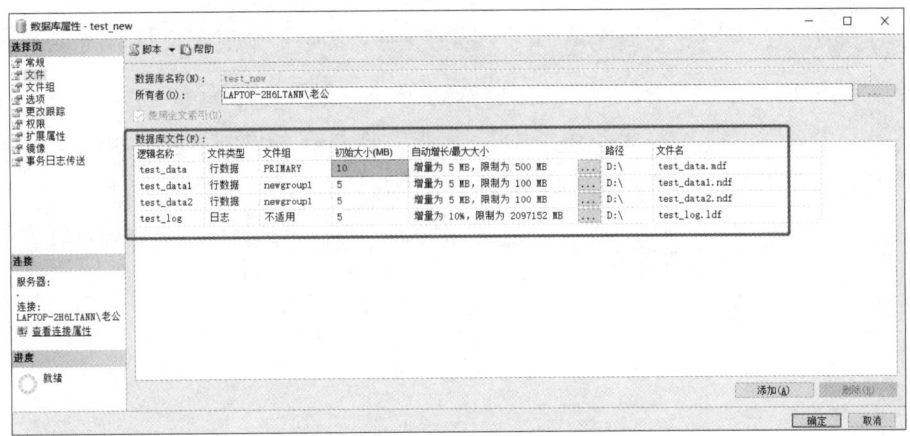

图 5.10 添加数据文件的运行结果

4）删除数据文件

对于多余的数据库文件，如果不需要，则可以将其删除。使用 SQL 语句在数据库中删除无用文件的语法格式如下。

```
ALTER DATABASE<数据库名称>
REMOVE FILE<需删除的数据文件名称>
```

【例 5.7】 在 SQL Server 的数据库目录下修改 test_new 数据库，删除数据文件 test_data2，如图 5.11 所示。

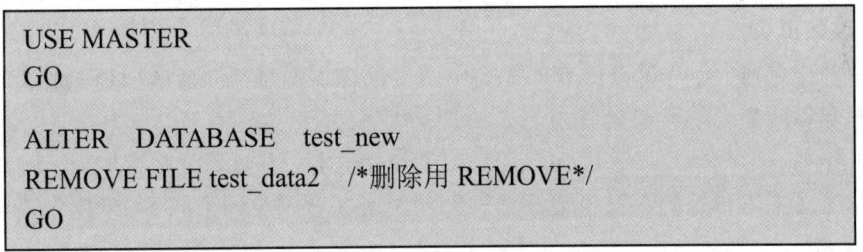

图 5.11 删除数据文件

运行图 5.11 中的语句，查看 test_new 数据库属性，可看出 test_data2 已被删除，运行结果如图 5.12 所示。

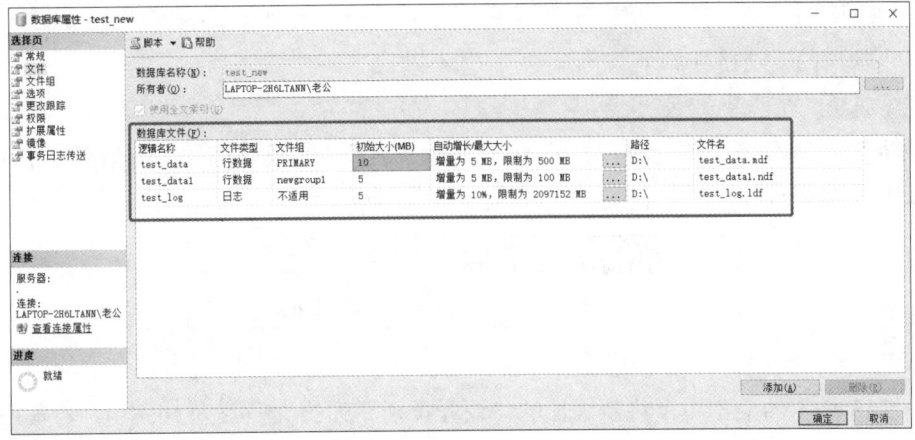

图 5.12 删除数据文件的运行结果

动一动：为"学生"数据库添加两个数据文件，其中一个逻辑文件名为 student_data1，磁盘文件名为 student_data1.ndf，文件初始容量为 5MB，最大容量为 50MB，文件容量递增值为 1MB；另一个逻辑文件名为 student_data2，磁盘文件名为 student_data2.ndf，文件初始容量为 5MB，最大容量无上限，文件容量递增值为 1MB。

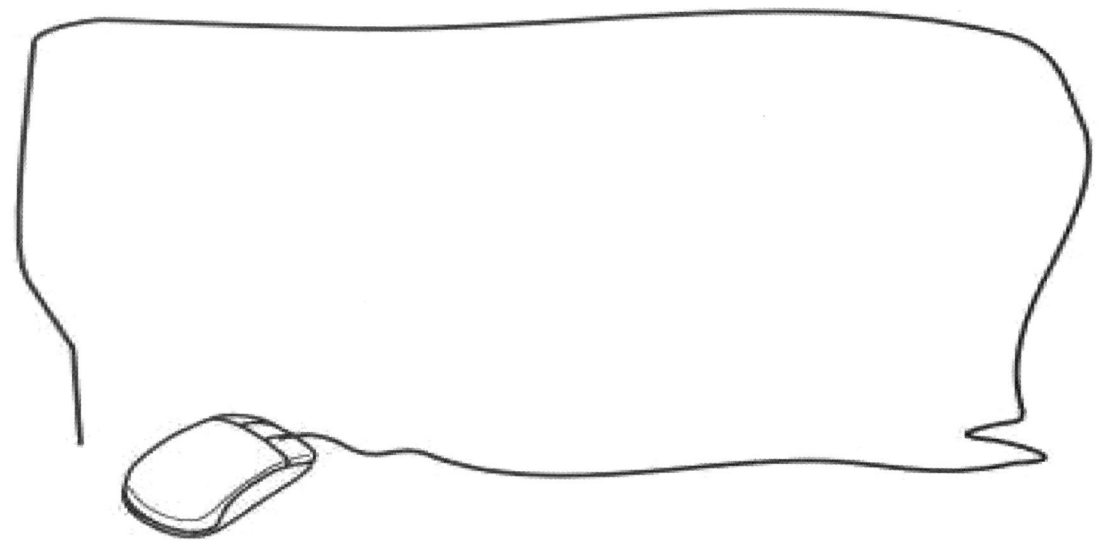

2．修改数据表

在表被创建之后，用户可以改变原先表中定义的许多选项，包括增加列、删除列、改变表名和改变表的所有者等。

修改表使用 ALTER TABLE 语句实现。ALTER TABLE 语句既可以增加列、删除列、修改列的定义、定义主码和外码，又可以添加和删除约束（对码及约束的 SQL 操作语句将在第 7 章中讲解）。

（1）修改列定义的语法格式如下。

```
ALTER TABLE <表名> ALTER COLUMN <列名> <新数据类型>
```

（2）添加列的语法格式如下。

```
ALTER TABLE <表名> ADD <新列名> <数据类型>
```

（3）删除列的语法格式如下。

```
ALTER TABLE <表名> DROP COLUMN <列名>
```

【例 5.8】为选课表添加"课程类别"列，类型为字符串，长度为 4，可使用图 5.13 所示的语句在表中添加新列。

```
ALTER TABLE 选课表
    ADD 课程类别 CHAR(4)
```

图 5.13　在表中添加新列

在图 5.13 所示的语句中，将新添加的"课程类别"列的类型改为 char(6)，可使用图 5.14 所示的语句在表中修改列定义。

```
ALTER   TABLE   选课表
    ALTER   COLUMN   课程类别   CHAR(6)
```

图 5.14　在表中修改列定义

如果需要删除课程表的"备注"列，则可采用图 5.15 所示的语句在表中删除列。

```
ALTER   TABLE   课程表
    DROP   COLUMN   备注
```

图 5.15　在表中删除列

动一动：根据新建的"通讯录"表进行如下操作。

① 修改"编号"列类型为 varchar(10)；
② 给"通讯录"表增加一列，列名为"性别"，类型为 char(1)；
③ 删除"通讯录"表的"联系电话"列。

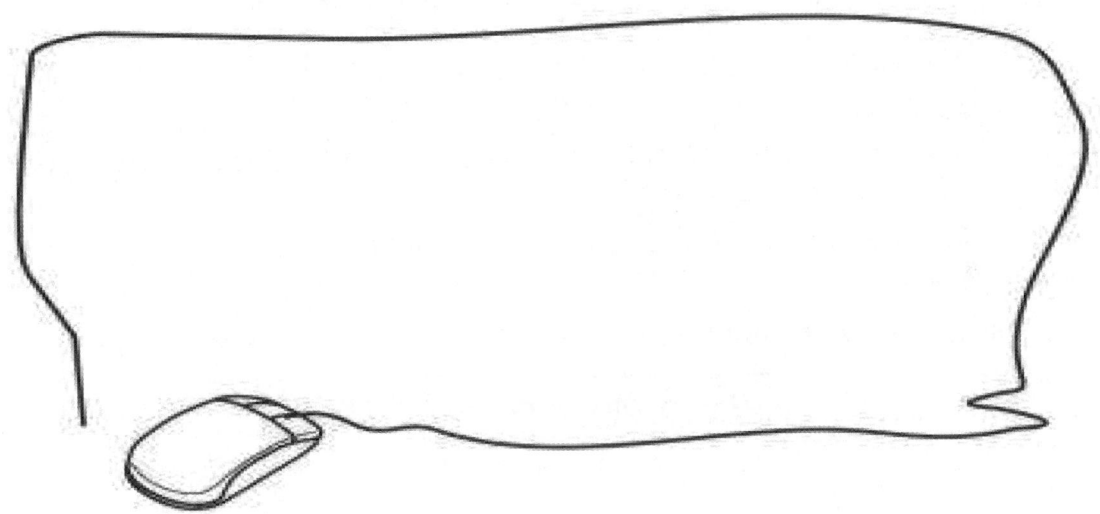

5.3.3　删除数据库与数据表

1．删除数据库

对于不再使用的数据库可以将其删除，在删除数据库之后，如果没有备份，那么这种删除就不能再恢复了。

删除数据库可以使用 DROP DATABASE 语句实现，该语句的语法格式如下。

```
DROP  DATABASE  <数据库名>
```

【例 5.9】删除 test_new 数据库，则可用图 5.16 所示的语句。

```
DROP   DATABASE test_new
```

图 5.16　删除数据库

动一动：删除"学生"数据库。

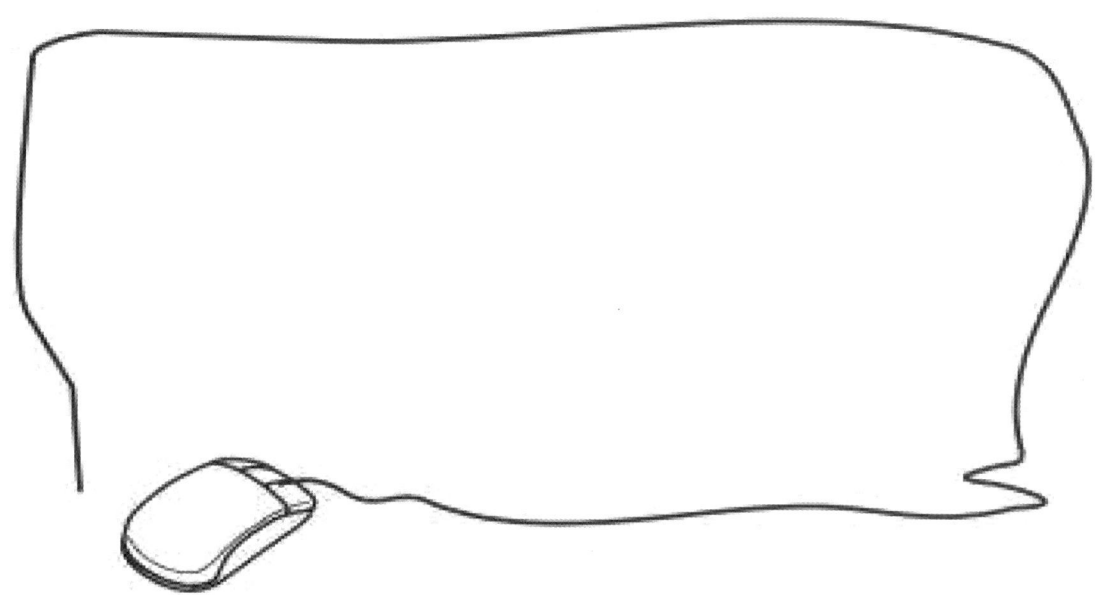

2. 删除数据表

删除数据表是指将指定表中的数据和表的结构从数据库中永久性地除去。在删除数据表之后，如果没有备份，那么这种删除就不能再恢复了。

删除数据表可以使用 DROP TABLE 语句实现，该语句的语法格式如下。

```
DROP  TABLE  <表名>
```

【例 5.10】删除课程表，则可用图 5.17 所示的语句。

```
DROP  TABLE  课程表
```

图 5.17 删除数据表

动一动：删除"通讯录"表。

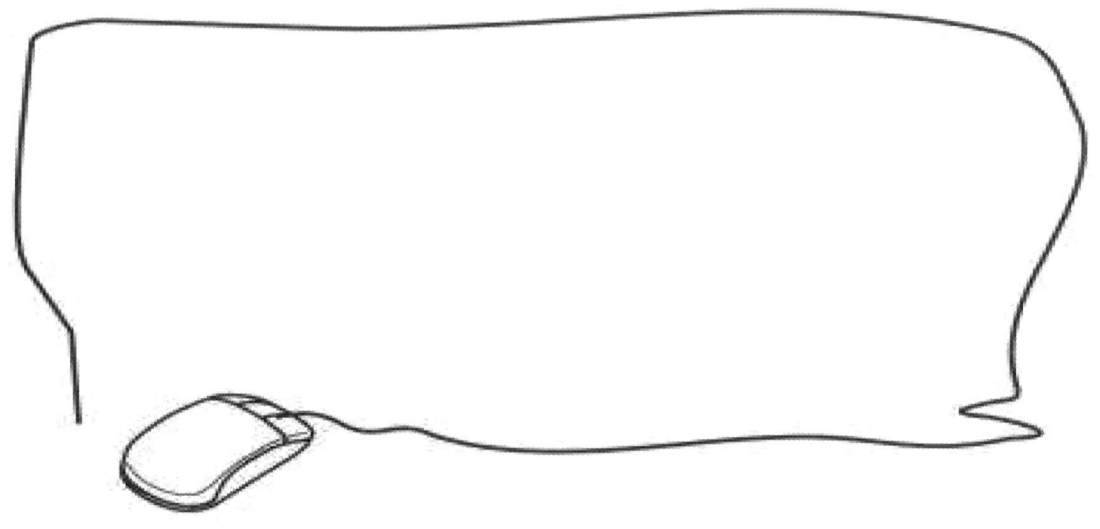

记一记：请记录本部分学习的重难点。

5.4 数据操作语句

5.3 节主要介绍了数据库对象的操作，如定义数据表、修改表数据和删除数据表，都是对表结构进行的操作，那么在创建好表之后，如何插入数据、修改数据、删除数据，则是针对表数据的操作，这些操作需要使用 INSERT、UPDATE、DELETE 语句来完成，这三个语句能修改数据库中的数据，但不返回结果集。下面分别进行介绍。

5.4.1 插入数据

在表中插入数据有两种形式：插入单个元组（INSERT 语句）和插入子查询的结果集（带 SELECT 的 INSERT 语句）。接下来分别进行介绍。

1）插入单个元组（INSERT 语句）

该语句的语法格式如下。

```
INSERT [ INTO ] <表名> [(<列名列表>)] VALUES(值列表)
```

INSERT 语句用来新增一个符合表结构的数据行，并将值列表中的数据按表中列定义的顺序（或在<列名列表>中指定的顺序）逐一赋给对应的列。该语句包括两个子句，即 INSERT 子句和 VALUES 子句。INSERT 子句指定要插入数据的表名或视图名，它可以包含表或视图中列的列表；VALUES 子句指定要插入的数据。在 INSERT 子句中指定列的列表时，必须使用 VALUES 子句。

在使用 INSERT 语句时，应注意以下几个问题。

- <列名列表>中的列必须属于 INTO 语句中命名的表，列名在<列名列表>中不能重复，但是能够以任何顺序出现。
- (值列表)中的值可以是常量也可以是 NULL 值，各值之间用逗号分隔。

- 数据值按照出现的次序被依次分配给<列名列表>中的列，任何被省略的列都将被插入默认值（如果没有设定默认值则插入 NULL）。
- 如果<表名>后面没有指明列名，则新插入数据的顺序必须与表中列定义的顺序一致，且每一个列均有值（可以是 NULL）。
- 插入数据的数据类型必须和它所在列的数据类型一致。
- INSERT 语句每一次只能插入一行数据，在向表中插入数据时，注意字符数据和日期数据要用引号引起来。

【例 5.11】向学生表中插入一行数据：学号为 999999，姓名为张小三，性别为男，其他情况未知，则可用图 5.18 所示的 INSERT 语句示例来完成，图中的三种方式可以完成相同的操作。

```
INSERT  INTO  学生表( 学号,姓名,性别) VALUES ('999999', '张小三', 'M')
INSERT  INTO  学生表  VALUES ('999999', '张小三', 'M',NULL,NULL)
INSERT  INTO  学生表  VALUES ('999999', '张小三', 'M', DEFAULT,DEFAULT)
```

图 5.18 INSERT 语句示例

 想一想：在选课表中插入一行，以下哪个写法是正确的？

① INSERT   INTO 选课表 VALUES ('010','C3',70)

② INSERT   INTO 选课表 VALUES ('010','C3')

③ INSERT   INTO 选课表 VALUES ('C3','010',70)

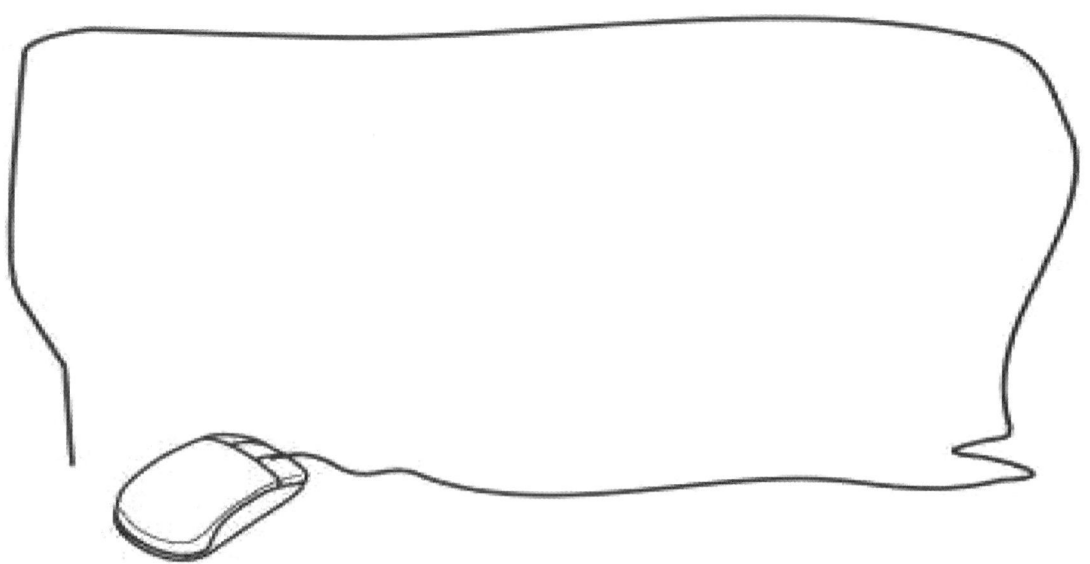

2）插入子查询的结果集（带 SELECT 的 INSERT 语句）

在此要特别讨论一下带 SELECT 的 INSERT 语句。此种形式可以用 SELECT 检索出要插入的数据值，或者插入子查询的结果集（子查询在第 6 章高级查询中会详细介绍）。

可以先用 SELECT 检索出要插入的数据值，再插入到指定的表中。

语法格式如下。

```
INSERT INTO <表名>   [( <属性列 1> , <属性列 2> ...)]    (子查询)
```

```
SELECT [( <属性列1> , <属性列2> ...)]
FROM<表名> WHERE <条件>
```

【例5.12】求每个系的系名和学生平均年龄，并将结果存入系平均年龄表中。我们可以使用图5.19所示的带 SELECT 的 INSERT 语句。（注：已存在系平均年龄表(所在系,平均年龄)）

> INSERT INTO 系平均年龄表
> SELECT 所在系, AVG(年龄)
> FROM 学生表 GROUP BY 所在系

图 5.19 带 SELECT 的 INSERT 语句 1

【例5.13】假设有一张和学生表定义完全一样的表，表名为"学生表1"，要求在其中插入学生表中的所有男生信息，则可以使用图5.20所示的带 SELECT 的 INSERT 语句。

> INSERT INTO 学生表1(学号,姓名,性别,班级,年龄)
> SELECT 学号,姓名,性别,班级,年龄
> FROM 学生表 WHERE 性别='M'

图 5.20 带 SELECT 的 INSERT 语句 2

值得注意的是，采用这样的形式插入数据，可能会插入零行、一行或多行数据，这就要看查询的结果了。

动一动：假设有一张和学生表定义完全一样的表，表名为"学生表1"，要求在其中插入学生表中所有年龄大于 20 岁的女学生的信息。（请先定义学生表1）

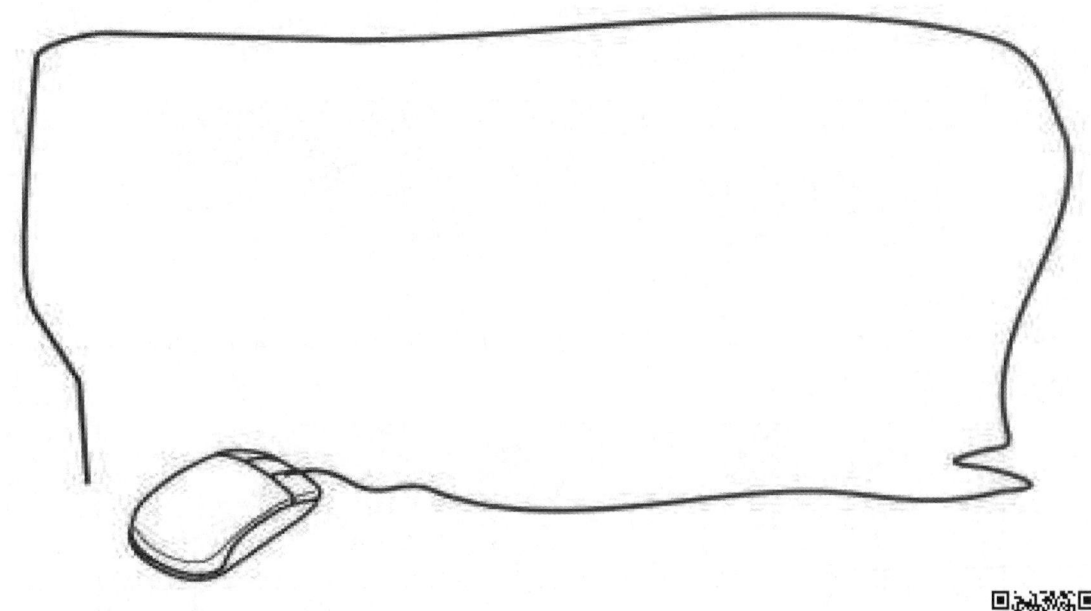

5.4.2 修改数据

我们可以使用 UPDATE 语句修改表中已经存在的数据。UPDATE 语句一次既可以修改一行数据，又可以修改多行数据。

UPDATE 语句的语法格式如下。

```
UPDATE <表名> SET <列名=表达式> [, ..., n] [ WHERE <更新条件>]
```

- UPDATE 语句使用 WHERE 子句指定要修改的行，如果没有 WHERE 子句，那么就对表中所有的行进行修改，使用 SET 子句指定修改的新数据。
- 新数据可以是常量，也可以是固定的表达式，甚至是一个子查询。
- 不能多次修改同一个 UPDATE 语句中的一列。
- 新值必须符合列的数据类型及在列上的约束条件。如果在使用 UPDATE 语句修改数据时与数据完整性约束发生冲突，那么修改就不会发生，整个修改事务将被取消。

【例 5.14】将所有学生的年龄加 1。则可使用图 5.21 所示的修改语句。

```
UPDATE 学生表 SET 年龄 = 年龄+1
```

图 5.21　所有学生的年龄加 1

【例 5.15】将"关系数据库应用"课程的周课时数改为 4 课时，并且把备注改为"核心课程"。则可使用图 5.22 所示的修改语句。

```
UPDATE 课程表
SET 周课时数=4,备注='核心课程'
WHERE 课程名='关系数据库应用'
```

图 5.22　修改关系数据库应用这门课程的信息

【例 5.16】将学号为"1031231"的学生的年龄改为学号为"1031233"的学生的年龄。则可采用子查询实现数据更新，如图 5.23 所示。

```
UPDATE 学生表 SET 年龄=
（SELECT 年龄 FROM 学生表 WHERE 学号='1031233'）
WHERE 学号='1031231'
```

图 5.23　用子查询实现数据更新

【例 5.17】将 GZ02 计 6 班全班学生的成绩都加上 10 分。则可用子查询或多表连接查询实现数据更新，如图 5.24 所示。

```
UPDATE 选课表 SET 成绩 = 成绩+10
WHERE 学号 IN ( SELECT 学号 FROM 学生表
              WHERE 班级='GZ02 计 6')
```

```
UPDATE 选课表 SET 成绩 = 成绩+10
FROM 选课表 JOIN 学生表 ON 学生表.学号=选课表.学号
    WHERE 班级='GZ02 计 6'
```

图 5.24　用子查询或多表连接查询实现数据更新

从图 5.24 所示的语句中可以看出，如果更新条件基于另外的表，则可使用子查询和多表连接两种方法来实现此类数据更新。

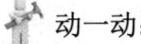动一动：

- 学生表(学号,姓名,性别,班级,年龄)。
- 课程表(课程号,课程名,教师,周课时数,备注)。
- 选课表(学号,课程号,成绩)。

① 将名字为"王玲俐"的学生的年龄修改为 18 岁，班级改为"GZ02 计 8"；
② 将"GZ02 计 5"班全班学生的成绩都加上 10 分；
③ 将"关系数据库应用"成绩在 60 分以下的学生的成绩统一修改为 59 分。

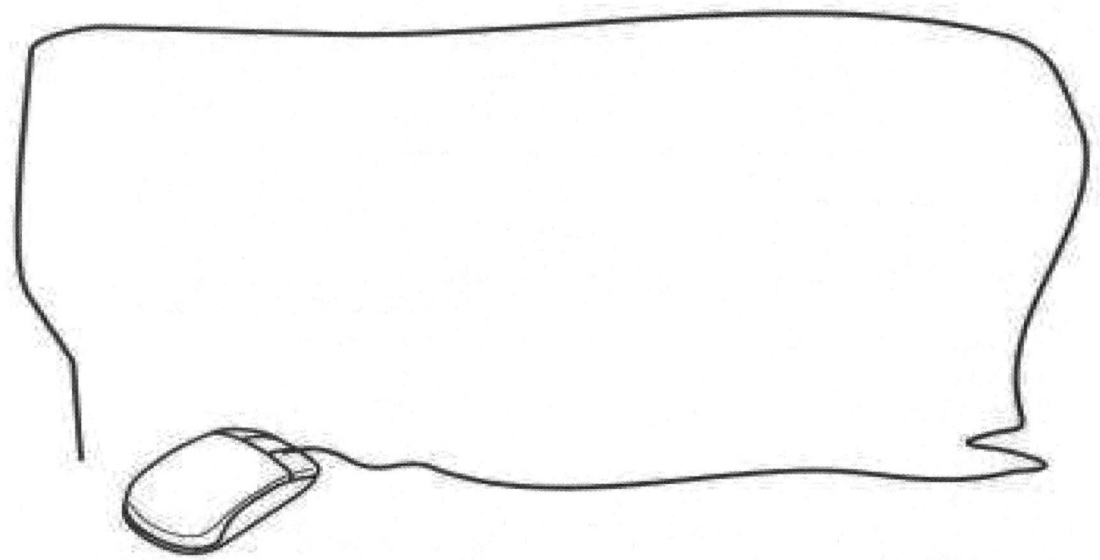

5.4.3 删除数据

当不再需要表中的某些数据时，可以使用 DELETE 语句将其删除。
DELETE 语句的语法格式如下。

```
DELETE [ FROM ] <表名> [ WHERE <删除条件> ]
```

DELETE 语句可以一次从表中删除一行、多行或全部数据。在 DELETE 语句中，如果指定了 WHERE 子句，那么就从指定的表中删除满足 WHERE 子句的数据行；如果没有指定 WHERE 子句，那么就将表中的记录全部删除。

【例 5.18】删除所有学生的选课记录。则可使用图 5.25 所示的删除语句。

DELETE　FROM　选课表

图 5.25　删除所有学生的选课记录

图 5.25 所示的删除语句是没有 WHERE 子句的删除语句，称为无条件删除，此时删除了表中的全部数据，但保留了表的结构。

【例 5.19】删除学生表中 GZ02 房产班的全部学生信息。则可使用图 5.26 所示的删除语句。

当用 WHERE 子句指定删除条件时，如果该删除条件与另外的表有关，则可以采用多表连接或子查询的方法实现。

```
DELETE   FROM  学生表
WHERE  班级='GZ02 房产'
```

图 5.26 删除 GZ02 房产班的全部学生信息

【例 5.20】删除 GZ02 计 6 班不及格学生的选课记录。则可使用图 5.27 所示的删除语句。

```
DELETE   FROM  选课表 WHERE  成绩<60 AND  学号 IN
（SELECT  学号 FROM  学生表 WHERE  班级='GZ02 计 6'）
```

```
DELETE   FROM  选课表
JOIN  学生表 ON  学生表.学号=选课表.学号
WHERE  成绩<60   AND  班级='GZ02 计 6'
```

图 5.27 删除 GZ02 计 6 班不及格学生的选课记录

【例 5.21】课程"COM 技术"因故停开，请删除这门课程所有的选课信息。则可用图 5.28 所示的删除语句。

```
DELETE   FROM  选课表 WHERE
课程号=(SELECT  课程号 FROM  课程表 WHERE  课程名= 'COM 技术')
```

```
DELETE   FROM  选课表
JOIN  课程表 ON  选课表.课程号=课程表.课程号
WHERE   课程名= 'COM 技术'
```

图 5.28 删除"COM 技术"课程的选课信息

动一动：

- 学生表(学号,姓名,性别,班级,年龄)
- 课程表(课程号,课程名,教师,周课时数,备注)
- 选课表(学号,课程号,成绩)

① 删除课程号为 1 号的所有选课记录；

② 因为特殊原因，涂老师不能上 GZ02 财 2 班的课，请帮他删除相应记录。

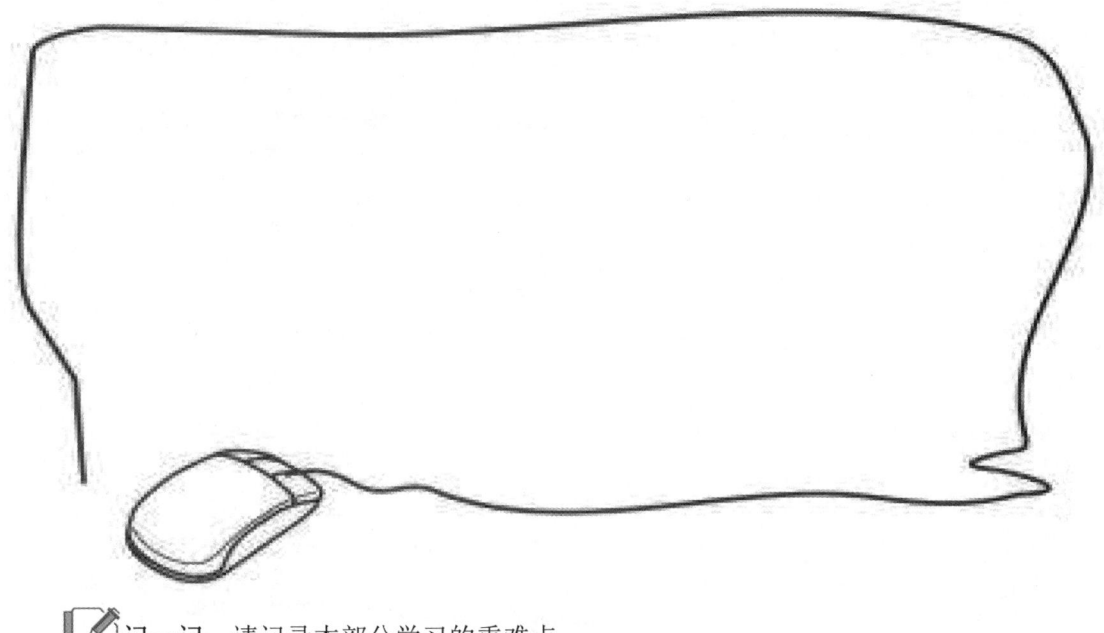

记一记：请记录本部分学习的重难点。

5.5　本章小结

　　本章首先介绍了 SQL 的基本概念，包括 SQL 的标准、特点和功能。通过对 SQL 数据类型的介绍深入学习 SQL 的特点。其次介绍了数据定义语句，包括定义对象（CREATE 语句）、修改对象（ALTER 语句）和删除对象（DROP 语句），它们是针对数据库对象的结构而言的。最后介绍了数据操作语句，即如何在建立好的对象上进行数据的插入、修改和删除，引入了 INSERT、UPDATE、DELETE 语句来实现表数据的插入、修改和删除操作。

问一问：本章学习结束了，你还有什么问题呢？

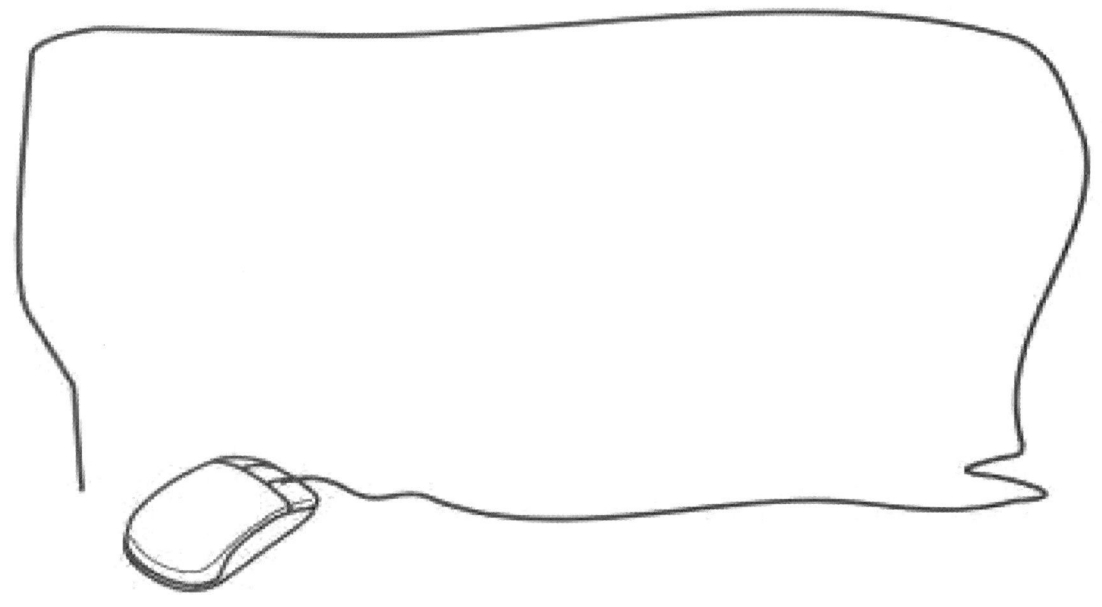

5.6 思政拓展

从"嫦娥奔月"到"万户飞天"，中华民族的飞天梦延续千年。1992年，党中央作出实施载人航天工程的重大战略决策，并确定了我国载人航天"三步走"的发展战略。在党中央坚强领导下，在全国人民的大力支持下，从无人飞行到载人飞行，从一人一天到多人多天，从舱内实验到太空行走，从太空短期停留到中长期驻留……中国载人航天事业一次次在浩瀚太空刷新"中国高度"，同时在中华民族的历史长河中培育铸就了"特别能吃苦、特别能战斗、特别能攻关、特别能奉献"的载人航天精神。

回想中国人的航天梦，可能是在1999年发芽的，那一年中国第一艘无人试验飞船——神舟一号，在酒泉卫星发射中心发射升空。自此，我国的载人航天事业取得了一系列的重大突破。

我国航天事业飞速发展离不开科研人员和宇航员的努力，但同样也离不开大数据技术的应用，航天是人类探索太空和利用太空的伟大事业，它在研制、运行和发布成果的全过程中会产生大数据和应用大数据。

航天要在尺度远比地球大的广阔空间中进行探索，其数据总量更多，要求更高，应用更广。如果没有及时而精确的大数据支持，那么哪怕是一个小数点的错误，也会影响全局的成败。

为了远距离控制航天器的飞行和执行任务，必须以最快的速度处理数据。因此，航天大数据不仅具有一般大数据的特点，而且要求高可靠和更高的处理速度。航天是最早提出发展大数据技术的领域，也是取得大数据成果最多的领域。

大数据必将改变人类社会的未来，成就更加辉煌的航天事业，助力人造地球卫星、载人航天和深空探测的纵深发展。

随着遥感卫星数量的快速增加,以及空间、时间、光谱等分辨率的不断提高,遥感数据的规模庞大、结构复杂、数据量增长速度快等大数据特征越来越明显,给航天遥感系统中的星地数据传输、数据存储管理、数据预处理、数据分析应用和结果可视化展示等关键环节带来了巨大的挑战。这就要求我们新一代技术人员再接再厉,发挥"特别能吃苦、特别能战斗、特别能攻关、特别能奉献"的载人航天精神和数据工匠精神,通过大数据技术的深入应用,不断攻坚克难,让数据改变未来,成就辉煌航天。

议一议:你觉得作为一名数据库技术人员,应如何将"载人航天精神"和"数据工匠精神"融入学习和工作中?

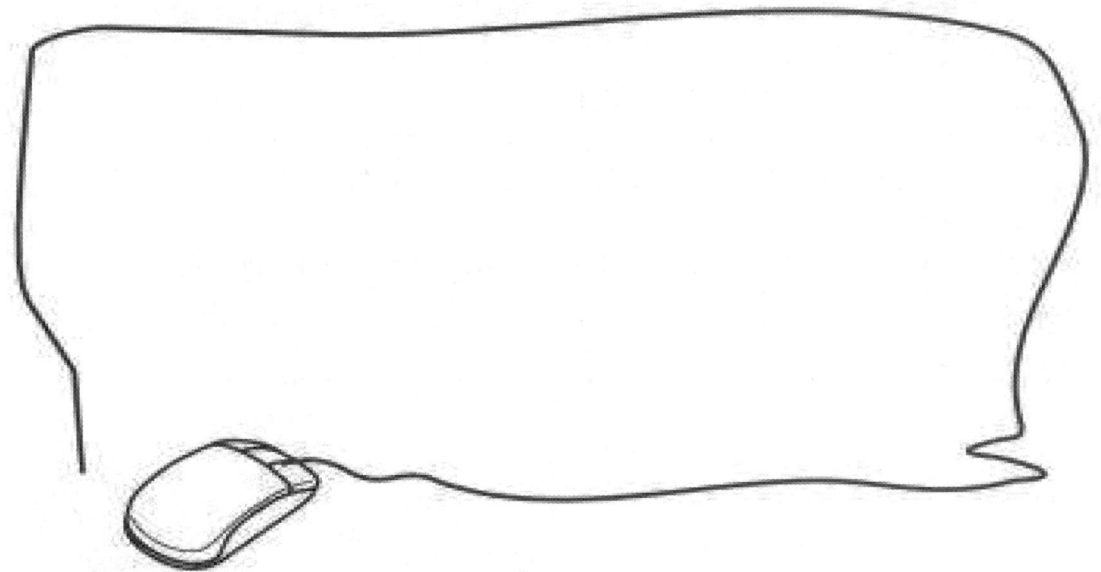

5.7 习题

1. 请简述 SQL 的含义、特点和功能。
2. 请查找目前哪些数据库用到 SQL 标准。
3. 结合实际情况,说明电话号码、性别、年龄、照片、薪水等信息一般使用什么数据类型存储。
4. 在医院数据库中存在两个表,分别为患者表、病历表,定义如下。

患者表

字 段 名	字 段 类 型
ID	int
姓名	varchar(20)
出生日期	smalldatetime
性别	char(1)

注:其中 ID 为主键。

病历表

字 段 名	字 段 类 型
ID	integer
患者 ID	integer
看病时间	smalldatetime
主治医生	varchar(20)
看病情况	varchar(400)
备注	varchar(100)

注：其中 ID 为主键，患者 ID 为外键，引用患者表的 ID 字段。

请用 SQL 语句创建以上两个表。

5．基于本章的三个表（学生表，选课表，课程表），写出下列数据操作语句。

- 学号为"1031231"的学生新选修了 3 号课程，成绩未知。
- 为 GZ02 计 6 班未选 4 号课程的学生补选 4 号课程。
- 将名字为"王玲俐"的学生的年龄修改为 18 岁，班级改为"GZ02 计 8"。
- 将"大数据分析技术"这门课成绩在 60 分以下的学生的成绩统一修改为 59 分。
- 删除课程号为 1 号的所有选课记录。
- 因为特殊原因，涂老师不能上 GZ02 财 2 班的课，请帮他删除相应记录。

记一记：本章学习结束了，你有哪些收获？

第 6 章

SQL 查询

学习目标

知识目标：掌握查询语句的基本结构；掌握投影、选择及连接等基本查询操作。

技能目标：会用 SQL 语句进行基本查询；能进行聚集查询、连接查询、子查询和集合查询等高级查询。

思政目标：养成严谨认真的学习态度；培养团队协作精神；了解大数据时代的工匠精神，并将其融入学习和工作当中。

数据库管理系统最重要的功能就是数据查询，数据查询就是根据用户实际需求对数据进行筛选，并以特定的格式进行显示的操作。在 SQL Server 系统中，可以使用 SELECT 语句进行数据查询操作，该语句具有非常灵活的使用方式和丰富的功能，它既可以完成简单的单表查询，又可以完成复杂的连接查询和嵌套查询。

本章将以"学生管理系统"数据库为例，在学生表、课程表、选课表的基础上讲述数据查询技术，包括简单查询、连接查询、聚集查询、子查询、集合查询等查询技术。通过本章的学习，可以比较全面地了解并掌握 SELECT 语句的用法。

6.1 SQL 基本查询语句

以下的查询示例都是以图 6.1 所示的"学生管理系统"数据库关系模式为基础的。

> 学生表(<u>学号</u>,姓名,性别,班级,年龄)
> 选课表(<u>学号</u>,<u>课程号</u>,成绩)
> 课程表(<u>课程号</u>,课程名,教师,周课时数,备注)

图 6.1 "学生管理系统"数据库关系模式

6.1.1 查询语句的基本结构

数据检索就是把数据库中存储的数据根据用户的需求提取出来的过程。SQL 的查询操作使用 SELECT 语句来完成。查询语句是数据操作中最基本和最重要的语句之一，其功能是从数据库中检索满足条件的数据。查询的数据源可以是一个表，也可以是多个表，甚至是视图。查询的结果是由 0 行（没有满足条件的数据）或多行记录组成的一个记录集合，并允许选择一个或多个字段作为输出字段。SELECT 语句还可以对查询的结果进行排序、汇总等。

SELECT 语句完整的语法格式非常复杂，图 6.2 给出了 SELECT 语句的基本结构。

```
SELECT <目标列名序列>          --需要输出哪些列
FROM <数据源>                 --来自哪些表
[WHERE <检索条件表达式>]      --根据什么条件
[GROUP BY <分组依据列>]
[HAVING <组提取条件>]
[ORDER BY <排序依据列>]
```

图 6.2　SELECT 语句的基本结构

- SELECT 子句用于指定输出的字段，即属性的名称，只有指定的属性才能在结果集中出现。
- FROM 子句用于指定数据的来源，即查询所涉及的关系名称（表名），在 FROM 子句中不仅可以列出一个表的名称，还可以列出多个表的名称。当然，列出的表都是将要查询的对象。
- WHERE 子句用于给出查询的条件，即数据的选择条件，就像关系代数中的选择条件一样，只有匹配这些条件的元组才能出现在结果中。
- GROUP BY 子句用于对检索到的记录进行分组。
- HAVING 子句用于指定组的选择条件。
- ORDER BY 子句用于对查询的结果进行排序。

在这些子句中，SELECT 子句和 FROM 子句是必须的，其他子句都是可选的。

注意：在 SQL 语句中，关键字对大小写不敏感；"--"表示注释。

6.1.2　投影

图 6.3 所示为一个最简单的查询语句，用来查询学生表中的所有记录，即全部列和全部行。

```
SELECT  *
FROM 学生表
```

图 6.3　查询学生表中的所有记录

其中，SELECT 子句后面是一个星号（*），表示检索全部列，显示的结果集与表中物理存储顺序一致。该查询语句的执行结果如图 6.4 所示（因为记录很多，这里只列出部分记录，以下同）。

图 6.4 查询学生表中的所有记录的执行结果

1．选择列

在很多情况下，我们都是根据自己的需要来查询信息的。也就是说，可以把查询所涉及的关系投影到某些属性上面，这样可以减少结果中没有意义的信息列。

这时，可以在 SELECT 关键字后面指定要检索的列名。图 6.5 所示的语句为检索每个学生的学号、姓名和班级信息。

```
SELECT 学号, 姓名, 班级
FROM 学生表
```

图 6.5 检索学生表中的学号、姓名和班级信息

在图 6.5 所示的查询语句中，SELECT 关键字后列出了三个属性的名称，即"学号"、"姓名"和"班级"，这些属性之间用逗号分开。这些属性的顺序既可以与关系模式实际定义的属性相同，又可以不同。但是，查询结果中的属性与这里列出的属性顺序相同。执行结果如图 6.6 所示。

图 6.6 检索学生表中的学号、姓名和班级信息的执行结果

在检索数据时，结果集中列的顺序是由 SELECT 后列名的顺序确定的，因此，可以在结果集中重新排列这些列的顺序。顺序的改变只影响查询结果的显示，对于表中的物理存储顺序无任何影响。

图 6.7 所示的查询语句改变了图 6.5 中列的显示顺序。

```
SELECT 学号, 班级, 姓名
FROM 学生表
```

图 6.7　重新对列排序的查询语句

图 6.8 所示为重新对列排序后的执行结果。

	学号	班级	姓名
1	1031231	GZ02电气2	张小燕
2	1031232	GZ02电气2	张张
3	1031233	GZ02电气2	陈毓兰
4	2011101	GZ02机制1	方彩峰
5	2011102	GZ02机制1	张叶
6	2011103	GZ02机制1	叶光旭
7	2011104	GZ02机制1	何忠义
8	2011105	GZ02机制1	卢卫平
9	2011106	GZ02机制1	王里桂
10	2011108	GZ02机制1	陈用今
11	2011109	GZ02机制1	陈斌
12	2011111	GZ02机制1	王华珍

图 6.8　重新对列排序后的执行结果

如果需要检索学生表中所有学生的信息，则可以用图 6.9 所示的查询语句实现。

```
SELECT *
FROM 学生表
```

图 6.9　检索学生全部信息

注意：

（1）可以用 * 代表关系中的所有属性。

（2）当选择某几个属性时，属性之间用逗号（英文状态下）分开。

（3）返回关系中的属性顺序和 SELECT 子句中的属性顺序相同。

2. 改变列标题

在默认情况下，数据检索结果集中所显示的列标题就是在创建表时使用的列名。但是，显示的列标题是可以改变的。

改变列标题有两种方法：使用"="或使用 AS 关键字。

（1）当使用"="时，语法格式如下。

新标题=列名

此时，也可以用单引号将新标题引起来。

示例如图 6.10 所示。

```
SELECT 学号, 姓名, 所在班级=班级  FROM 学生表
```

图 6.10　使用"="改变列标题

（2）当使用 AS 关键字时，语法格式如下。

列名 AS 新标题

示例如图 6.11 所示。

SELECT 学号，姓名，班级 AS 所在班级 FROM 学生表

图 6.11 使用 AS 关键字改变列标题

两种情况的执行结果一样，如图 6.12 所示。

	学号	姓名	所在班级
1	1031231	张小燕	GZ02电气2
2	1031232	张张	GZ02电气2
3	1031233	陈毓兰	GZ02电气2
4	2011101	方彩峰	GZ02机制1
5	2011102	张叶	GZ02机制1
6	2011103	叶光旭	GZ02机制1
7	2011104	何忠义	GZ02机制1
8	2011105	卢卫平	GZ02机制1
9	2011106	王里桂	GZ02机制1
10	2011108	陈用今	GZ02机制1
11	2011109	陈斌	GZ02机制1
12	2011111	王华珍	GZ02机制1

图 6.12 改变列标题后的执行结果

注意：虽然查询结果中的列标题改变了，但是关系模式中的属性名称（表中的字段名）并没有任何改变，只是显示出来的结果变化了。

3．带算术表达式的 SELECT 子句

SELECT 子句可以包含算术表达式，允许+、-、*、/，也可以是常量表达式。

【例 6.1】 求成绩提高 20%后的成绩。

可用带算术表达式的 SELECT 子句来实现，如图 6.13 所示。

SELECT 学号，课程号，成绩，成绩*1.2 AS 调整后的成绩
FROM 选课表

图 6.13 带算术表达式的 SELECT 子句

在图 6.13 所示的查询语句中，用"成绩*1.2"算出了将成绩提高 20%后的新成绩，并且赋予了一个列标题"调整后的成绩"。该查询语句的执行结果如图 6.14 所示。

在查询结果中，还可以增加一些常量来改变查询结果的显示格式，提高数据的可读性。

图 6.14　带算术表达式的 SELECT 子句的执行结果

【例 6.2】在图 6.6 所示的查询结果的后面增加一列"届别"。

可用包含常量的查询语句来实现，如图 6.15 所示。

```
SELECT 学号, 姓名, 班级, '2021级学生'  AS  届别
FROM  学生表
```

图 6.15　包含常量的查询语句

注意：增加的常量需要使用单引号引起来。

执行结果如图 6.16 所示。该查询结果中的第 4 列是常量值，并且被赋予了一个列标题"届别"。

图 6.16　包含常量的查询语句的执行结果

4．ALL 与 DISTINCT

SQL Server 允许在关系和查询结果中出现重复行，若要强制消除重复，则可在 SELECT 后使用关键字 DISTINCT，而指定 ALL 则不消除重复。在 SQL Server 中，默认为 ALL。

【**例 6.3**】根据学生表显示全校有哪些班级。

对比图 6.17 和图 6.18 所示的查询语句，从图 6.17 中可以看出，由于该查询语句没有使用关键字 DISTINCT，所以查询结果中出现了重复记录，从而得不到正确的结果。

图 6.18 所示的查询语句中使用了关键字 DISTINCT，因此会消除记录中的重复记录，从而得到正确的结果。

```
SELECT 班级
FROM 学生表
```

班级
GZ02 电气 2
GZ02 电气 2
GZ02 电气 2
GZ02 机制 1
GZ02 机制 1
GZ02 机制 1
GZ02 机制 1
GZ02 机制 1

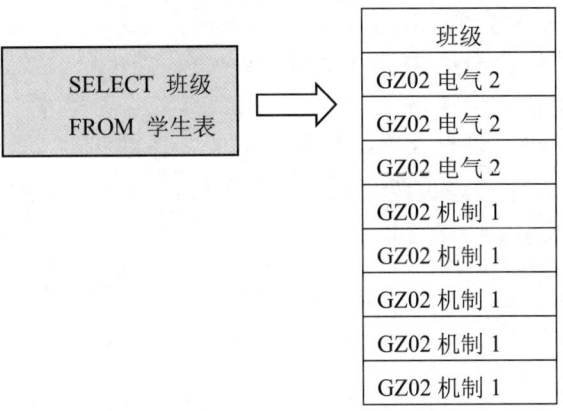

图 6.17　没有删除重复记录的查询语句的执行结果

```
SELECT DISTINCT 班级
FROM 学生表
```

班级
GZ02 电气 2
GZ02 机制 1
GZ02 英语 1
GZ02 英语 2
GZ02 计算机 1
GZ02 计算机 2
GZ02 计算机 3
GZ02 国贸 1
GZ02 国贸 2
GZ02 服装 3

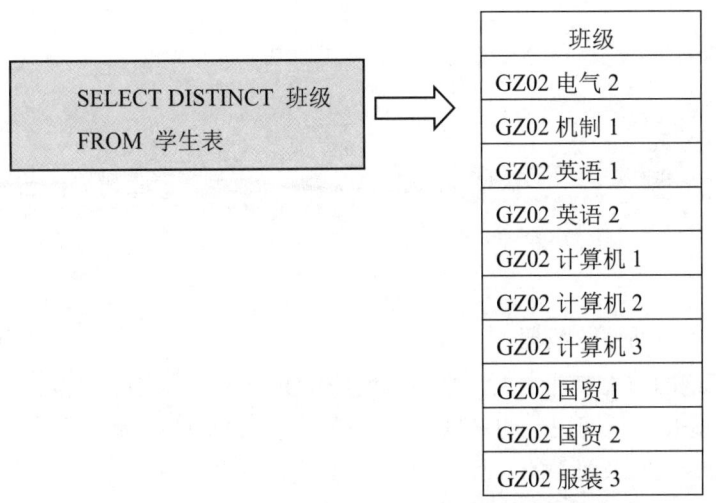

图 6.18　删除重复记录的查询语句的执行结果

另外，在选课表中，一个学生可以同时选修多门课程，如果要求检索出已经选修过课程的学生的学号，则可用图 6.19 所示的语句。

```
SELECT DISTINCT 学号
FROM 选课表
```

图 6.19　检索出已经选修过课程的学生的学号

注意：关键字 DISTINCT 针对的是 SELECT 子句后面的所有属性值的组合不能出现重复，而不是针对 SELECT 后面某一个属性值不能重复。例如，"SELECT DISTINCT 学号,课程号"的含义是"学号"字段值和"课程号"字段值的任意组合都不能出现重复，而不是某一个字段值不能重复。

动一动：按要求用 SQL 查询语句完成下列题目。

- 学生表(学号,姓名,性别,班级,年龄)。
- 课程表(课程号,课程名,教师,周课时数,备注)。
- 选课表(学号,课程号,成绩)。

① 给学生表增加一列，标题为"系别"，内容为"计算机"；
② 将课程表中的"教师"列的列名改成"教师姓名"（分别用两种方法）；
③ 查询所有已经被学生选修过的课程号。

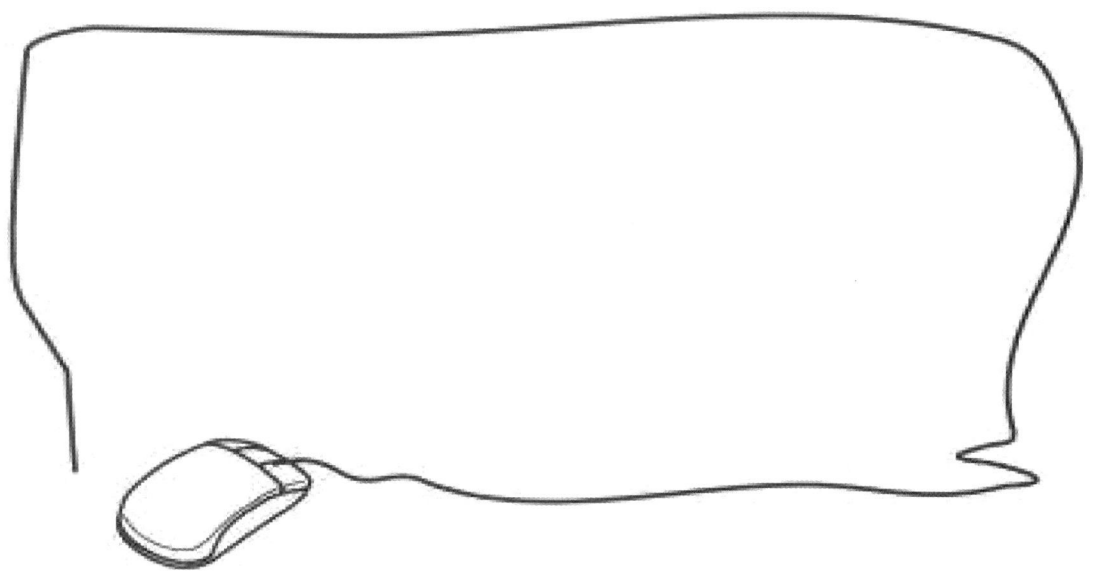

5. 用 TOP 关键字返回部分数据

如果 SELECT 查询的结果集非常大，则可以使用 TOP 关键字限制其返回的行数。返回行数的方法有两种：一是指定返回记录的数量，二是指定返回记录的比例。

（1）"TOP n"表示返回最前面的 n 行记录。

（2）"TOP n percent"表示返回最前面的 n%行记录。

【例 6.4】查询学生表前 10 行的信息。

可使用"TOP n"的查询语句，如图 6.20 所示。

```
SELECT  TOP  10  *
FROM    学生表
```

图 6.20　使用"TOP n"的查询语句

执行结果如图 6.21 所示。

	学号	姓名	性别	班级	年龄
1	1031231	张小燕	F	GZ02电气2	21
2	1031232	张张	F	GZ02电气2	21
3	1031233	陈毓兰	M	GZ02电气2	20
4	2011101	方彩峰	F	GZ02机制1	21
5	2011102	张叶	M	GZ02机制1	20
6	2011103	叶光旭	M	GZ02机制1	22
7	2011104	何忠义	M	GZ02机制1	22
8	2011105	卢卫平	F	GZ02机制1	21
9	2011106	王里桂	F	GZ02机制1	21
10	2011108	陈用今	M	GZ02机制1	20

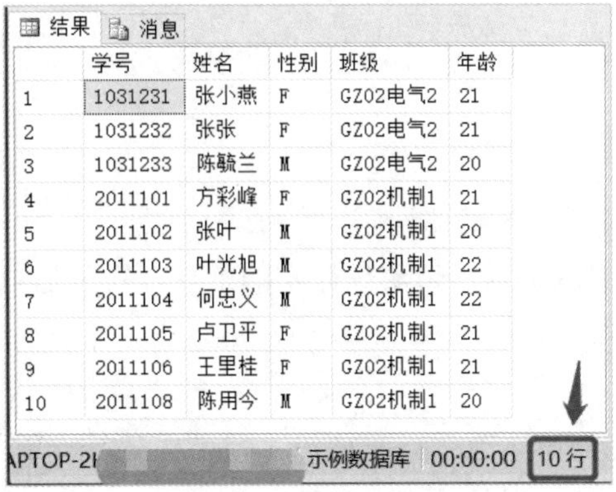

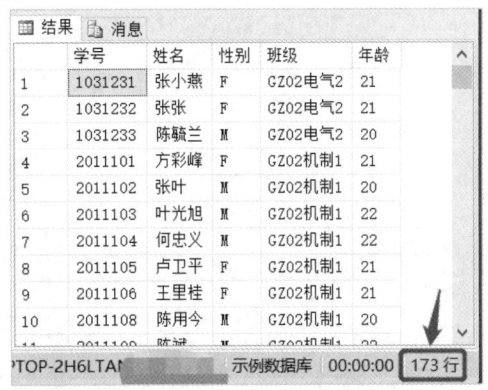

图 6.21 使用“TOP n”的查询语句的执行结果

【例 6.5】查询学生表前 10%行的信息。

可使用“TOP n percent”的查询语句，如图 6.22 所示。

```
SELECT   TOP   10   percent   *
FROM   学生表
```

图 6.22 使用“TOP n percent”的查询语句

执行结果如图 6.23 所示。

	学号	姓名	性别	班级	年龄
1	1031231	张小燕	F	GZ02电气2	21
2	1031232	张张	F	GZ02电气2	21
3	1031233	陈毓兰	M	GZ02电气2	20
4	2011101	方彩峰	F	GZ02机制1	21
5	2011102	张叶	M	GZ02机制1	20
6	2011103	叶光旭	M	GZ02机制1	22
7	2011104	何忠义	M	GZ02机制1	22
8	2011105	卢卫平	F	GZ02机制1	21
9	2011106	王里桂	F	GZ02机制1	21
10	2011108	陈用今	M	GZ02机制1	20

图 6.23 使用“TOP n percent”的查询语句的执行结果

记一记：请记录本部分学习的重难点。

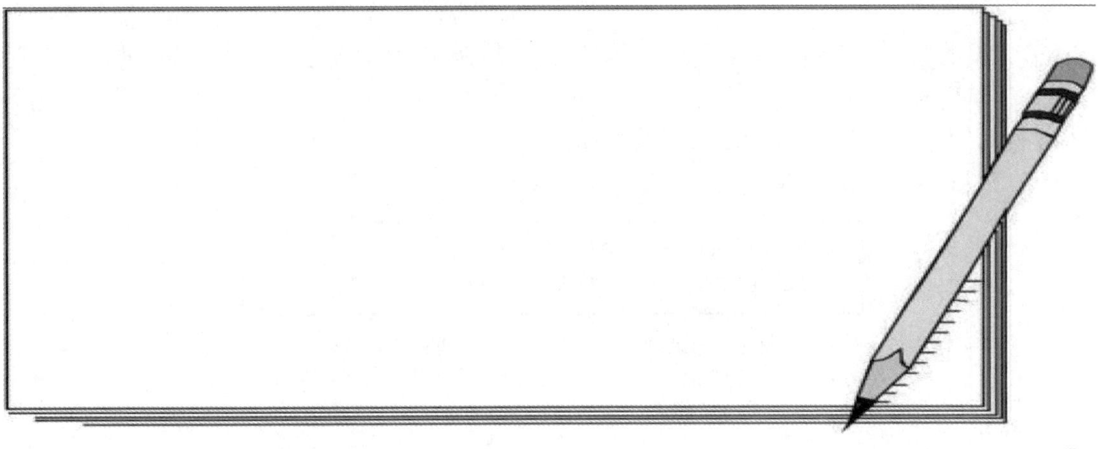

6.1.3 选择

前面的示例都是检索表中的全部行。当然，在很多情况下，只需要检索表中的一部分数据。在 SELECT 语句中，WHERE 子句指定要检索的数据行，只有满足关键字 WHERE 中指定条件的元组才能出现在结果关系中。

1．比较运算符

WHERE 子句允许在列的名称之后和列值之前使用比较运算符（=、>、<、>=、<=、<>），在比较运算条件的运算项中，既可以使用常量或关系中的属性，又可以使用通用的算术运算符（+、-、*、/）。

【例 6.6】检索出选课表中所有成绩在 95 分以上的学生的学号、课程号和成绩。

可以在 WHERE 子句中使用包含比较运算符的查询语句来完成，如图 6.24 所示。

```
SELECT  *  FROM  选课表
WHERE  成绩>95
```

图 6.24 包含比较运算符的查询语句

执行结果如图 6.25 所示。该结果集中只包含了所有成绩在 95 分以上的学生的信息。

	学号	课程号	成绩
1	1031231	1	99
2	1031232	1	100
3	1031233	1	100
4	2011102	2	97
5	2011112	3	97
6	2011114	1	96
7	2011120	1	100
8	2011132	1	98
9	2011134	1	96
10	2011161	2	98
11	2011162	2	96
12	2011202	1	98

图 6.25 所有成绩在 95 分以上的学生的信息

在上面的查询语句中，指定的条件是数字。如果指定的条件是字符串类型的，那么需要把字符串用单引号引起来。

【例 6.7】查询 GZ02 计 5 班的全部学生的信息。

可用图 6.26 所示的查询语句，执行结果如图 6.27 所示。

```
SELECT  *  FROM  学生表
WHERE  班级='GZ02 计 5'
```

图 6.26 查询 GZ02 计 5 班的全部学生的信息

	学号	姓名	性别	班级	年龄
1	2021501	贾胜红	F	GZ02计5	21
2	2021502	金建娥	F	GZ02计5	21
3	2021503	杨志英	M	GZ02计5	22
4	2021504	陈佳	F	GZ02计5	21
5	2021505	俞江武	M	GZ02计5	20
6	2021506	林肖霞	F	GZ02计5	21
7	2021507	陈晓青	M	GZ02计5	18
8	2021508	林剑	M	GZ02计5	22
9	2021509	肖丽娟	M	GZ02计5	20
10	2021510	蔡凌俊	M	GZ02计5	20
11	2021511	蔡万油	M	GZ02计5	18
12	2021512	潘建明	F	GZ02计5	19

图 6.27　查询 GZ02 计 5 班全部学生信息的执行结果

2．逻辑运算符

在 WHERE 子句中，可以使用逻辑运算符把若干个查询条件连接起来，组成复合条件，这些逻辑运算符包括 AND、OR、NOT。当一条语句同时包含多个逻辑运算符时，优先级从高到低依次是 NOT、AND、OR。

图 6.28 中的查询语句使用了 AND 逻辑运算符。

【例 6.8】检索出选修了 1 号课程并且成绩在 80 分以上的学生的学号和成绩。

可以使用包含逻辑运算符的查询语句，如图 6.28 所示。

```
SELECT 学号, 课程号, 成绩
FROM 选课表
WHERE 课程号='1' AND 成绩>80
```

图 6.28　包含逻辑运算符的查询语句

执行结果如图 6.29 所示。

	学号	课程号	成绩
1	1031231	1	99
2	1031232	1	100
3	1031233	1	100
4	2011101	1	85
5	2011102	1	81
6	2011113	1	81
7	2011114	1	96
8	2011115	1	84
9	2011120	1	100
10	2011126	1	92
11	2011129	1	93
12	2011132	1	98

图 6.29　选修了 1 号课程并且成绩在 80 分以上的学生的学号和成绩

3．BETWEEN...AND...（NOT BETWEEN...AND...）

使用 BETWEEN...AND...（NOT BETWEEN...AND...）可以指定搜索范围，并查找值在（或不在）指定范围内的元组。其中，在 BETWEEN 后面指定范围的下限，在 AND 后面指定范围的上限，表示在（或不在）下限与上限之间。

【例6.9】检索出学生表中年龄在20～23岁的所有男学生的信息。

可以使用包含BETWEEN关键字的查询语句，如图6.30所示，执行结果如图6.31所示。

```
SELECT *
    FROM 学生表
    WHERE 年龄 BETWEEN 20 AND 23 AND 性别='M'
```

图6.30 包含BETWEEN关键字的查询语句

注意："学生管理系统"数据库的学生表中的性别用"F"与"M"表示，后面不再赘述。

当然，对于BETWEEN关键字，也可以使用比较运算符来代替。例如，图6.30所示的查询条件也可以表示为如下形式。

```
WHERE 年龄>=20 AND 年龄<=23 AND 性别='M'
```

注意：在用 BETWEEN...AND...指定查询范围时，如果是针对char、varchar、text、datetime、smalldatetime等数据类型的数据，则一定要用单引号引起来。

	学号	姓名	性别	班级	年龄
1	1031233	陈毓兰	M	GZ02电气2	20
2	2011102	张叶	M	GZ02机制1	20
3	2011103	叶光旭	M	GZ02机制1	22
4	2011104	何忠义	M	GZ02机制1	22
5	2011108	陈用今	M	GZ02机制1	20
6	2011109	陈斌	M	GZ02机制1	22
7	2011111	王华珍	M	GZ02机制1	20
8	2011113	章鸿燕	M	GZ02机制1	20
9	2011114	胡建杰	M	GZ02机制1	20
10	2011115	陈建华	M	GZ02机制1	22
11	2011116	叶传玉	M	GZ02机制1	22
12	2011117	倪海萍	M	GZ02机制1	20

图6.31 学生表中年龄在20～23岁的所有男学生的信息

4．IN（NOT IN）

IN或者NOT IN关键字允许指定要选择的取值列，即包含在由IN指定的列中或不包含在由NOT IN指定的列中。

【例6.10】检索出学生表中GZ02计5、GZ02计6、GZ02计7三个班级的学生信息。

可以使用IN关键字的查询语句，如图6.32所示。

```
SELECT *
FROM 学生表
WHERE 班级 IN('GZ02 计 5', 'GZ02 计 6', 'GZ02 计 7')
```

图6.32 使用IN关键字的查询语句

图6.32所示的语句也可由图6.33所示的语句代替。使用IN关键字和OR逻辑运算符的查询结果如图6.34所示。

```
SELECT *
FROM  学生表
WHERE  班级='GZ02 计 5' OR  班级='GZ02 计 6' OR  班级='GZ02 计 7'
```

图 6.33 使用 OR 逻辑运算符的查询语句

图 6.34 使用 IN 关键字和 OR 逻辑运算符的查询结果

5．字符串模糊匹配

在实际应用中，如果需要从数据库中检索出一批记录，但又不能给出精确的字符查询条件，则可采用字符串的模糊匹配。字符串模糊匹配功能是使用 LIKE 关键字来实现的。LIKE 关键字用于检索与特定字符串相匹配的记录行，后面跟一个值段而不是一个完整的列值。

LIKE 关键字的语法格式如下。

```
列名  [NOT]  LIKE  <匹配字符串>
```

匹配字符串是一种特殊的字符串，其特殊之处在于它不仅可以包含普通字符，还可以包含通配符。通配符用于表示任意字符或字符串。在 LIKE 关键字前面也可使用 NOT，表示对结果取反。

在 SQL Server 中，LIKE 关键字可以使用以下 4 种匹配符。

（1）%（百分号）：匹配 0 个或多个字符。

（2）_（下画线）：匹配任意一个字符。

（3）[ ]：匹配[ ]中的任意一个字符。

（4）[^]：不匹配[^]中的任意一个字符。

带有匹配符的字符串必须使用单引号引起来，举例如下。

（1）LIKE 'BR%'：返回以"BR"开始的任意字符串。

（2）LIKE 'Br%'：返回以"Br"开始的任意字符串。

（3）LIKE '%een'：返回以"een"结束的任意字符串。

（4）LIKE '%en%'：返回包含"en"的任意字符串。

（5）LIKE '_en'：返回以"en"结束的 3 个字符的字符串。

（6）LIKE '[CK]%'：返回以"C"或者"K"开始的任意字符串。

（7）LIKE '[S-V]ing'：返回长为 4 个字符的字符串，结尾是 ing，开始是 S 到 V。

（8）LIKE 'M[^c]%'：返回以 "M" 开始且第 2 个字符不是 "c" 的任意字符串。

记一记：请记录本部分学习的重难点。

想一想：请思考以下查询的匹配字符串应如何设置。

（1）查询第一个字符是 "A"、中间包含 "BC" 的字符串。

（2）查询以 "AB" 开始、第 4 个字符是 "C"，并以 "d" 结束的字符串。

（3）查询第二个字符是 "A" 或 "B"、第 4 个字符不是 "C" 的长度为 6 个字符的字符串。

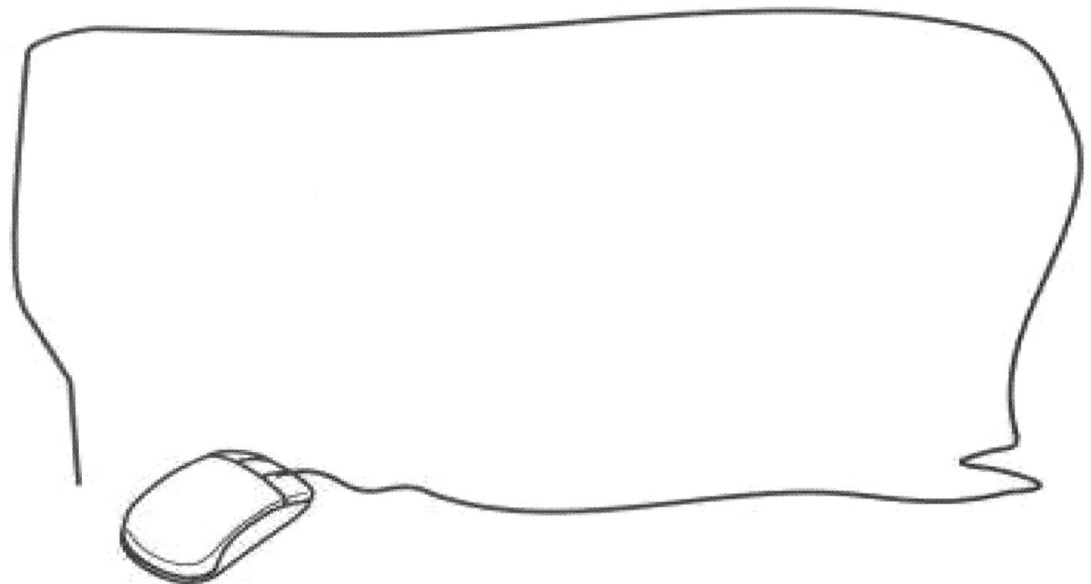

【例 6.11】检索出学生表中所有姓陈的学生。

可用图 6.35 所示的查询语句，查询结果如图 6.36 所示。

```
SELECT  *  FROM 学生表
WHERE 姓名 LIKE'陈%'
```

图 6.35 检索出学生表中所有姓陈的学生

	学号	姓名	性别	班级	年龄
1	1031233	陈毓兰	M	GZ02电气2	20
2	2011108	陈用今	M	GZ02机制1	20
3	2011109	陈斌	M	GZ02机制1	22
4	2011115	陈建华	M	GZ02机制1	22
5	2011164	陈荣强	M	GZ02机制1	18
6	2011209	陈汉远	F	GZ02机制2	21
7	2011210	陈顺来	M	GZ02机制2	20
8	2011220	陈雪刚	M	GZ02机制2	22
9	2011228	陈端剑	F	GZ02机制2	21
10	2012112	陈建宇	F	GZ02机电1	21
11	2012128	陈再兵	M	GZ02机电1	18
12	2012162	陈师	F	GZ02机电1	19

图 6.36 学生表中所有姓陈的学生

【例 6.12】查询学生表中姓陈、姓李、姓刘的学生。

可用图 6.37 所示的查询语句，查询结果如图 6.38 所示。

```
SELECT  *
    FROM 学生表
    WHERE 姓名 LIKE '[陈李刘]%'
```

图 6.37 查询学生表中姓陈、姓李、姓刘的学生

	学号	姓名	性别	班级	年龄
1	1031233	陈毓兰	M	GZ02电气2	20
2	2011108	陈用今	M	GZ02机制1	20
3	2011109	陈斌	M	GZ02机制1	22
4	2011115	陈建华	M	GZ02机制1	22
5	2011130	刘伯清	M	GZ02机制1	18
6	2011162	李陈晓	F	GZ02机制1	21
7	2011163	刘愉建	F	GZ02机制1	21
8	2011164	陈荣强	M	GZ02机制1	18
9	2011209	陈汉远	F	GZ02机制2	21

图 6.38 学生表中姓陈、姓李、姓刘的学生

注意：在使用关键字 LIKE 进行数据检索时，应注意每个英文字母和每个汉字都是一个字符。

6. 涉及空值的查询

前面已经对空值进行了解释。

空值（NULL）在数据库中有特殊的含义。NULL 指没有任何值，它与数字 0、空格字符、逻辑假不同，0、空格、假是值，而 NULL 表示目前不能确定其具体内容。空值具有以下特性。

- 等价于没有任何值。
- 与 0、空字符串或空格不同。
- 排在其他数据前面。
- 在计算过程和大多数函数中均可使用空值。

例如，某些学生选修课程后还没有参加考试，这些学生虽然有选课记录，但没有考试成绩，因此考试成绩为空值（而不是 0）。判断某个值是否为空值，不能使用普通的比较运算符（=、<>或!=等），而只能使用专门判断空值的子句来完成。

判断取值是否为空值的语法格式如下。

```
列名 IS [NOT] NULL
```

【例 6.13】查询已经选课，但无考试成绩的学生的学号和相应的课程号。

可用涉及空值的查询语句，如图 6.39 所示。

```
SELECT 学号，课程号
FROM 选课表
WHERE 成绩 IS NULL
```

图 6.39　涉及空值的查询语句

如果要查询所有有考试成绩的学生的学号和课程号，则可使用如下语句来实现。

```
SELECT 学号,课程号 FROM 选课表 WHERE 成绩 IS NOT NULL
```

由以上内容可知，在 SQL 查询中，选择操作是通过 WHERE 来完成的。WHERE 子句常用的查询条件表达方式如表 6.1 所示。

表 6.1　WHERE 子句常用的查询条件表达方式

表达方式	相关运算符与关键字
比较运算	=、>、>=、<、<=、<>（或!=）
逻辑运算	AND、OR、NOT
确定范围	BETWEEN... AND...、NOT BETWEEN... AND...
确定集合	IN、NOT IN
字符匹配	LIKE、NOT LIKE
空值	IS NULL、IS NOT NULL

动一动：按要求用 SQL 查询语句完成下列题目。

- 学生表(学号,姓名,性别,班级,年龄)。
- 课程表(课程号,课程名,教师,周课时数,备注)。
- 选课表(学号,课程号,成绩)。

① 查找所有班级为"GZ02 计 6"和"GZ02 计 7"、年龄在 18 至 20 岁之间的女学生的信息；

② 查找班级中包含"计"的男学生的学号和姓名，并在最后插入一列，标题为"爱好"，内容为"运动"；
③ 查找所有姓张的学生的学号和姓名；
④ 查找所有姓张且为单名的学生的学号和姓名；
⑤ 查找班级中包含"计"或"财"的学生信息；
⑥ 查找班级中不包含"计"和"财"的学生信息。

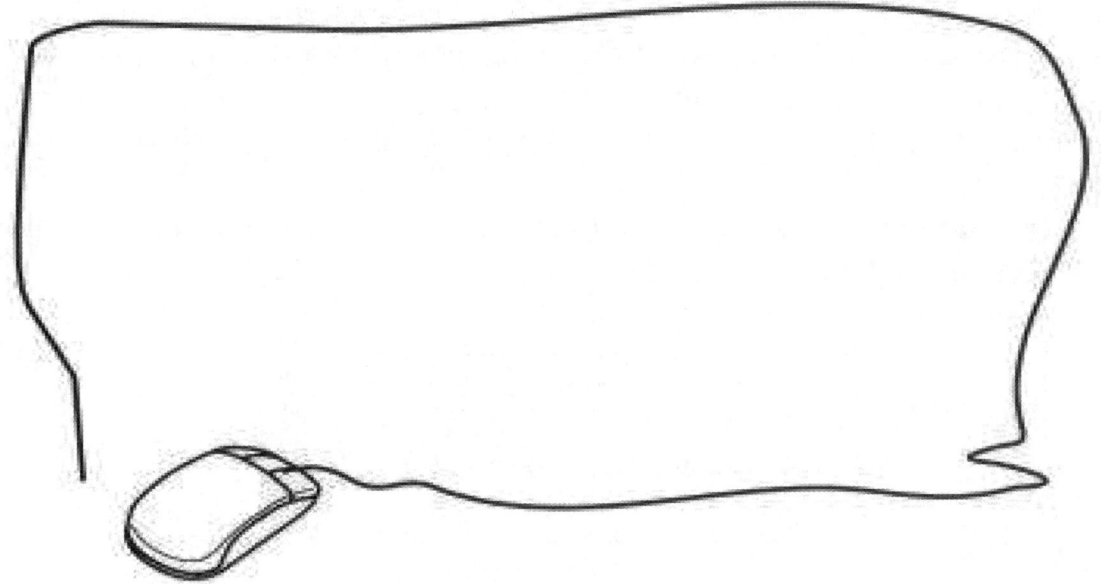

记一记：请记录本部分学习的重难点。

6.1.4 对查询结果进行排序

在查询结果中,元组的排列顺序与实际数据的存储顺序相同。但有时我们希望查询的结果能按一定的顺序显示出来,例如,将学生的考试成绩按从高到低的顺序排列。SQL 语句具有按用户指定的列对查询结果进行排序的功能,查询结果既可以按一列排序,也可以按多列排序。

在 SQL 语句中,排序是指用 ORDER BY 子句排列查询结果的顺序。使用 ORDER BY 子句可以在 SELECT 语句的结果集中显示或者返回程序之前的排列顺序,即 ORDER BY 子句只能在最终结果上进行操作。ORDER BY 子句使用升序(ASC)或降序(DESC)指定一组列,系统默认的排列顺序是升序。对于在结果集中无列名称的列,可以使用一个相对列号来代替列名。

【例 6.14】检索出选课表中所有选修课程号为 1 的课程并且成绩在 95 分以上的学生的学号和成绩,并按成绩从高到低的顺序排列。

可用图 6.40 所示的按成绩降序排列的查询语句。

```
SELECT 学号, 成绩
FROM 选课表
WHERE 课程号=1 AND 成绩>=95
ORDER BY 成绩 DESC
```

图 6.40 按成绩降序排列的查询语句

执行结果如图 6.41 所示。

	学号	成绩
1	1031232	100
2	1031233	100
3	2011120	100
4	2021536	100
5	2021608	100
6	2031101	100
7	2031136	100
8	2032101	100
9	2032114	100
10	2042115	100
11	2041132	100
12	2051238	100

图 6.41 按成绩降序排列的执行结果

在图 6.40 所示的查询语句中,如果要求在成绩相同的情况下,再按学号升序排列,则可用图 6.42 所示的多重排序语句。

```
SELECT 学号, 成绩
FROM 选课表
WHERE 课程号=1 AND 成绩>=95
ORDER BY 成绩 DESC, 学号
```

图 6.42　多重排序语句

如果在 ORDER BY 子句中使用多列进行排序，则这些列在该子句中出现的顺序决定了对结果集进行排序的次序。当指定多列时，首先按照排在 ORDER BY 子句后面的第一列进行排序，如果在按第一列排序之后存在两个或两个以上列值相同的记录，则将列值相同的记录再按第二列进行排序，以此类推。图 6.43 所示为多重排序的结果。

	学号	成绩
1	1031232	100
2	1031233	100
3	2011120	100
4	2021536	100
5	2021608	100
6	2031101	100
7	2031136	100
8	2032101	100
9	2032114	100
10	2041132	100
11	2042115	100
12	2051223	100

图 6.43　多重排序的结果

前面介绍的查询语句都是最基本的 SQL 操作，这些操作不能充分体现出 SQL 语句的强大功能。SQL 语句的强大和灵活在于可以在一个查询语句中处理多个关系表、对关系的查询结果进行集合运算、对关系中的属性值应用聚集函数，以及在其他查询语句中嵌套查询语句等，即聚集查询、连接查询、集合查询及子查询等。

动一动：按要求用 SQL 查询语句完成下列题目。

- 学生表(学号,姓名,性别,班级,年龄)。
- 课程表(课程号,课程名,教师,周课时数,备注)。
- 选课表(学号,课程号,成绩)。

① 查找选择的课程号为 1 或 4，并且成绩在 80 分至 90 分之间的所有选课信息，并按成绩升序、学号降序排序；

② 查询学生表中姓王，并且最后一个字为"丰"的学生信息，并将"班级"列改名为"所在班级"列，按照学号升序、性别降序排序。

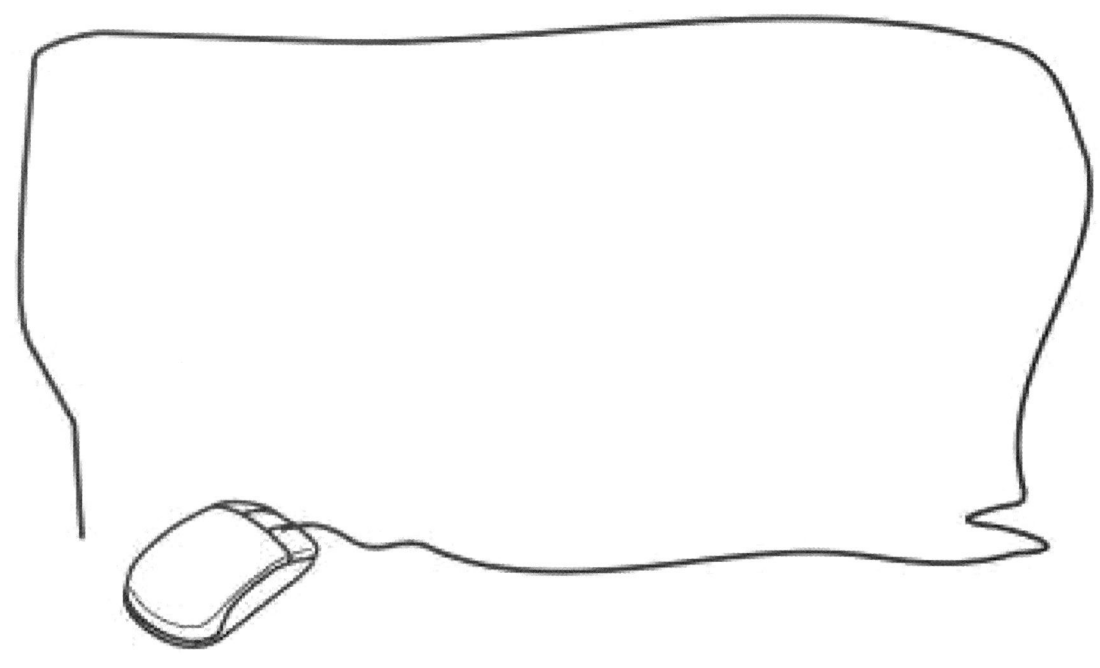

记一记：请记录本部分学习的重难点。

6.2 聚集查询

6.2.1 聚集函数

聚集函数也称集函数、聚合函数或计算函数，其作用是对一组值进行计算并返回一个单值。聚集函数可以返回所有列、几列或者一列的汇总数据，常用来计算 SELECT 语句查询的统计值。例如，求某列的平均值、最大值等。它经常与 SELECT 语句的 GROUP BY 子句一同使用，按照给定的条件进行分组，计算一些合计值。

SQL Server 提供了几个常用的聚集函数，这些函数可以产生一个列的汇总值，常用聚集函数及功能如表 6.2 所示。

表 6.2 常用聚集函数及功能

聚 集 函 数	功　　能
COUNT(*)	返回所选择行的数量
COUNT()	返回某个表达式中数值的个数
AVG()	返回数据表达式的平均值
MAX()	返回表达式中的最大值
MIN()	返回表达式中的最小值
SUM()	返回表达式中所有值的和

议一议：集函数的 NULL 值忽略策略是什么？

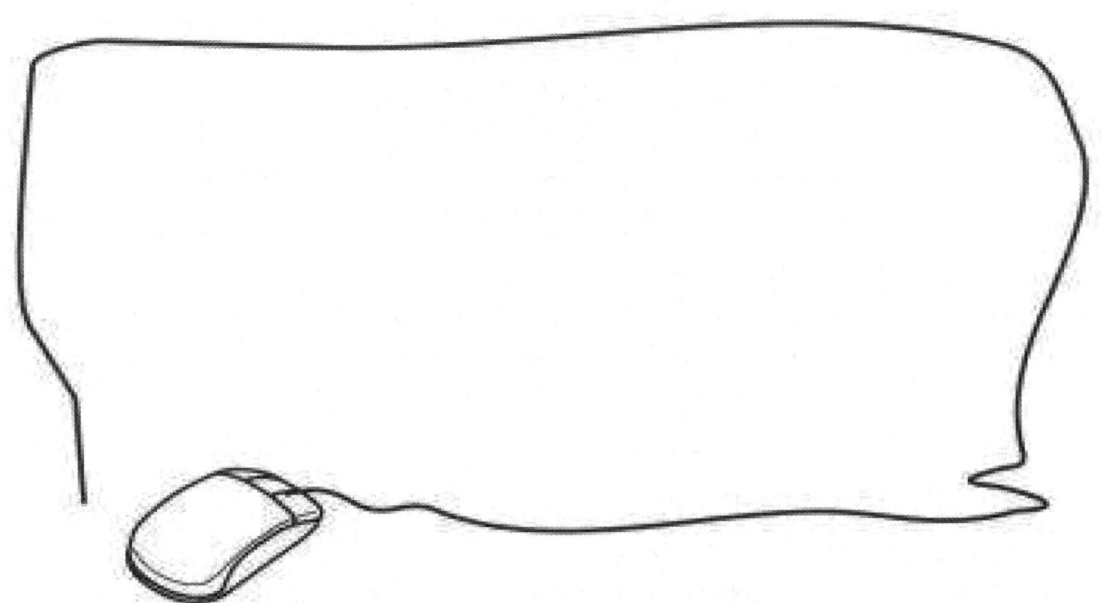

注意：除 COUNT(*)外，其他函数在计算时忽略 NULL 值。

以上这些聚集函数必须用在 SELECT 子句中，其返回值在结果集中作为新列出现。函数表达式可以是下列几种形式的任意组合。

- 列名。
- 常量。
- 由算术运算符连接起来的函数。

【例 6.15】通过选课表查询出所有选修 1 号课程的学生的最高分、最低分及平均分。

可用包含 MAX、MIN、AVG 等函数的查询语句，如图 6.44 所示。

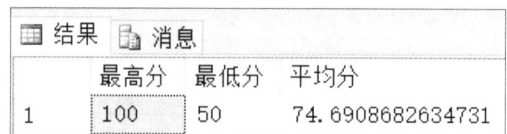

图 6.44 包含 MAX、MIN、AVG 等函数的查询语句

执行结果如图 6.45 所示。

	最高分	最低分	平均分
1	100	50	74.6908682634731

图 6.45 所有选修 1 号课程的学生的最高分、最低分及平均分

COUNT 函数的用法如图 6.46 所示。

```
SELECT   COUNT(*) AS 所有记录数,
         COUNT(学号) AS 所有学生数,
         COUNT(班级) AS 班级列数量,
         COUNT(DISTINCT 班级) AS 班级数
FROM 学生表
```

图 6.46 COUNT 函数的用法

执行结果如图 6.47 所示。

图 6.47 使用 COUNT 函数的查询结果

从图 6.47 可以看出,在使用 COUNT 函数时,应注意 COUNT(*)、COUNT(列名)、COUNT(DISTINCT 列名)三种用法的区别。

- 在计算时,COUNT(*)应包括 NULL 值,因为 COUNT(*)返回的是所选择行的数量,所以它包括空值在内的所有行。
- 而 COUNT(列名)、COUNT(DISTINCT 列名)均忽略 NULL 值。
- COUNT(列名)统计出指定列的数量,而 COUNT(DISTINCT 列名)统计出在消除重复之后指定列的数量(如图 6.47 所示),COUNT(班级)的返回值为 1725,而 COUNT(DISTINCT 班级)的返回值为 47。

如果要统计出选修了课程的学生人数,则可用如下的查询语句实现。

```
SELECT COUNT(DISTINCT 学号) FROM 选课表
```

想一想:如果课程表中共有 5 条记录,其中一条记录的教师列为 NULL 值,则查询结果中哪几列的值相同（假设教师列的值有 2 项重复）？

```
SELECT  COUNT(*)  AS  所有记录数,
        COUNT(课程名)  AS  所有课程数,
        COUNT(教师)  AS  教师列数量,
        COUNT(DISTINCT 教师)  AS  教师数
FROM  课程表
```

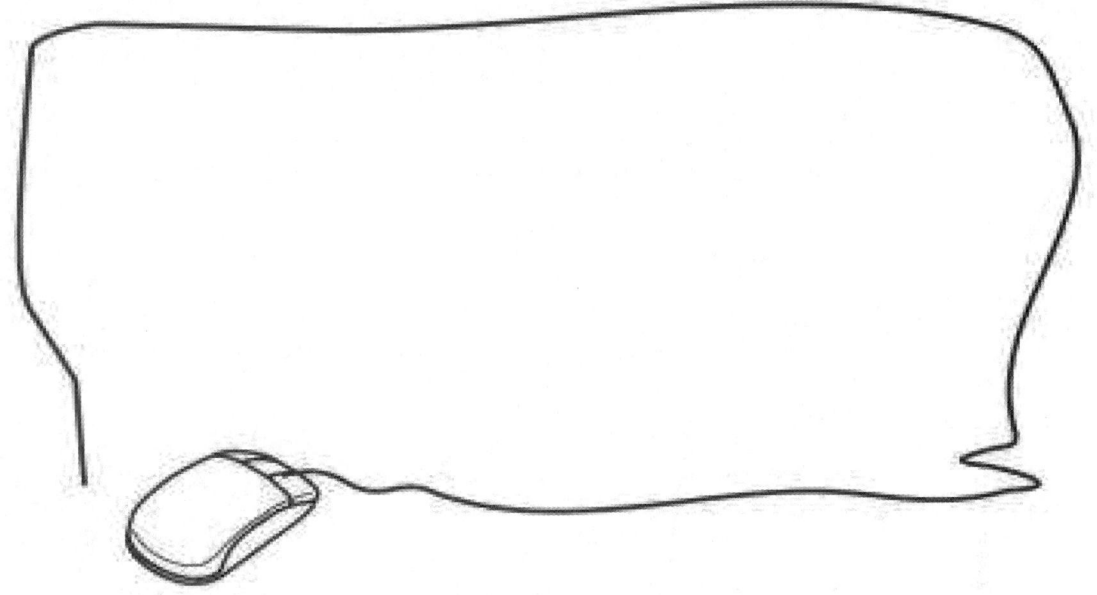

记一记：请记录本部分学习的重难点。

动一动：按要求用带集函数的 SQL 查询语句完成下列题目。

- 学生表(学号,姓名,性别,班级,年龄)。
- 课程表(课程号,课程名,教师,周课时数,备注)。

- 选课表(学号,课程号,成绩)。
① 查询选课表中 2 号课程的最高分、最低分、总分和平均分；
② 列出全校男学生的人数。

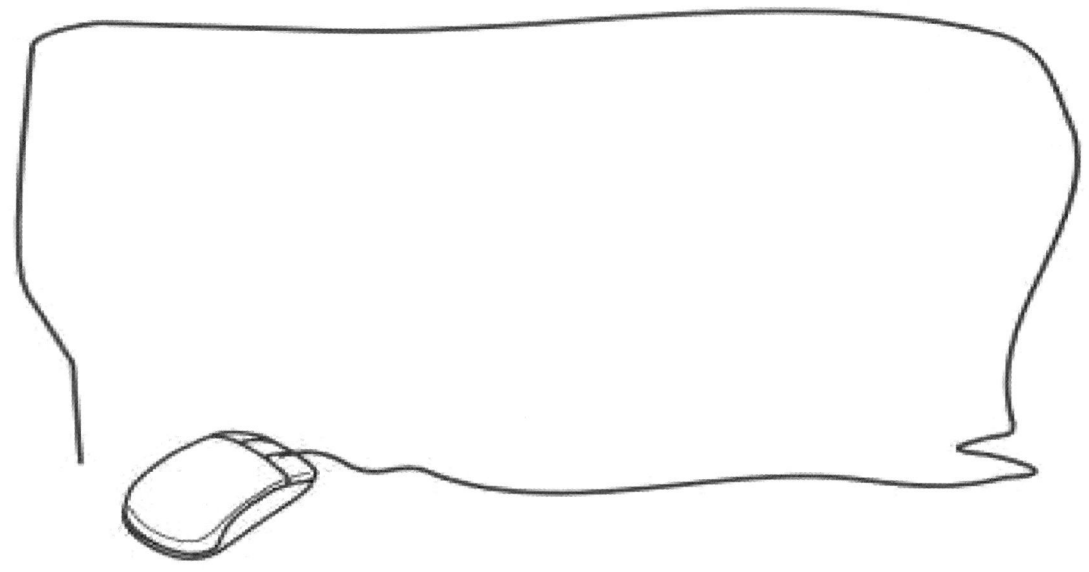

6.2.2 使用 GROUP BY 子句

聚集函数本身只能产生单个的汇总数据，而在使用 GROUP BY 子句之后，可以生成分组的汇总数据。GROUP BY 子句把数据组织起来并分成组，在一般情况下，它根据表中的某列进行分组，并且使用聚集函数，每一组只能产生一个值。

在使用 GROUP BY 子句时，应注意以下事项。
- 每一个组通过计算得到一个汇总值，并把这个汇总值保存在一个字段中。
- 对应指定的每一个组，只生成一条记录，且不返回细节信息。
- 所有在 GROUP BY 子句中指定的字段名，都必须出现在 SELECT 语句的选择列表中。
- 如果使用 WHERE 子句，则只对满足 WHERE 子句的记录进行分组和汇总。
- 最好不要对可能包含空值的字段使用 GROUP BY 子句，因为空值也将被当作一组。
- 联合使用关键字 ALL 和 GROUP BY 子句时，无论记录是否满足 WHERE 子句中的条件，组合字段中含有空值的所有行都将被列出。

【例 6.16】按班级汇总人数并计算平均年龄。

可用图 6.48 所示的查询语句实现。

```
SELECT  班级,
        COUNT(学号)  AS 班级人数,
        AVG(年龄)   AS 平均年龄
FROM    学生表
GROUP BY 班级
```

图 6.48　按班级汇总人数并计算平均年龄

执行结果如图 6.49 所示。

	班级	班级人数	平均年龄
1	NULL	2	20
2	GZ02宾馆1	25	20
3	GZ02财1	36	20
4	GZ02财2	41	19
5	GZ02财3	44	20
6	GZ02财4	43	19
7	GZ02财5	43	19
8	GZ02财6	44	20
9	GZ02财7	41	20
10	GZ02财8	40	19
11	GZ02财9	21	20
12	GZ02电气1	46	20

图 6.49　按班级汇总人数并计算平均年龄的执行结果

图 6.50 所示的查询语句给出了对 GZ02 计 6 班的学生按性别分组并计算平均年龄的示例。此示例比图 6.48 所示的查询语句多了一个 WHERE 子句，则这个查询将只对 GZ02 计 6 班的学生按性别分组并计算平均年龄。

```
SELECT 性别，AVG(年龄) AS 平均年龄
FROM 学生表
WHERE 班级='GZ02 计 6'
GROUP BY 性别
```

图 6.50　对 GZ02 计 6 班的学生按性别分组并计算平均年龄

执行结果如图 6.51 所示。

	性别	平均年龄
1	F	19
2	M	20

图 6.51　对 GZ02 计 6 班的学生按性别分组并计算平均年龄的执行结果

【例 6.17】计算出各门课程的选课人数及平均分。

可按课程号汇总人数和平均分，如图 6.52 所示。

```
SELECT  课程号,
        COUNT(学号)  AS 选课人数,
        AVG(成绩)   AS 平均分
FROM  选课表
GROUP BY 课程号
```

图 6.52　按班级汇总人数和平均分

执行结果如图 6.53 所示。

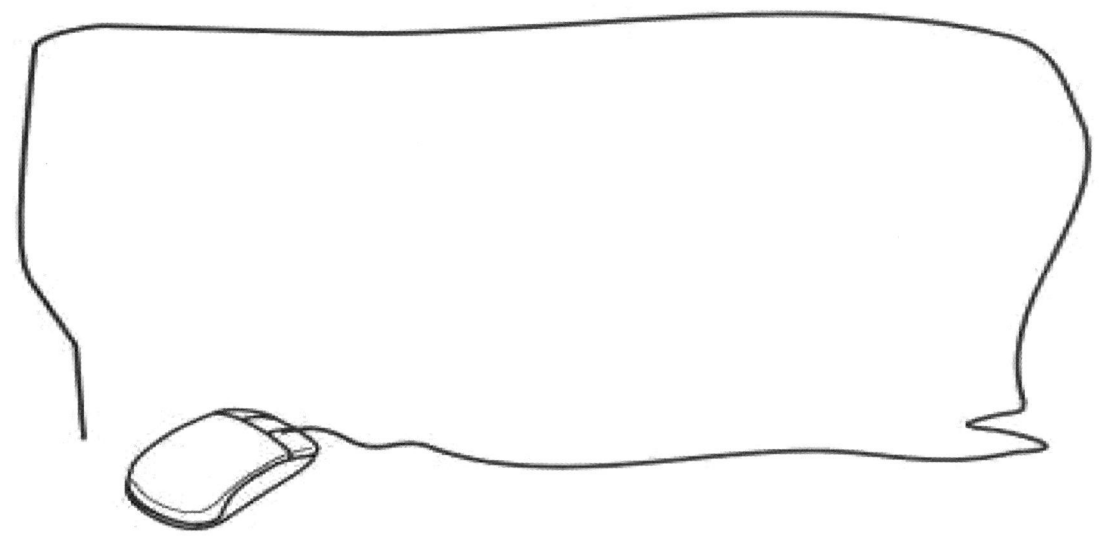

图 6.53　按课程号汇总人数及平均分的执行结果

注意：在分组查询时一般先显示分组字段；"每个""按""各"等字词一般提示是分组字段。

想一想：如何表述以下的 SQL 语句，即如何定义以下语句的题目？

```
SELECT   班级，COUNT(学号)   AS  人数
FROM   学生表
WHERE   性别='M'
GROUP   BY  班级
```

记一记：请记录本部分学习的重难点。

6.2.3 使用 HAVING 子句筛选结果集

联合使用 GROUP BY 子句与 HAVING 子句,可以在数据分组的基础上,进一步对数据进行汇总。在结果集中,HAVING 子句可以在分组的同时对字段或表达式指定查询条件。HAVING 子句还可以为 GROUP BY 子句设置条件,与 WHERE 子句为 SELECT 语句设置条件的方式大致相同。

在使用 HAVING 子句时,应注意以下事项。
- 在一般情况下,只在 GROUP BY 子句中使用 HAVING 子句,没有 GROUP BY 子句而单独使用 HAVING 子句是没有意义的。
- 在 HAVING 子句中,可以引用任何允许出现在 SELECT 选择列表中的字段。

【例 6.18】 在【例 6.16】的基础上,进一步筛选出平均年龄在 19~20 岁且班级人数在 40 人以上的班级。

可用图 6.54 所示的 HAVING 子句实现。

```
SELECT 班级,COUNT(*) AS 班级人数,AVG(年龄) AS 平均年龄
FROM 学生表
GROUP BY 班级
HAVING AVG(年龄) BETWEEN 19 AND 20 AND COUNT(*) >40
```

图 6.54 HAVING 子句

执行结果如图 6.55 所示。

	班级	班级人数	平均年龄
1	GZ02财4	43	19
2	GZ02国贸3	48	19
3	GZ02文秘1	42	19
4	GZ02机电2	41	20
5	GZ02企管1	47	20
6	GZ02电子2	47	19
7	GZ02电气1	46	20
8	GZ02商务1	47	19
9	GZ02财2	41	19
10	GZ02营销1	46	19
11	GZ02英语1	45	20
12	GZ02财6	44	20

图 6.55 HAVING 子句的执行结果

动一动:如果将【例 6.18】改为筛选出平均年龄在 19~20 岁的男学生的信息,请写出查询语句。

注意：分组前的条件用 WHERE 子句，分组后的条件用 HAVING 子句；带集函数的条件用 HAVING 子句。

【例 6.19】列出选课表里同时选修了 4 门课程的学生的学号。

可用图 6.56 所示的查询语句。

```
SELECT 学号, COUNT(课程号)  AS 课程门数
FROM 选课表
GROUP BY 学号
HAVING   COUNT(课程号)=4
```

图 6.56　列出选课表里同时选修了 4 门课程的学生的学号

执行结果如图 6.57 所示。

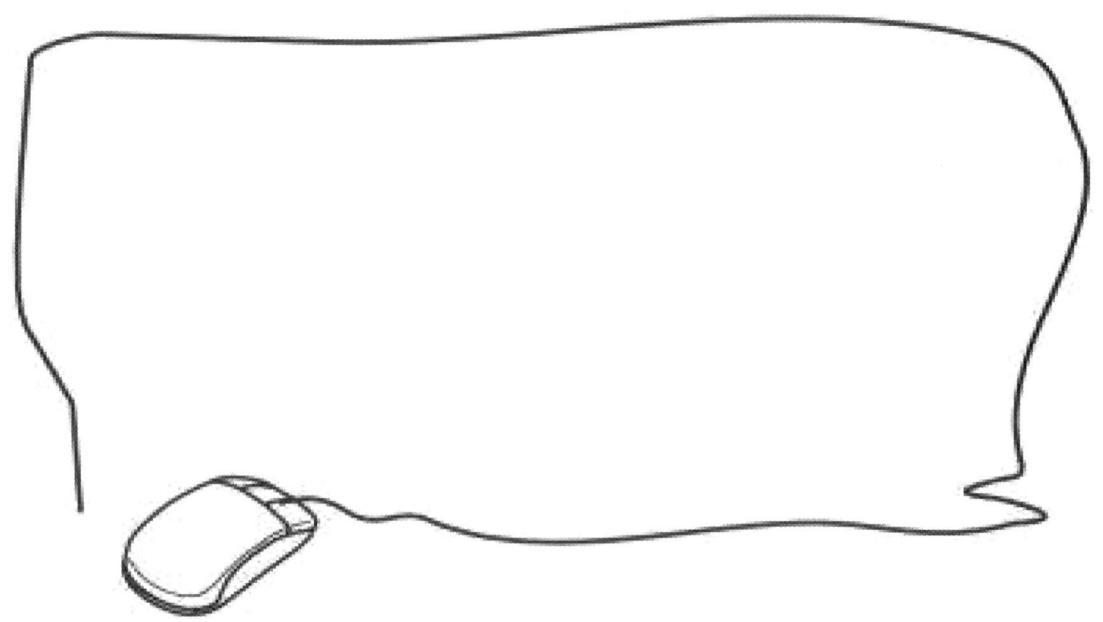

图 6.57　同时选修了 4 门课程的同学的学号

注意：当条件为集函数时，也可不分组，直接用 HAVING 子句即可。

【例 6.20】若全校人数超过 700 人，则显示全校人数。

可用图 6.58 所示的查询语句。

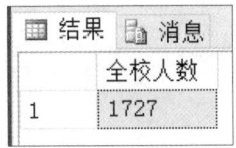

```
SELECT   COUNT(学号)   AS  全校人数
FROM   学生表
HAVING   COUNT(学号)>700
```

图 6.58　若全校人数超过 700 人，则显示全校人数

执行结果如图 6.59 所示。

图 6.59　全校人数

 想一想：若进行了分组，则 HAVING 子句中允许出现哪两类字段？

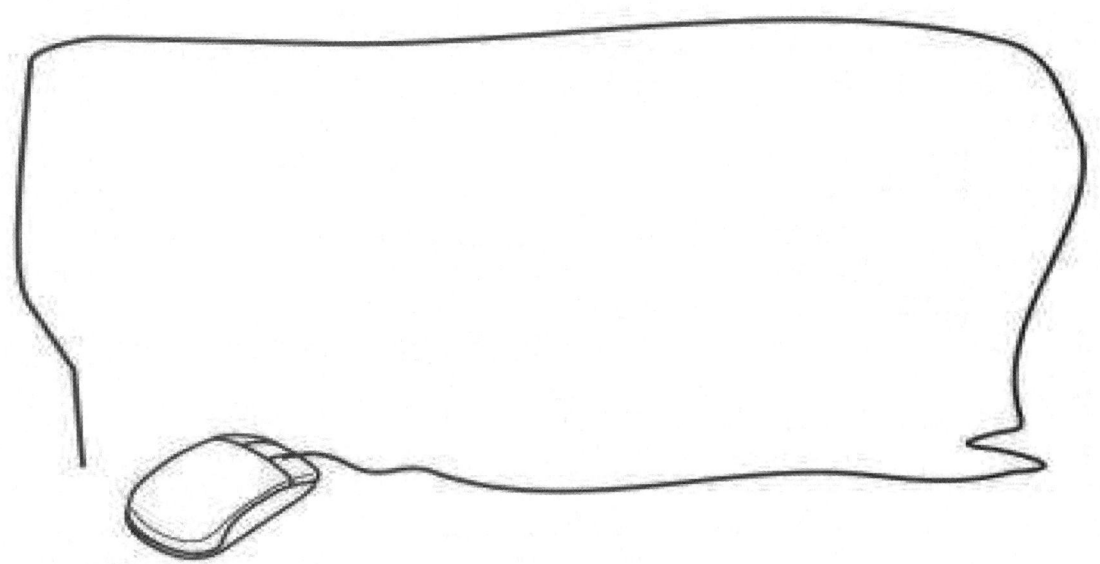

6.2.4　对 WHERE、GROUP BY、HAVING 的思考

在查询语句中使用 WHERE 子句、GROUP BY 子句与 HAVING 子句时，很容易混淆，现对这三个子句的使用做一个小结，内容如下。

- WHERE 子句用来筛选 FROM 子句中指定操作所产生的行。
- GROUP BY 子句用来分组 WHERE 子句的输出。
- HAVING 子句用来从分组的结果中筛选行。
- 当条件中带有集函数时，要用 HAVING 子句。

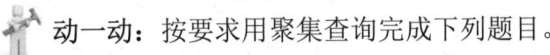 动一动：按要求用聚集查询完成下列题目。

- 学生表(学号,姓名,性别,班级,年龄)。
- 课程表(课程号,课程名,教师,周课时数,备注)。
- 选课表(学号,课程号,成绩)。

① 列出每个班级的人数；
② 列出每个班级男学生的人数（两种方法）；
③ 列出班级人数超过 30 人的班级的名称及班级人数；
④ 列出班级男学生超过 20 人的班级的名称及男学生人数；
⑤ 列出各个学生的学号及相应的课程门数；
⑥ 列出选修了一门以上课程的学生的学号。

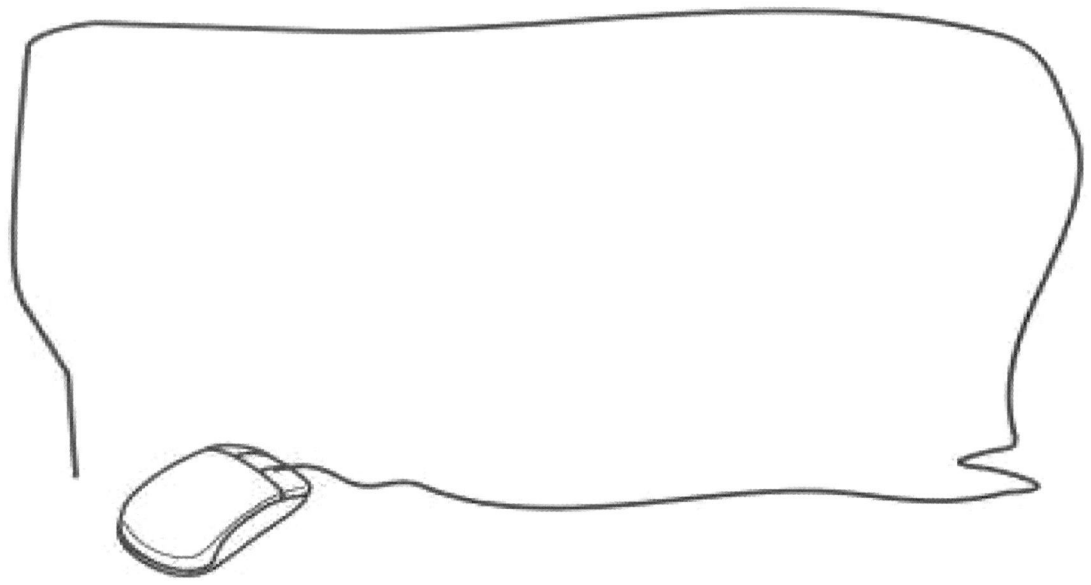

记一记：请记录本部分学习的重难点。

6.3 连接查询

前面的查询都只涉及一个表,但在实际使用过程中,经常需要同时从两个或者两个以上的表中检索数据。连接查询允许同时从两个或者两个以上的表中检索数据,并指定这些表中的某列或者某些列作为连接条件。

连接查询是关系数据库中的主要查询,包括内连接、外连接和交叉连接等。内连接的连接查询结果集仅包含满足条件的行,内连接是 SQL Server 默认的连接方式,可以把 INNER JOIN 简写成 JOIN;交叉连接的连接查询结果集包含两个表中所有行的组合;外连接的连接查询结果集既包含那些满足条件的行,又包含其中某个表的全部行,有三种形式的外连接:左外连接、右外连接、全外连接。各种连接查询类型及其对应的关键字如表 6.3 所示。

表 6.3 连接查询类型及其对应的关键字

连接类型		关键字
交叉连接		CROSS JOIN
内连接		INNER JOIN
外连接	左外连接	LEFT OUTER JOIN
	右外连接	RIGHT OUTER JOIN
	全外连接	FULL OUTER JOIN

6.3.1 交叉连接查询

交叉连接即笛卡儿乘积,是指两个关系中所有元组的任意组合。在一般情况下,交叉查询是没有实际意义的。

如果希望得到学生表和选课表两个关系模式的乘积,则可用图 6.60 所示的查询语句。

```
SELECT   *
FROM  学生表 CROSS JOIN 选课表

SELECT   *
FROM  学生表,选课表
```

图 6.60 交叉连接查询语句

在图 6.60 所示的语句中,有两个不同的查询语句,它们的笛卡儿乘积条件不同,却能得到相同的查询结果。虽然这里没有列出查询结果,但能很清楚地知道,结果集中的有些元组有意义,有些元组根本没有意义。

6.3.2 内连接查询

内连接是最常用的连接类型。内连接查询实际上是一种任意条件的查询。在使用内连接查询时,如果两个表的相关字段满足连接条件,则从这两个表中提取数据并组合成新的记录,也就是说，在内连接查询中，只有满足条件的元组才能出现在结果集中。

内连接查询有以下两种表示形式。

(1)在 FROM 子句中使用关键字 INNER JOIN 时，需要用关键字 ON 指定连接条件(ANSI 连接)。

(2)在不使用 INNER JOIN 时，需要在 WHERE 子句中指定连接条件(theta 连接，非 ANSI 连接)。

内连接的语法格式如下。

```
FROM 表1 [ INNER ] JOIN 表2 ON <连接条件>
```

在一般情况下，<连接条件>的格式如下。

```
表1.字段1=表2.字段2
```

在连接条件中要指明两个表按什么条件进行连接。当然，两个表的连接列必须是可比较的，即必须是语义相同的列，否则比较将是无意义的。

从概念上讲，DBMS 执行连接操作的过程如下。

首先，取表 1 中的第 1 个元组，然后从头开始扫描表 2，逐一查找满足连接条件的元组，找到后将表 1 中的第 1 个元组与该元组拼接起来，形成结果集中的一个元组；在表 2 全部查找完后，再取表 1 中的第 2 个元组，然后从头开始扫描表 2，逐一查找满足连接条件的元组，找到后将表 1 中的第 2 个元组与该元组拼接起来，形成结果集中的另一个元组；重复这个过程，直到表 1 中的全部元组都处理完毕。

【例 6.21】查询每个已经选课的学生的信息和选课情况。

可用图 6.61 所示的查询语句实现。根据"学生管理系统"数据库的信息，学生的基本信息存放在学生表中，学生的选课信息存放在选课表中，因此该查询实际涉及两个表，将这两个表进行连接的连接条件是两个表中的学号相等。

```
SELECT *
FROM 学生表 INNER JOIN 选课表 ON 学生表.学号=选课表.学号
```

```
SELECT *
FROM 学生表，选课表
WHERE 学生表.学号=选课表.学号
```

图 6.61 查询每个已经选课的学生的信息和选课情况

执行结果如图 6.62 所示。

	学号	姓名	性别	班级	年龄	学号	课程号	成绩
1	1031231	张小燕	F	GZ02电气2	21	1031231	1	99
2	1031231	张小燕	F	GZ02电气2	21	1031231	2	60
3	1031231	张小燕	F	GZ02电气2	21	1031231	3	50
4	1031231	张小燕	F	GZ02电气2	21	1031231	4	88
5	1031232	张张	F	GZ02电气2	21	1031232	1	100
6	1031232	张张	F	GZ02电气2	21	1031232	2	63
7	1031232	张张	F	GZ02电气2	21	1031232	3	58
8	1031233	陈骏兰	M	GZ02电气2	20	1031233	1	100
9	2011101	方彩峰	F	GZ02机制1	21	2011101	1	85
10	2011102	张叶	M	GZ02机制1	20	2011102	1	81
11	2011102	张叶	M	GZ02机制1	20	2011102	2	97
12	2011102	张叶	M	GZ02机制1	20	2011102	3	66

图 6.62 每个已经选课的学生的信息和选课情况

从查询结果可以看出，在两个表连接时，如果采用 SELECT *，则连接结果中包含两个表的全部列。其中，学号列重复了两次，这是不必要的。

想一想：针对上述查询，如何消除结果集中的重复字段？如何消除重复记录？

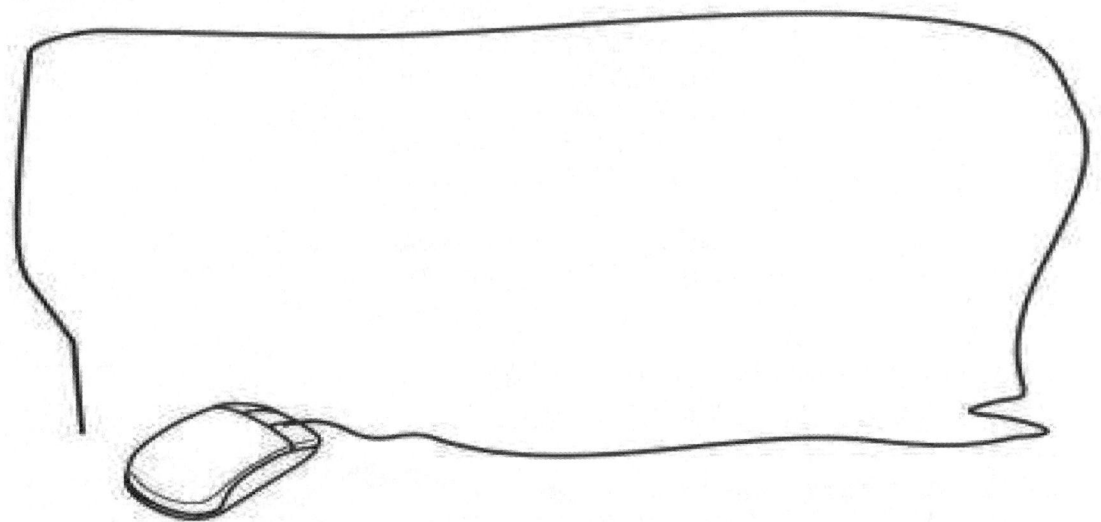

由于结果集中出现了重复的字段，因此在写查询语句时应当将这些重复的列去掉，此时应在 SELECT 子句中直接写出所需要的列名，而不是写上 SELECT *。而且由于连接后的表中有重复的列名（如学生表和选课表中都有学号列），因此应在连接条件中对重复列加上前缀限制（如学生表.学号或选课表.学号）。

如果要去掉图 6.62 所示查询结果中的重复列，则可用图 6.63 所示的查询语句。

```
SELECT 学生表.学号, 姓名, 性别, 班级, 年龄, 课程号, 成绩
FROM 学生表 INNER JOIN 选课表 ON 学生表.学号=选课表.学号
```
```
SELECT 学生表.学号, 姓名, 性别, 班级, 年龄, 课程号, 成绩
FROM 学生表, 选课表
WHERE 学生表.学号=选课表.学号
```

图 6.63 去掉图 6.62 所示查询结果中的重复列

【例 6.22】 查询已经选修了 4 号课程的学生的信息。

可用图 6.64 所示的查询语句，执行结果如图 6.65 所示。

```
SELECT 学生表.*
FROM 学生表 INNER JOIN 选课表 ON 学生表.学号=选课表.学号
WHERE 选课表.课程号=4
```
```
SELECT 学生表.学号, 姓名, 性别, 班级, 年龄, 课程号, 成绩
FROM 学生表, 选课表
WHERE 学生表.学号=选课表.学号 AND 选课表.课程号=4
```

图 6.64 查询已经选修了 4 号课程的学生的信息

	学号	姓名	性别	班级	年龄
1	1031231	张小燕	F	GZ02电气2	21
2	2011106	王里桂	F	GZ02机制1	21
3	2011114	胡建杰	M	GZ02机制1	20
4	2011115	陈建华	M	GZ02机制1	22
5	2011117	倪海萍	M	GZ02机制1	20
6	2011118	毕元成	F	GZ02机制1	19
7	2011128	倪鹏冕	M	GZ02机制1	20
8	2011135	周宏贵	F	GZ02机制1	19
9	2011164	陈荣强	M	GZ02机制1	18
10	2011165	郭雷	F	GZ02机制1	19
11	2011209	陈汉远	F	GZ02机制2	21
12	2011211	周华弟	F	GZ02机制2	19

图 6.65　已经选修了 4 号课程的学生的信息

【例 6.23】查询学生的学号、姓名及所选修的课程名与成绩。

可用三表连接查询语句，如图 6.66 所示，执行结果如图 6.67 所示。

```
SELECT 学生表.学号,姓名,课程名,成绩
FROM 学生表 INNER JOIN 选课表 ON 学生表.学号=选课表.学号
INNER JOIN 课程表 ON 选课表.课程号=课程表.课程号
```

```
SELECT 学生表.学号,姓名,课程名,成绩
FROM 学生表,课程表,选课表
WHERE 学生表.学号=选课表.学号 AND 课程表.课程号=选课表.课程号
```

图 6.66　三表连接查询语句

	学号	姓名	课程名	成绩
1	1031231	张小燕	关系数据库应用	99
2	1031231	张小燕	Python语言基础	60
3	1031231	张小燕	大数据分析技术	50
4	1031231	张小燕	数据采集与预处理	88
5	1031232	张张	关系数据库应用	100
6	1031232	张张	Python语言基础	63
7	1031232	张张	大数据分析技术	58
8	1031233	陈毓兰	关系数据库应用	100
9	2011101	方彩峰	关系数据库应用	85
10	2011102	张叶	关系数据库应用	81
11	2011102	张叶	Python语言基础	97
12	2011102	张叶	大数据分析技术	66

图 6.67　三表连接查询的执行结果

【例 6.24】查询选修了 3 门课程的学生的学号、姓名。

可用图 6.68 所示的连接查询语句，执行结果如图 6.69 所示。

第 6 章　SQL 查询

```
SELECT  学生表.学号,姓名
FROM  学生表  INNER JOIN   选课表  ON  学生表.学号=选课表.学号
GROUP BY  学生表.学号,姓名
HAVING    COUNT(课程号)=3
```

```
SELECT  学生表.学号,姓名
FROM  学生表,选课表
WHERE  学生表.学号=选课表.学号
GROUP BY  学生表.学号,姓名
HAVING    COUNT(课程号)=3
```

图 6.68　查询选修了 3 门课程的学生的学号、姓名

图 6.69　选修了 3 门课程的学生的学号、姓名

📝 记一记：请记录本部分学习的重难点。

🧍 动一动：按要求用内连接查询完成下列题目。

- 学生表(学号,姓名,性别,班级,年龄)。
- 课程表(课程号,课程名,教师,周课时数,备注)。
- 选课表(学号,课程号,成绩)。

① 查询考试成绩大于 95 分的学生的学号、姓名；
② 查询计算机系学生的课程门数；
③ 查询平均分大于 60 分的学生的学号、姓名；
④ 查询关系数据库应用课程缺考的学生的学号、姓名。

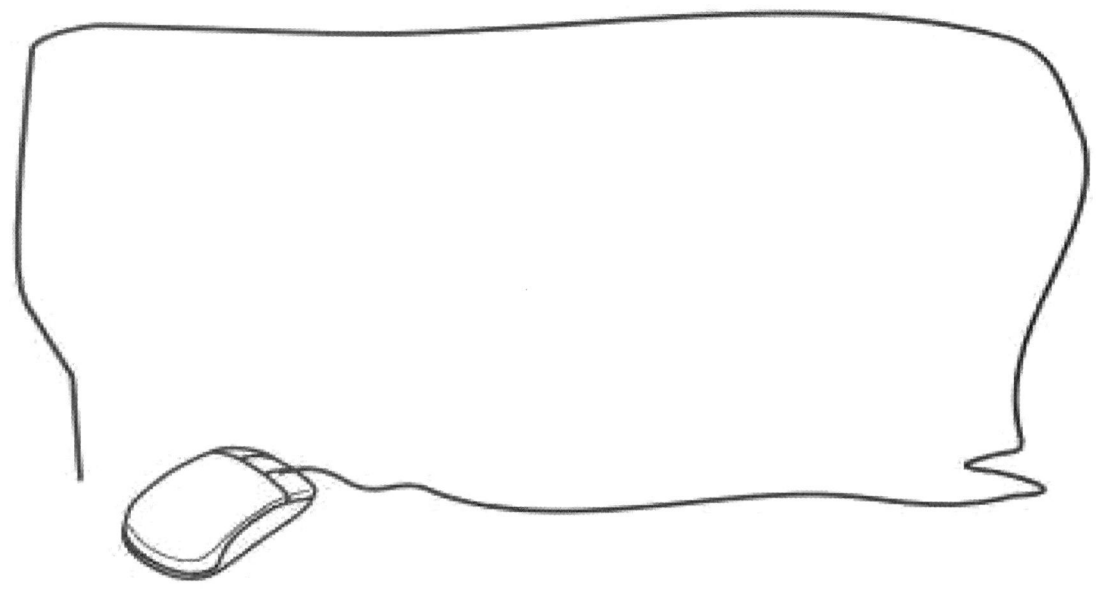

6.3.3 自连接查询

如果在一个连接查询中，涉及的表是同一个表，则这种查询被称为自连接查询。同一个表在 FROM 子句中多次出现，为了区别该表的每一次出现，需要为表定义一个别名。表别名的定义格式如下。

```
FROM  表名  AS  别名
```

注意：在为表指定了别名之后，当查询语句中的其他地方用到该表名时，都应使用其别名，而不能使用原表名。

自连接是一种特殊的内连接，它是指相互连接的表在物理上为同一个表，但在逻辑上可以分为两个表。在使用自连接时，必须在逻辑上为表取别名，使之在逻辑上成为两个表。

【例 6.25】检索出学号为 "2021509" 的学生的同班同学的信息。

实现此查询的过程如下。

首先，找到学号为 "2021509" 的学生属于哪个班，这可从学生表中查询得到；然后，找出这个班的所有学生信息，这依然要从学生表中查询得到。可以看出，在此查询中，学生表被使用了两次，所以必须为学生表指定别名，具体的查询语句如图 6.70 所示。

```
SELECT   B.*
FROM  学生表  AS  A   JOIN  学生表  AS   B   ON B.班级=A.班级
WHERE   A.学号=' 2021509'
```

```
SELECT   B.*
FROM  学生表   AS   A,学生表   AS   B
WHERE   A.学号='2021509'   AND   A.班级=B.班级
```

图 6.70　自连接查询语句

执行结果如图 6.71 所示。

图 6.71　自连接查询语句的执行结果

我们可以将自连接理解为在某个表的多个"副本"之间的连接，注意此时一定要用 AS 子句来区分到底是哪个"副本"，即用 AS 指定表的别名。

想一想：将上述例子修改成检索出与学号为"2021509"的学生同班的其他同学的信息，请试着在图 6.70 的基础上进行修改。

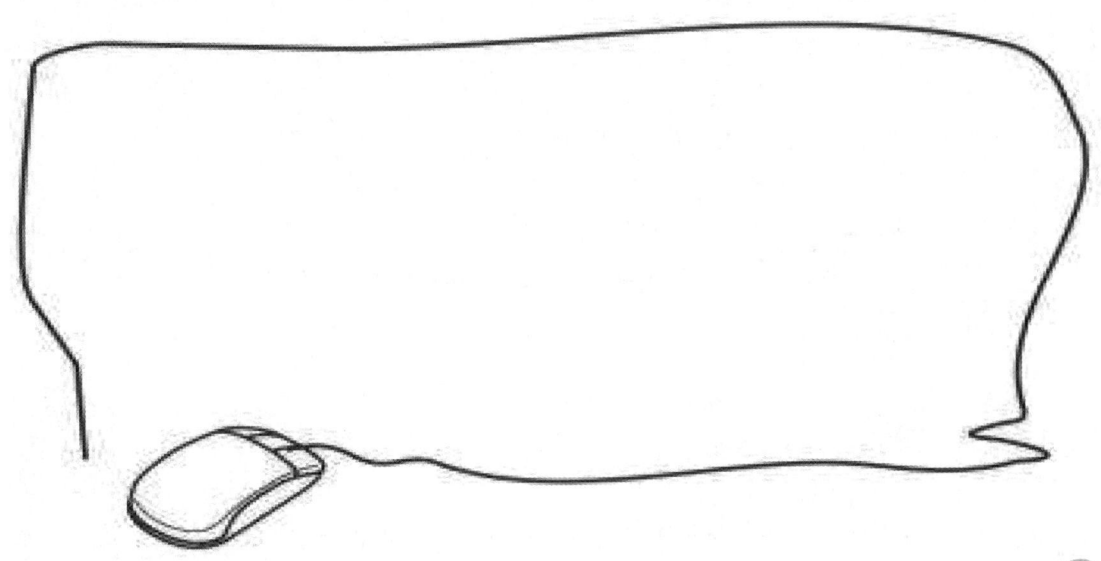

记一记：请记录本部分学习的重难点。

动一动：按要求用自连接查询完成下列题目。

- 学生表(学号,姓名,性别,班级,年龄)。
- 课程表(课程号,课程名,教师,周课时数,备注)。
- 选课表(学号,课程号,成绩)。

① 检索出与学号为"2021626"的学生性别和年龄均相同的学生的信息；
② 检索出与学号为"2021626"的学生性别和年龄均相同的其他学生的信息；
③ 检索出与学号为"2021626"的学生同龄的学生人数。

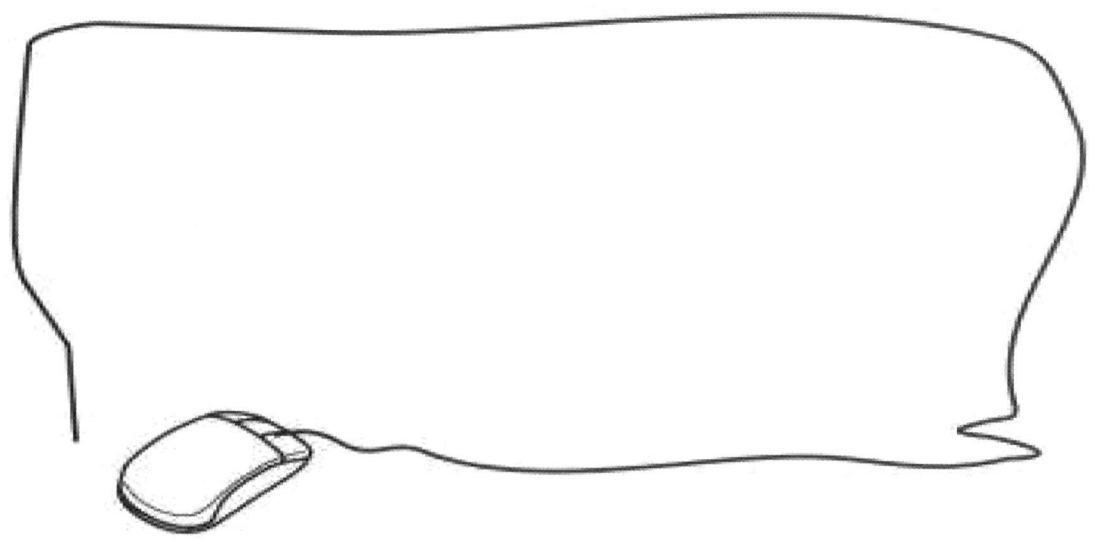

6.3.4 外连接查询

内连接查询的结果都是满足连接条件的元组，但有时我们也希望输出那些不满足连接条件的元组的信息。例如，我们想知道每个学生的选课情况，包括已经选课的学生（这部分学生的学号在学生表中有，在选课表中也有，是满足连接条件的）和没有选课的学生（这部分学生的学号在学生表中有，但在选课表中没有，是不满足连接条件的），这时就需要使用外连接。

外连接查询的关键字为 OUTER JOIN，是只限制一个表中的数据必须满足连接条件，而另一个表中的数据可以不满足连接条件的连接方式。

满足 ANSI 连接的外连接的格式如下。

```
FROM 表 1 LEFT | RIGHT | FULL OUTER JOIN 表 2 ON <连接条件>
```

有三种方式的外连接：左外连接、右外连接、全外连接。

（1）左外连接（LEFT OUTER JOIN）。在连接查询中，如果将连接关键字左端的表（表 1）中的所有元组都列出来，并且能在右端的表（表 2）中找到匹配的元组，那么表示连接成功。如果在右端的表中没能找到匹配的元组，那么对应的元组是空值（NULL）。此时，查询语句使用关键字 LEFT OUTER JOIN。也就是说，左外连接限制连接关键字右端的表（表 2）中的数据必须满足连接条件，而无论左端的表（表 1）中的数据是否满足连接条件，均输出左端表（表 1）中的内容。

（2）右外连接（RIGHT OUTER JOIN）。右外连接查询的含义与左外连接查询的含义类似，只是要将右端表中的所有元组全部列出，使用的关键字是 RIGHT OUTER JOIN。此时，限制左端表的数据必须满足连接条件，而无论右端表中的数据是否满足连接条件，均输出右端表中的内容。

（3）全外连接（FULL OUTER JOIN）。全外连接查询的特点是左、右两端表中的元组都将被列出，如果没能找到匹配的元组，则使用 NULL 来代替。这时使用的关键字是 FULL OUTER JOIN。

【例 6.26】查询所有学生的选课情况，包括已经选课的和还没有选课的学生。

可用图 6.72 所示的查询语句实现。

```
SELECT  学生表.学号, 姓名, 班级, 课程号, 成绩
FROM 学生表  LEFT  OUTER  JOIN 选课表 ON 学生表.学号=选课表.学号
```

图 6.72 查询所有学生的选课情况

执行结果如图 6.73 所示。

	学号	姓名	班级	课程号	成绩
13	2011103	叶光旭	GZ02机制1	NULL	NULL
14	2011104	何忠义	GZ02机制1	NULL	NULL
15	2011105	卢卫平	GZ02机制1	NULL	NULL
16	2011106	王里桂	GZ02机制1	1	69
17	2011106	王里桂	GZ02机制1	2	56
18	2011106	王里桂	GZ02机制1	3	76
19	2011106	王里桂	GZ02机制1	4	76
20	2011108	陈用今	GZ02机制1	NULL	NULL
21	2011109	陈斌	GZ02机制1	NULL	NULL
22	2011111	王华珍	GZ02机制1	1	74

图 6.73 所有学生的选课情况

从图 6.73 中可以看出，有 5 个学生的课程号和成绩为 NULL，这说明他们没有选课。但是，因为进行的是左外连接查询，所以仍将他们显示出来，并在相应的列上设置 NULL。

为了更好地说明外连接查询，这里用另外两个表（图书表和作者表）来举例，如表 6.4 和表 6.5 所示。

表6.4 图书表

图 书 号	书　　名	单　　价
10121123	Internet 技术基础	25
10132112	计算机网络	28
72003210	碧云天	15
22345432	电子技术基础	19

表6.5 作者表

图 书 号	作 者 名
22345432	陈斌
32455776	张叶
67893423	叶光旭
74542324	何忠义

图 6.74 给出了三个外连接查询语句。

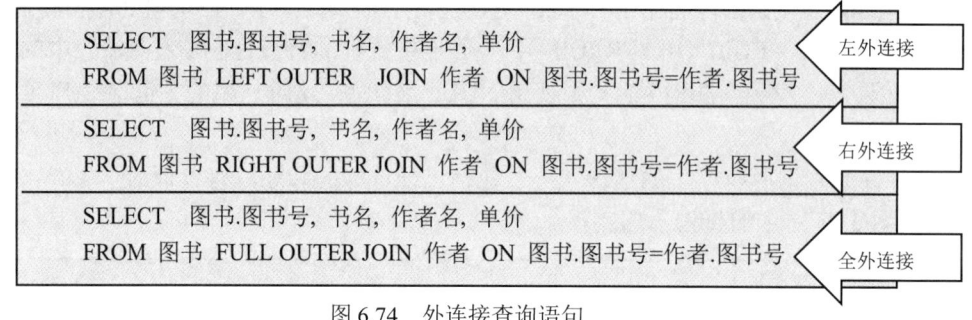

图 6.74 外连接查询语句

执行结果如图 6.75 所示。

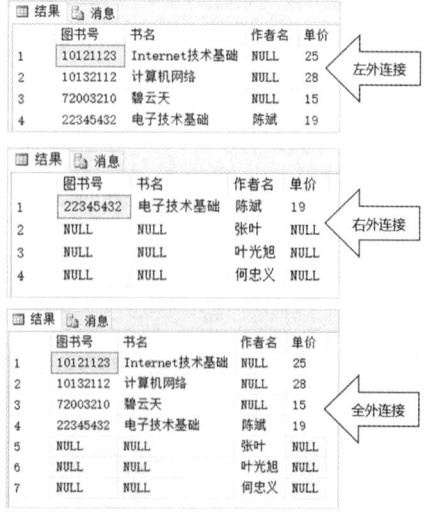

图 6.75 外连接查询语句的执行结果

从图 6.75 中可以看出：
- 在左外连接查询中，左端表中的所有元组信息都得到了保留。
- 在右外连接查询中，右端表中的所有元组信息都得到了保留。
- 在全外连接查询中，所有表中的元组信息都得到了保留。

记一记：请记录本部分学习的重难点。

6.4 子查询

子查询是一系列 SELECT 语句的嵌套使用。SELECT 语句可以嵌套在许多其他的语句中，如 SELECT、INSERT、UPDATE、DELETE 等，这些嵌套的 SELECT 语句称为子查询。子查询可以把一个复杂的查询分解成一系列逻辑步骤，从而用单个语句解决一个复杂的查询问题。当一个查询依赖于另一个查询的结果时，子查询会很有用。

使用子查询时应注意如下内容。
- 子查询要用括号括起来，它一般出现在 SELECT 子句、WHERE 子句、FROM 子句中。
- 只需要一个值或一系列的值，就可以用子查询代替一个表达式。
- 子查询不应在集函数中。
- 子查询中不能包含数据类型是 text 或 image 的字段。
- 子查询中不能使用 compute 或 for browse 语句。
- ORDER BY 子句不能用于子查询，但在指定了 TOP 时可以使用。
- 子查询中也可以包含子查询，但从兼容性考虑，建议嵌套不要超过 32 层。
- 子查询通常是可以和连接查询相互转换的。

子查询不是必需的，连接和集合查询会提供另一种途径。但是子查询是非常重要的，原因如下。

（1）带子查询的语句可读性强。

（2）某些特点问题通过子查询可以变得更加简洁和有效。

6.4.1　将子查询用作派生的表

- 可以用子查询产生一个派生表，并用其代替 FROM 子句中的表。
- FROM 子句中的子查询将返回一个结果集，这个结果集所形成的表将被外层 SELECT 语句使用。
- 派生表是 FROM 子句中子查询的一个特殊用法，用一个别名或用户自定义的名称来引用这个派生表。

将子查询用作派生表的示例如图 6.76 所示，内层查询用子查询产生了一个派生表，外层查询将使用内层查询的结果集。在功能上，派生表本身就等同于一个完整的查询。

```
SELECT   XS.*
FROM  ( SELECT 学号, 姓名, 年龄   FROM   学生表
    WHERE   班级='GZ02 计 6')   AS   XS
```

图 6.76　将子查询用作派生表

执行结果如图 6.77 所示。

结果　消息

	学号	姓名	年龄
1	2021601	陈建	19
2	2021602	沈林玲	20
3	2021603	梅勇斌	21
4	2021604	张德勇	19
5	2021605	梁美丽	18
6	2021606	黄开勋	20
7	2021607	顾雷斌	21
8	2021608	陶岳坤	18
9	2021609	蔡正叶	18
10	2021610	陈海华	19
11	2021611	吴加想	21
12	2021612	楼丽香	19

图 6.77　图 6.76 中的查询语句的执行结果

6.4.2　将子查询用作表达式

子查询可以作为一个标量值来使用，产生标量值的含义就是把子查询的结果作为一个常量来使用。所有使用表达式的地方，都可以用子查询来代替，此时子查询必须返回一个单独的值或某个字段的值。

如果要检索出年龄高于所有学生平均年龄的学生信息，则可用如下语句完成。

```
SELECT  *  FROM  学生表  WHERE  年龄>
(SELECT  AVG(年龄)  FROM  学生表)
```

【例 6.27】查询 GZ02 计 7 班学生的平均年龄及每个学生年龄与平均年龄的差。

可用子查询作为标量来实现，如图 6.78 所示。

```
SELECT 学号, 姓名, 年龄,
        (SELECT  AVG(年龄) FROM 学生表  WHERE 班级='GZ02 计 7') AS 平均年龄,
        年龄-(SELECT  AVG(年龄) FROM 学生表  WHERE 班级='GZ02 计 7') AS 年龄差
FROM   学生表
WHERE    班级='GZ02 计 7'
```

图 6.78　用子查询作为标量

上述查询语句中的子查询如下。

```
(SELECT  AVG(年龄) FROM 学生表
WHERE 班级='GZ02 计 7')  AS 平均年龄
```

该计算结果会作为选择列表中的一个输出列,并作为下面算术表达式的一部分参与计算。

```
年龄-(SELECT AVG(年龄)FROM 学生表
WHERE 班级='GZ02 计 7')AS 年龄差
```

执行结果如图 6.79 所示。

	学号	姓名	年龄	平均年龄	年龄差
1	2021701	江柳明	21	20	1
2	2021702	麻笑爱	18	20	-2
3	2021703	黄国转	19	20	-1
4	2021704	严海梁	21	20	1
5	2021705	梅乐兵	18	20	-2
6	2021706	傅丽芬	20	20	0
7	2021707	杨羽	20	20	0
8	2021708	吴庆邦	18	20	-2
9	2021709	王冬飞	22	20	2
10	2021710	刘赛微	21	20	1
11	2021711	徐阳	19	20	-1
12	2021712	范娟芳	22	20	2

图 6.79　用子查询作为标量的执行结果

当子查询跟在比较运算符（ =、<>、<、<=、>、>= ）之后,或将子查询用作表达式时,子查询只能返回一个单独的值;当返回值多于一个,即返回一列值时,子查询只能跟在关键字 IN、ALL、ANY 后形成集合。

在 SQL Server 中,当子查询返回一个值时,关键字 IN、ALL、ANY 可以用于关系的比较以便生成逻辑值,放在查询语句的 WHERE 子句中形成查询条件。假设 R 为子查询生成的一列值,S 为一个标量值,那么这些涉及关系的运算符如表 6.5 所示。

表 6.5　涉及关系的运算符

运　算　符	描　　　述
S IN R	当且仅当 S 和 R 中的某一个值相等时,条件为真
S NOT IN R	当且仅当 S 和 R 中的任意一个值都不相等时,条件为真
S =ALL R	当且仅当 S 和 R 中的每一个值都相等时,条件为真
S >ALL R S >=ALL R	当且仅当 S 比 R 中的每一个值都大时（大于或等于）,条件为真

续表

运算符	描述
S <ALL R S <=ALL R	当且仅当 S 比 R 中的每一个值都小时（小于或等于），条件为真
S <>ALL R	当且仅当 S 和 R 中的任意一个值都不相等时，条件为真
S =ANY R	当且仅当 S 和 R 中的某一个值相等时，条件为真
S >ANY R S >=ANY R	当且仅当 S 比 R 中的某一个值大时（大于或等于），条件为真
S <ANY R S <=ANY R	当且仅当 S 比 R 中的某一个值小时（小于或等于），条件为真
S <>ANY R	当且仅当 S 和 R 中的任意一个值都不相等时，条件为真

根据表 6.5，还可以将子查询归纳为以下三种形式。
- 带关键字 IN 的子查询。
- 带比较运算符的子查询。
- 带关键字 ANY 或 ALL 的子查询。

1. 带关键字 IN 的子查询

由于子查询的结果是记录的集合，故常使用关键字 IN 来实现。

关键字 IN 用于指定是否在子查询的结果集中。当父查询表达式与子查询的结果集中的某个值相等时，返回 True，否则返回 False。同时，也可以在关键字 IN 之前使用 NOT，表示表达式的值不在查询结果集中。

对于使用关键字 IN 的子查询的连接条件，其语法格式如下。

```
WHERE <表达式> [NOT] IN <子查询>
```

若使用了关键字 NOT IN，则子查询的意义与使用关键字 IN 的子查询的意义相反。

这里为了与连接查询做比较，我们将带关键字 IN 的子查询分为以下两种情况：同一个表中带关键字 IN 的子查询，不同表中带关键字 IN 的子查询。

1）带关键字 IN 的子查询——同一个表

同一个表的情况可以回顾 6.3 节中的【例 6.25】，该查询要求检索出学号为"2021509"的学生的同班同学的信息。图 6.70 所示的查询是用自连接实现的，现在改用带关键字 IN 的子查询，则可用如下查询语句实现。

```
SELECT * FROM 学生表 WHERE 班级 IN
(SELECT 班级 FROM 学生表 WHERE 学号='2021509')
```

这个题目还可以改成：查询与学号为"2021509"的学生同班的其他学生的信息。查询语句如下。

```
SELECT * FROM 学生表 WHERE 班级 IN
(SELECT 班级 FROM 学生表 WHERE 学号='2021509')
AND 学号 < > '2021509'
```

以上查询语句排除了学号为"2021509"的学生的信息。执行结果如图 6.80 所示。

图 6.80 带关键字 IN 的子查询的执行结果

注意：对来自同一个表的查询，将共有的条件作为子查询的桥梁。

2）带关键字 IN 的子查询——不同表

以上介绍的带关键字 IN 的子查询是在同一个表的情况下，可以与自连接相对应，接下来介绍不同表之间带关键字 IN 或者 NOT IN 的子查询。

【例 6.28】检索出 GZ02 计 7 班所选课程中有过不及格的学生的信息。

可使用带关键字 IN 的子查询返回一系列值，如图 6.81 所示。

因为不及格的学生不止一个，所以子查询返回的值为一系列值，此时将子查询的结果放在关键字 IN 之后，一起放在 WHERE 子句中。

```
SELECT   *
   FROM  学生表
   WHERE  学号  IN
    (SELECT  学号  FROM  选课表  WHERE  成绩<60)
   AND  班级='GZ02 计 7'
```

图 6.81 带关键字 IN 的子查询返回一系列值

执行结果如图 6.82 所示。

图 6.82 带关键字 IN 的子查询返回一系列值的执行结果

注意：对来自不同表的查询，将多个表共有的属性作为子查询的桥梁；多表查询要注意嵌套顺序，两表有关联的先写。

以上例子用到了不同表之间的子查询，也可以用连接查询中的内连接实现。

议一议：如何用连接查询改写【例 6.28】，需要注意什么？请思考连接查询与子查询是否都可以互相转换。

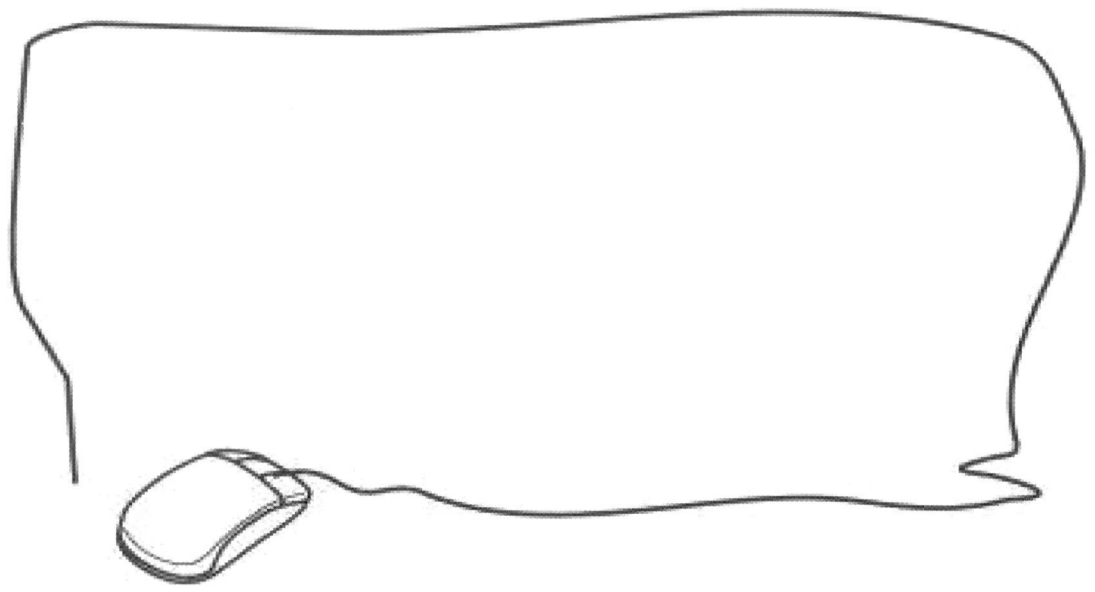

【例 6.29】检索出没有选修 4 号课程的学生的学号、姓名。

可使用带关键字 NOT IN 的子查询语句,如图 6.83 所示。

```
SELECT 学号, 姓名 FROM 学生表
WHERE 学号 NOT IN
(SELECT 学号 FROM 选课表 WHERE 课程号='4')
```

图 6.83 带关键字 NOT IN 的子查询语句

执行结果如图 6.84 所示。

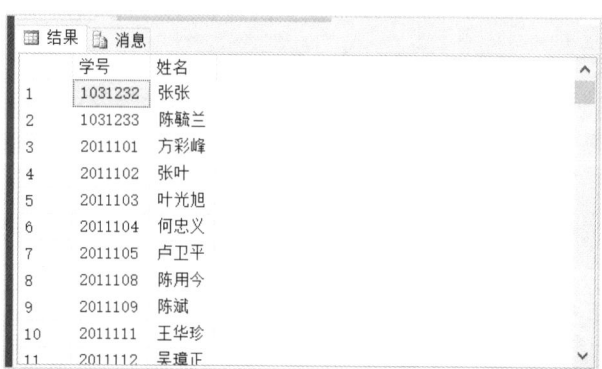

图 6.84 带关键字 NOT IN 的子查询语句的执行结果

 想一想:如果用以下的连接查询语句来实现上述例子,是否可以?请说明理由。

```
SELECT 学生表.学号, 姓名 FROM 学生表, 选课表
WHERE 学生表.学号=选课表.学号 AND 课程号 <> '4'
```

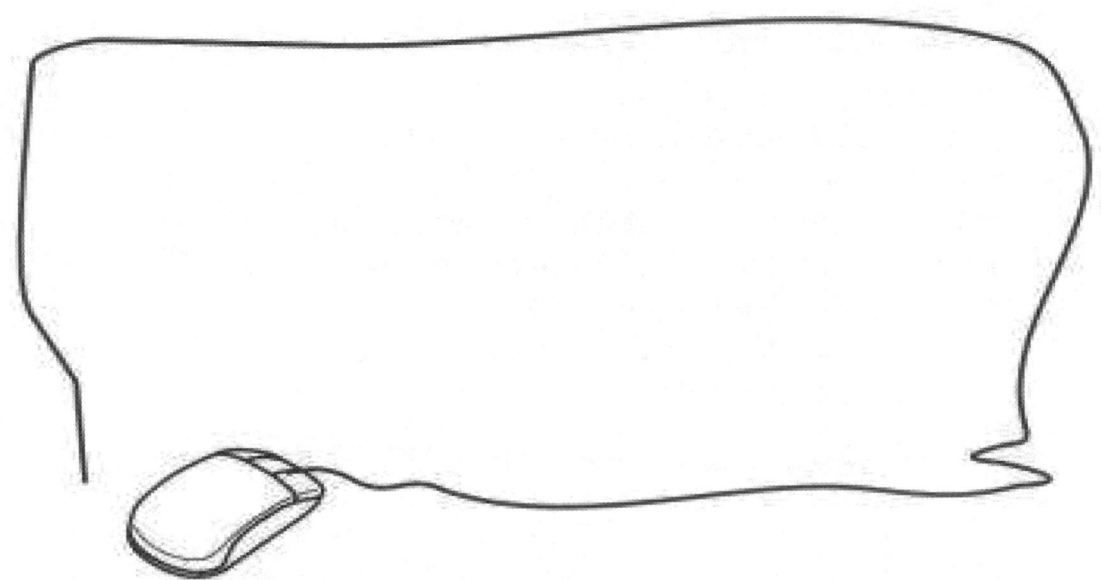

注意：子查询和连接查询大部分情况下可以互相转换，但子查询更加强大，可读性更好。

以上两个例子都是两个表之间的查询，也可以是三个表乃至多个表，"学生示例数据"暂时只设定了三个表，接下来一起来分析这三个表之间的子查询。

【例 6.30】检索出选修了"关系数据库应用"课程的学生的学号、姓名。

可使用两个子查询嵌套语句来实现，如图 6.85 所示。

```
SELECT 学号, 姓名
FROM 学生表
WHERE 学号 IN
(SELECT 学号  FROM 选课表 WHERE 课程号 IN
(SELECT 课程号  FROM 课程表 WHERE 课程名='关系数据库应用'))
```

图 6.85　两个子查询嵌套语句

执行结果如图 6.86 所示。

	学号	姓名
1	2063126	白海勇
2	2066104	白蕾
3	2021628	包海明
4	2071224	包剑
5	2021805	包立业
6	2051642	包利芳
7	2064101	包晓丹
8	2065123	鲍明权
9	2011118	毕元成
10	2042131	蔡国东

图 6.86　两个子查询嵌套语句的执行结果

注意：子查询每嵌套一层，就多一个括号；多表查询要注意嵌套顺序，两表有关联的先写。

动一动：按要求用子查询完成下列题目。
- 学生表(学号,姓名,性别,班级,年龄)。
- 课程表(课程号,课程名,教师,周课时数,备注)。
- 选课表(学号,课程号,成绩)。

（1）检索出与"关系数据库应用"课程周课时数相同的课程信息。
（2）检索出与"关系数据库应用"课程周课时数相同的其他课程信息。
（3）检索出4号课程成绩大于80分的学生信息。
（4）检索出"关系数据库应用"成绩大于80分的学生信息。
（5）检索出没有选修"关系数据库应用"的学生的学号、姓名。

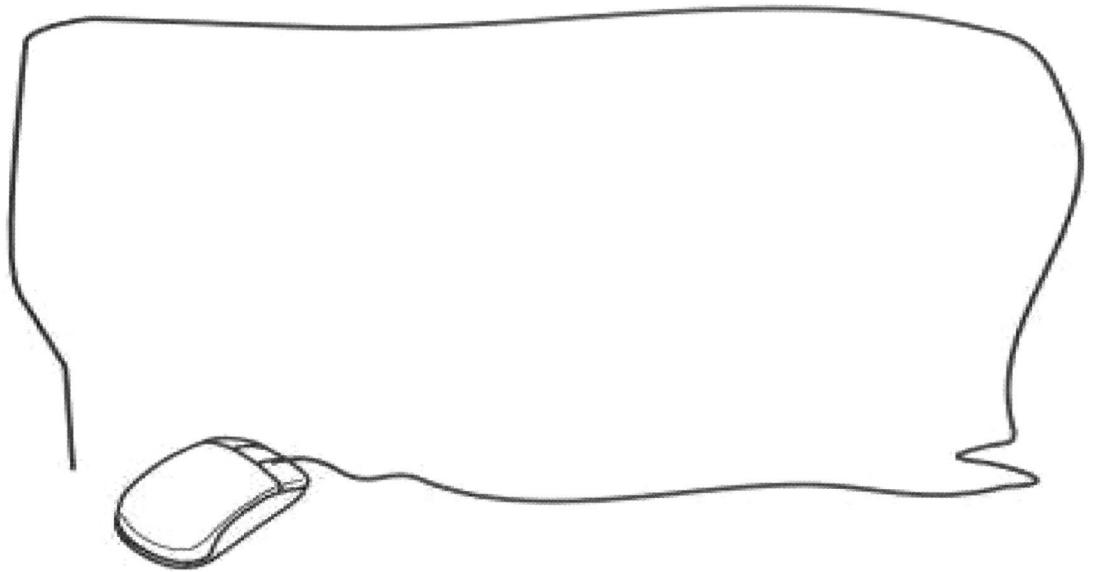

2．带比较运算符的子查询

当能确切知道内层查询返回一个单独的值时，可用比较运算符（>，<，=，>=，<=，!=或<>），它通常与关键字 ANY 或 ALL 配合使用。

当子查询返回 0 行或比较运算符对于子查询返回的每一行都是 True 时，则返回 True；若比较运算符对于子查询返回的至少一行是 False，则返回 False。

【例 6.31】 查询选修 1 号课程且成绩高于"包海明"的学生的学号、成绩。

可使用图 6.87 所示的带比较运算符的子查询语句实现。

```
SELECT 学号,成绩
FROM 选课表
WHERE 课程号='1'AND 成绩 >
(SELECT 成绩 FROM 选课表 WHERE 课程号='1' AND 学号 =
(SELECT 学号 FROM 学生表 WHERE 姓名='包海明'))
```

图 6.87 带比较运算符的子查询语句

执行结果如图 6.88 所示。

第 6 章 SQL 查询

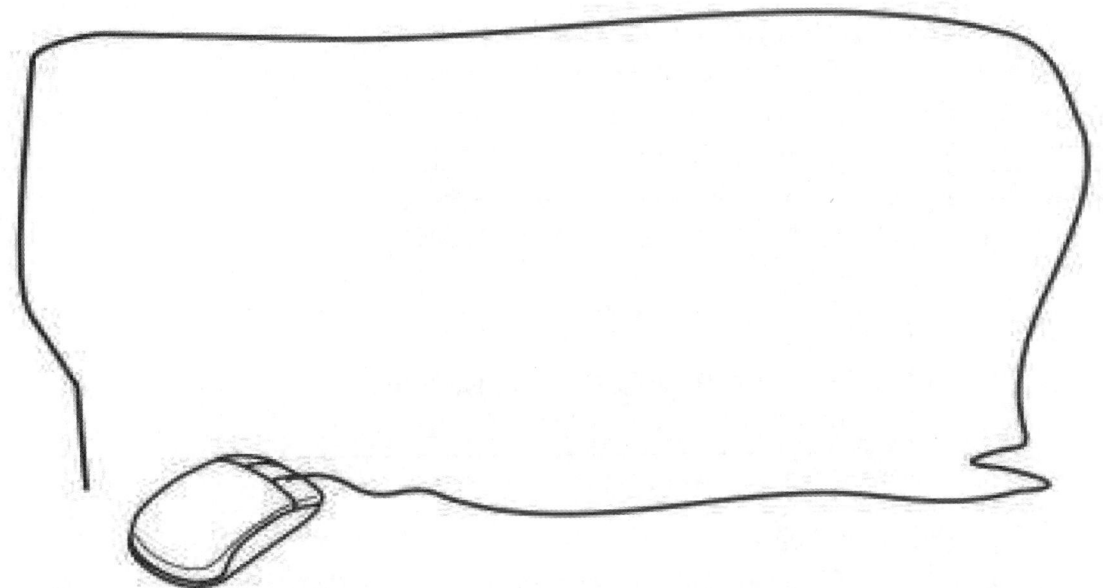

图 6.88 带比较运算符的子查询语句的执行结果

想一想：如果将上述例子中的学生姓名换成"徐阳"，该查询语句中是否还可以使用比较运算符"="？如果不行，请说明理由，并做相应修改。

注意：只有在子查询结果返回一个单独的值时方可用比较运算符"="，如果不止一个值，那么要用关键字 IN 来代替"="；子查询一定要跟在比较运算符之后。则图 6.87 所示的语句中的嵌套语句，就不能写成如下形式。

(SELECT 学号 FROM 学生表 WHERE 姓名='包海明') = 学号

3. 带关键字 ANY 或 ALL 的子查询

在带 ANY 或 ALL 的子查询中，两者与比较运算符配合使用的相关情况如下。

```
> ANY   大于子查询结果中的某一个值
> ALL   大于子查询结果中的所有值
< ANY   小于子查询结果中的某一个值
< ALL   小于子查询结果中的所有值
>= ANY  大于或等于子查询结果中的某一个值
>= ALL  大于或等于子查询结果中的所有值
<= ANY  小于或等于子查询结果中的某一个值
```

<= ALL 小于或等于子查询结果中的所有值
= ANY 等于子查询结果中的某一个值
= ALL 等于子查询结果中的所有值（通常没有实际意义）
!=（或<>）ANY 不等于子查询结果中的某一个值
!=（或<>）ALL 不等于子查询结果中的任何一个值

1）S 比较运算符 ALL   R

此处的比较运算符可以是=、>、<、>=、<=、<>之一；当子查询返回 0 行或比较运算符对于子查询返回的每一行都是 True 时，则返回 True；若比较运算符对于子查询返回的至少一行是 False，则返回 False。下面给出一个例子以帮助读者理解其用法。

求下面条件表达式的值。

```
WHERE 1000> ALL (SELECT A FROM TEST)
```

其中，设表 TEST 只有一列 A，类型为 Integer。那么：
- 若 TEST 中含有{100,200,300}，则此表达式为 True。
- 若 TEST 中含有{NULL,2000,300}，则此表达式为 False。
- 若 TEST 中没有值，则此表达式为 True。
- 若 TEST 中含有{1000,200,300}，则此表达式为 False。
- 若 TEST 中含有{1000,NULL,3000}，则此表达式为 Unknown。

【例 6.32】检索出比所有女学生年龄都大的男学生的信息。

可使用图 6.89 所示的带关键字 ALL 的子查询语句实现。

```
SELECT  *  FROM 学生表
WHERE 年龄 > ALL
(SELECT 年龄 FROM 学生表 WHERE 性别='F')
AND 性别='M'
```

图 6.89 带 ALL 的子查询语句

执行结果如图 6.90 所示。

	学号	姓名	性别	班级	年龄
1	2011103	叶光旭	M	GZ02机制1	22
2	2011104	何忠义	M	GZ02机制1	22
3	2011109	陈斌	M	GZ02机制1	22
4	2011115	陈建华	M	GZ02机制1	22
5	2011116	叶传玉	M	GZ02机制1	22
6	2011125	吴步华	M	GZ02机制1	22
7	2011131	沈国良	M	GZ02机制1	22
8	2011208	夏邦裕	M	GZ02机制2	22
9	2011215	蒋扬勇	M	GZ02机制2	22
10	2011219	钱建富	M	GZ02机制2	22
11	2011220	陈雪刚	M	GZ02机制2	22
12	2011227	王增强	M	GZ02机制2	22
13	2011235	单文斌	M	GZ02机制2	22
14	2011261	胡一帆	M	GZ02机制2	22

图 6.90 带关键字 ALL 的子查询语句的执行结果

上述题目还可以这么理解：检索出年龄大于最大年龄女学生的男学生的信息。则可以用聚集函数 MAX()来完成，对应的查询语句如图 6.91 所示。

```
SELECT  *  FROM 学生表
WHERE 年龄 >
(SELECT  MAX(年龄)  FROM 学生表 WHERE 性别='F')
AND 性别='M'
```

图 6.91 用聚集函数 MAX()替换带关键字 ALL 的子查询语句

执行结果与图 6.90 一致，这里不再重复截图。

【例 6.33】检索出选课门数最多的学生的学号和姓名。

根据题目可以看出要用带关键字 ALL 的子查询语句来完成，如图 6.92 所示，执行结果如图 6.93 所示。

```
SELECT  学号,姓名 FROM 学生表
WHERE 学号 IN
(SELECT  学号  FROM 选课表
GROUP BY 学号 HAVING COUNT(学号)>=ALL
(SELECT  COUNT(学号) FROM 选课表 GROUP BY 学号))
```

图 6.92 带关键字 ALL 的子查询语句

图 6.93 带关键字 ALL 的子查询语句的执行结果

2）S 比较运算符 ANY R

此处的比较运算符可以是=、>、<、>=、<=、<>之一；若比较运算符对于子查询返回的至少一行是 True，则返回 True；若子查询返回 0 行或比较运算符对于子查询返回的每一行都是 False，则返回 False。

下面给出一个类似的例子以帮助读者理解该用法。

求此条件表达式的值。

```
WHERE 1000> ANY (SELECT  A  FROM  TEST)
```

其中，设表 TEST 只有一列，类型为 Integer。
- 若 TEST 中含有{100,200,300}，则此表达式为 True。
- 若 TEST 中含有{NULL,2000,300}，则此表达式为 True。

- 若 TEST 中没有值,则此表达式为 False。
- 若 TEST 中含有{1000,2000,3000},则此表达式为 False。
- 若 TEST 中含有{1000,NULL,3000},则此表达式为 Unknown。

【例 6.34】检索出哪些班级中有 4 号课程成绩在 95 分以上的学生。

可使用带关键字 ANY 的子查询语句,如图 6.94 所示。

```
SELECT DISTINCT 班级  FROM 学生表
WHERE 学号=ANY
(SELECT 学号 FROM 选课表 WHERE 成绩>95
AND 课程号=4)
```

图 6.94　带关键字 ANY 的子查询语句(1)

执行结果如图 6.95 所示。

	班级
1	GZ02宾馆1
2	GZ02财2
3	GZ02财4
4	GZ02财5
5	GZ02财6
6	GZ02财7
7	GZ02财8
8	GZ02财9
9	GZ02电气1
10	GZ02电子1
11	GZ02电子3
12	GZ02服装2
13	GZ02服装3
14	GZ02国贸1

图 6.95　带关键字 ANY 的子查询语句的执行结果(1)

【例 6.35】检索出其他班级中比"GZ02 计 7"班某一个学生年龄小的学生的信息。

由题可知,检索的是其他班级中年龄小于"GZ02 计 7"班任意一个学生年龄的学生的信息,那么可以用带关键字 ANY 的子查询语句来实现,如图 6.96 所示,执行结果如图 6.97 所示。

```
SELECT  *  FROM 学生表
WHERE 班级<>'GZ02 计 7'  AND 年龄 <ANY
(SELECT 年龄 FROM 学生表 WHERE 班级='GZ02 计 7')
```

图 6.96　带关键字 ANY 的子查询语句(2)

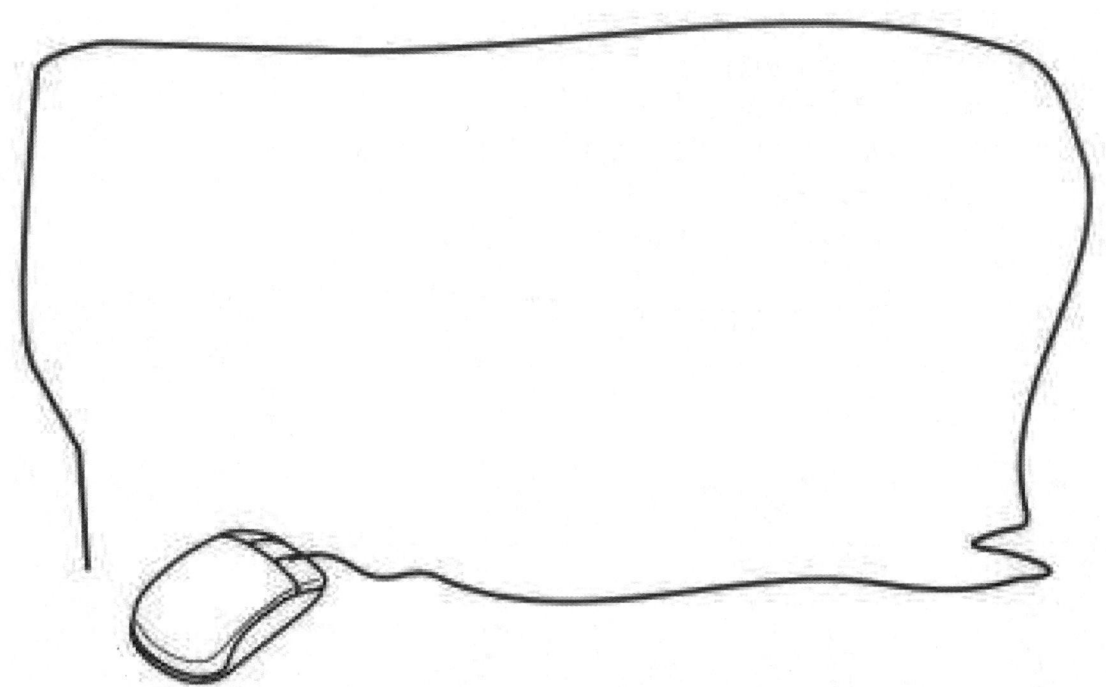

图 6.97 带 ANY 的子查询语句的执行结果（2）

✍ **动一动**：在上述语句中，是否可以用集函数来替代 ANY，参考【例 6.32】，试着在图 6.96 的基础上修改语句以得到同样的结果。

从上面几个例子可以看出，当子查询被用作表达式时，无论是用于比较测试还是基于集合的测试时，都是先执行子查询，再在子查询结果的基础上执行外层查询。子查询都只执行一次，其查询条件不依赖于外层查询，可将这样的子查询称为不相关子查询或嵌套子查询。

✍ **记一记**：请记录本部分学习的重难点。

动一动：要求用子查询完成下列题目。

- 学生表(学号,姓名,性别,班级,年龄)。
- 课程表(课程号,课程名,教师,周课时数,备注)。
- 选课表(学号,课程号,成绩)。

① 查询平均成绩最高的学生的学号；
② 查询 2 号课程成绩大于全校 2 号课程平均成绩的学生的信息；
③ 查询获得 1 号课程最高分的学生的信息；
④ 查询 GZ02 计 6 班中年龄大于或等于全校学生平均年龄的学生的信息。

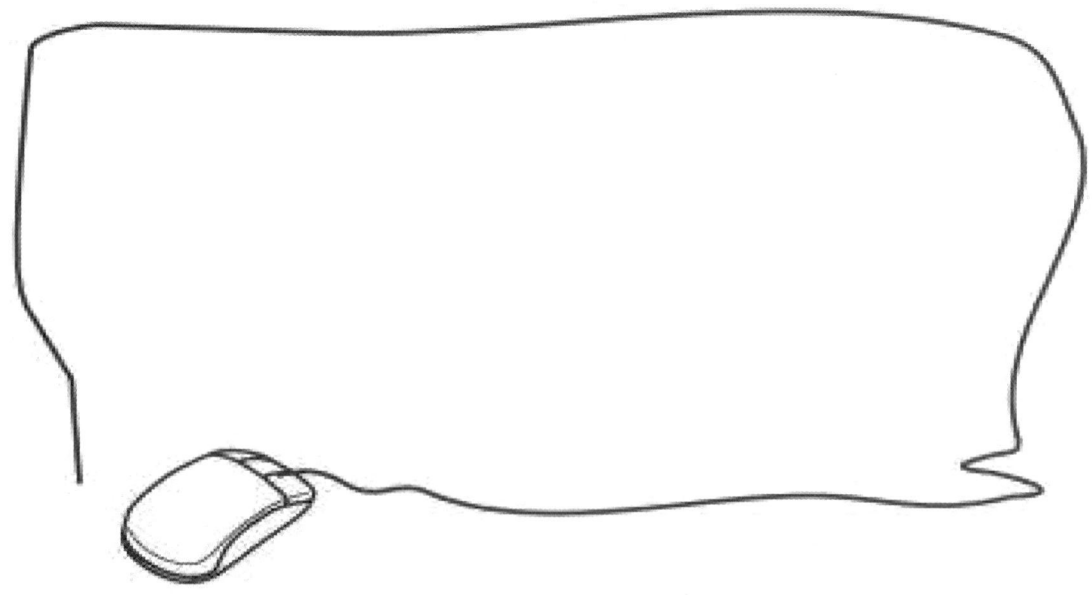

6.4.3 相关子查询

相关子查询可被用作动态表达式，这个表达式的值随着外层查询的每一行而变化。查询处理器为外层查询的每一行记录计算子查询的值，一次一行，而这个子查询每次都会被作为一个表达式而被计算并返回给外层查询。相关子查询是动态执行的子查询和外层查询间的一个非常有效的联合。

使用相关子查询时，内层子查询被反复执行，外层查询有多少记录，内层查询就被执行多少次。

【例 6.36】查询已选修 1 号课程且成绩在 90 分以上的学生的学号及姓名。

可使用图 6.98 所示的查询语句实现。

```
SELECT 学号, 姓名
FROM 学生表
WHERE  90<=( SELECT 成绩 FROM 选课表
          WHERE 学生表.学号=选课表.学号 AND 课程号=1 )
```

图 6.98　查询已选修 1 号课程且成绩在 90 分以上的学生的学号及姓名

下面的步骤描述了图 6.98 所示语句中相关子查询的执行方式。

- 外层查询给内层查询传递一个值。外层查询传递给内层查询的字段值是"学号"，外层查询把学生表中的第一个"学号"值传递给内层查询。
- 内层子查询使用外层查询传递给它的值。学生表的"学号"字段被用来查询选课表中是否有相同的"学号"。如果第一个"学号"与选课表中的某个"学号"匹配，并且这条记录的"课程号"是 1，则内层查询把这个"学号"返回给外层查询；反之，该轮查询结束，由外层查询重新传递一个值给内层查询。
- 内层查询把值返回给外层查询。外层查询的 WHERE 子句进一步查询这个选修了 1 号课程的学生的成绩是否大于或等于 90 分。
- 外层查询的每一行都将重复这样的步骤。外层查询把学生表中的第二个"学号"值传递给内层查询，SQL 将为每一行重复这样的步骤。

在相关子查询中，外层查询与内层查询可以使用同一个表。

【例 6.37】查询同时选修了 4 门课程的学生的学号。

可使用外层查询与内层查询引用同一个表的相关子查询，如图 6.99 所示。

```
SELECT   DISTINCT 学号
FROM   选课表 AS  S1
WHERE   4 = ( SELECT   COUNT(课程号) FROM  选课表 AS   S2
          WHERE   S1.学号=S2.学号 ）
```

图 6.99　外层查询与内层查询引用同一个表的相关子查询

经验证，该查询结果同 6.3 节内连接查询中的图 6.65 所示的查询结果是完全一样的，注意比较这两种方法的不同。从这里也可以看出，相关子查询产生的结果集可以模拟 HAVING 子句产生的结果集。

【例 6.38】检索出每门课程的及格人数与不及格人数，要求按照课程名、及格人数、不及格人数排列。

可使用图 6.100 所示的查询语句来实现。

```
SELECT 课程名,
    (SELECT  COUNT(学号)  FROM  选课表
    WHERE  课程号=课程表.课程号  AND  成绩>=60 ) AS  及格人数,
    (SELECT  COUNT(学号)  FROM  选课表
    WHERE  课程号=课程表.课程号  AND  成绩<60 ) AS  不及格人数
FROM  课程表
```

图 6.100　检索出每门课程的及格人数与不及格人数

执行结果如图 6.101 所示。

	课程名	及格人数	不及格人数
1	关系数据库应用	1067	269
2	Python语言基础	804	186
3	大数据分析技术	535	134
4	数据采集与预处理	291	64

图 6.101　每门课程的及格人数与不及格人数

6.4.4　使用 EXISTS 和 NOT EXISTS 操作符

在相关子查询中可以使用 EXISTS 和 NOT EXISTS 操作符来判断某个值是否存在于一系列的值中。

SQL Server 处理带有 EXISTS 和 NOT EXISTS 操作符的子查询的过程如下。
- 外层查询测试子查询返回的记录是否存在。
- 基于查询所指定的条件，子查询返回 True 或 False。
- 子查询不产生任何数据。

【例 6.39】查询同时选修了 1 号课程和 2 号课程的学生的信息。

可用图 6.102 所示的查询语句实现。

在使用时应注意，带 EXISTS 和 NOT EXISTS 操作符的查询先执行外层查询，再执行内层查询，由外层查询的值决定内层查询的结果，内层查询的执行次数由外层查询的结果数决定。由于 EXISTS 的子查询只能返回逻辑真或逻辑假，因此在这里给出列名是无意义的，所以在有 EXISTS 的子查询中，其选择列表达式通常用 "*"。

```
SELECT  学号,姓名,班级
FROM  学生表
WHERE  EXISTS (SELECT * FROM  选课表
    WHERE  学号=学生表.学号  AND  课程号=1 )
AND  EXISTS (SELECT * FROM  选课表
    WHERE  学号=学生表.学号  AND  课程号=2 )
```

图 6.102　查询同时选修了 1 号课程和 2 号课程的学生的信息

上述查询语句的处理过程如下。

- 找外层表“学生表”的第 1 行，根据其“学号”值处理内层查询。
- 用外层表的“学号”与内层表“选课表”的“学号”进行比较，由此决定外层条件的真假，如果为真，则此记录为符合条件的结果，反之则不输出。
- 顺序处理外层表“学生表”中的第 2、3、4……行。

执行结果如图 6.103 所示。

结果 消息

	学号	姓名	班级
1	1031231	张小燕	GZ02电气2
2	1031232	张张	GZ02电气2
3	2011102	张叶	GZ02机制1
4	2011106	王里桂	GZ02机制1
5	2011111	王华珍	GZ02机制1
6	2011112	吴璋正	GZ02机制1
7	2011113	章鸿燕	GZ02机制1
8	2011114	胡建杰	GZ02机制1
9	2011115	陈建华	GZ02机制1
10	2011117	倪海萍	GZ02机制1

图 6.103 同时选修了 1 号课程和 2 号课程的学生的信息

【**例 6.40**】检索出每一门选修课都及格的学生的信息。

可用图 6.104 所示的查询语句实现，执行结果如图 6.105 所示。

```
SELECT  *
FROM 学生表
WHERE  NOT  EXISTS( SELECT * FROM 选课表
WHERE 学号=学生表.学号 AND 成绩<60)
AND  EXISTS( SELECT * FROM 选课表
WHERE 学号=学生表.学号)
```

图 6.104 检索出每一门选修课都及格的学生的信息

结果 消息

	学号	姓名	性别	班级	年龄
1	1031233	陈毓兰	M	GZ02电气2	20
2	2011101	方彩峰	F	GZ02机制1	21
3	2011102	张叶	M	GZ02机制1	20
4	2011112	吴璋正	F	GZ02机制1	19
5	2011113	章鸿燕	M	GZ02机制1	20
6	2011114	胡建杰	M	GZ02机制1	20
7	2011116	叶传玉	M	GZ02机制1	22
8	2011117	倪海萍	M	GZ02机制1	20
9	2011120	许永强	F	GZ02机制1	21
10	2011121	贾建余	F	GZ02机制1	21

图 6.105 每一门选修课都及格的学生的信息

在这个示例中，查询语句很容易简写成如下形式。

```
SELECT * FROM 学生表 WHERE
```

```
NOT EXISTS(SELECT * FROM 选课表
WHERE 学生表.学号=选课表.学号 AND 成绩<60)
```

想一想：请上机验证上述简写的查询语句，看看有什么不同。

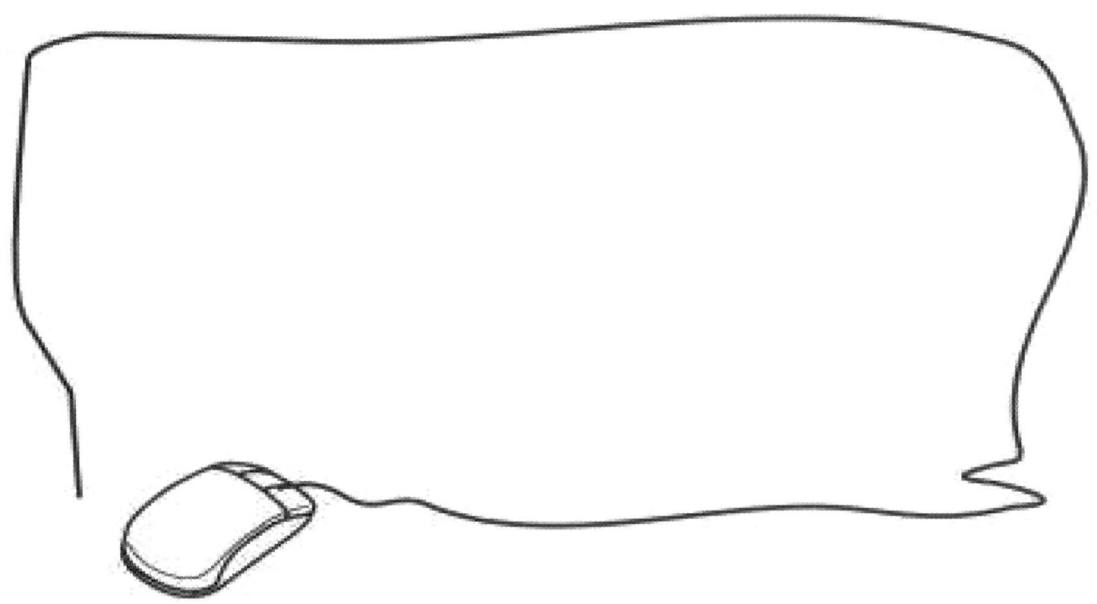

上述简写的查询语句犯了一个逻辑错误，此题还有其他解法，下面给出查询例句，其结果与图 6.104 所示查询语句的结果完全相同。

```
SELECT * FROM 学生表
WHERE 学号 IN(SELECT 学号 FROM 选课表
GROUP BY 学号
HAVING MIN(成绩)>=60)
```

记一记：请记录本部分学习的重难点。

6.5 集合查询

SQL Server 支持集合的并（UNION）运算，执行结果集的查询，即 UNION 操作可以将两个或多个 SELECT 查询结果合并成一个结果集。

集合查询的语法格式如下。

```
SELECT 查询
UNION[ALL]
SELECT 查询
```

需要注意的是，参与并运算操作的两个查询语句，其结果应具有相同的字段个数，以及与对应字段相同的数据类型。

【例 6.41】查询 GZ02 计 5 班女生和 GZ02 计 6 班男生的信息。

可用图 6.106 所示的查询语句。

```
SELECT  *
FROM  学生表
WHERE   班级='GZ02 计 5' AND  性别='F'
UNION
SELECT  *
FROM  学生表
WHERE   班级='GZ02 计 6' AND  性别='M'
```

图 6.106 查询 GZ02 计 5 班女生和 GZ02 计 6 班男生的信息

执行结果如图 6.107 所示。

	学号	姓名	性别	班级	年龄
1	2021501	贾胜红	F	GZ02计5	21
2	2021502	金建娥	F	GZ02计5	21
3	2021504	陈佳	F	GZ02计5	21
4	2021506	林肖霞	F	GZ02计5	21
5	2021512	潘建明	F	GZ02计5	19
6	2021515	潘星云	F	GZ02计5	19
7	2021517	章帆	F	GZ02计5	21
8	2021520	胡晓锋	F	GZ02计5	19
9	2021525	朱顺宽	F	GZ02计5	21
10	2021529	何鑫峰	F	GZ02计5	21
11	2021530	沈阳	F	GZ02计5	21
12	2021602	沈林玲	M	GZ02计6	20
13	2021605	梁美丽	M	GZ02计6	18
14	2021606	黄开勋	M	GZ02计6	20

图 6.107 GZ02 计 5 班女生和 GZ02 计 6 班男生的信息

6.5.1 UNION 与连接的区别

UNION 操作可以把两个查询结果集合并在一起，而不会引起列的变化；连接操作可以根据连接条件对两个表的列进行比较，并将两个表指定的列连接在一起。简单来讲，UNION 操作将两个或多个查询结果进行横向结合，而连接操作将两个或多个表及查询结果进行纵向结合。UNION 操作的各查询结果中的列，其数量与顺序必须相同，而连接操作无此要求。

6.5.2 UNION 中使用关键字 ALL

在 UNION 操作中使用关键字 ALL，合并的结果包括所有行，不去除重复行，不使用 ALL 则将合并结果中的重复行去除。需要注意的是，在默认情况下，UNION 将从结果集中删除重复的行。

【例 6.42】查询所有女生和 20 岁以内的学生信息。

可在联合查询中使用 ALL，如图 6.108 所示。

```
SELECT   *
FROM  学生表
WHERE   性别='F'
UNION ALL
SELECT   *
FROM  学生表
WHERE   年龄<=20
```

图 6.108 在联合查询中使用 ALL

执行结果如图 6.109 所示。

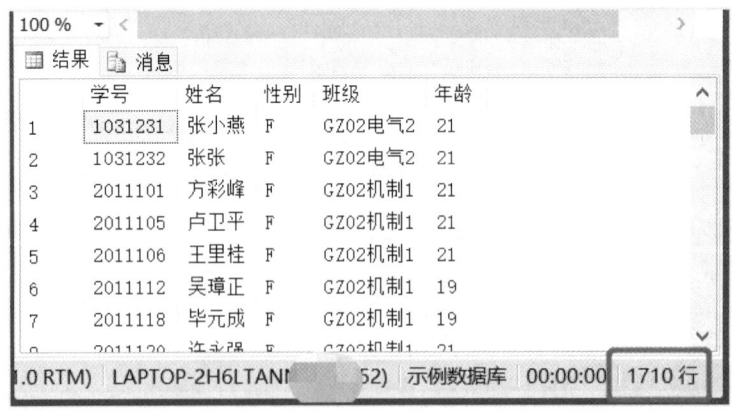

图 6.109 在联合查询中使用 ALL 的执行结果

以上是带 ALL 的联合查询，没有去除重复行，查询结果中有 1710 行记录。大家也可以试一下如果去掉 ALL，查询结果是否一样。

动一动：请先去掉 ALL 关键字再执行，观察结果并写下来。

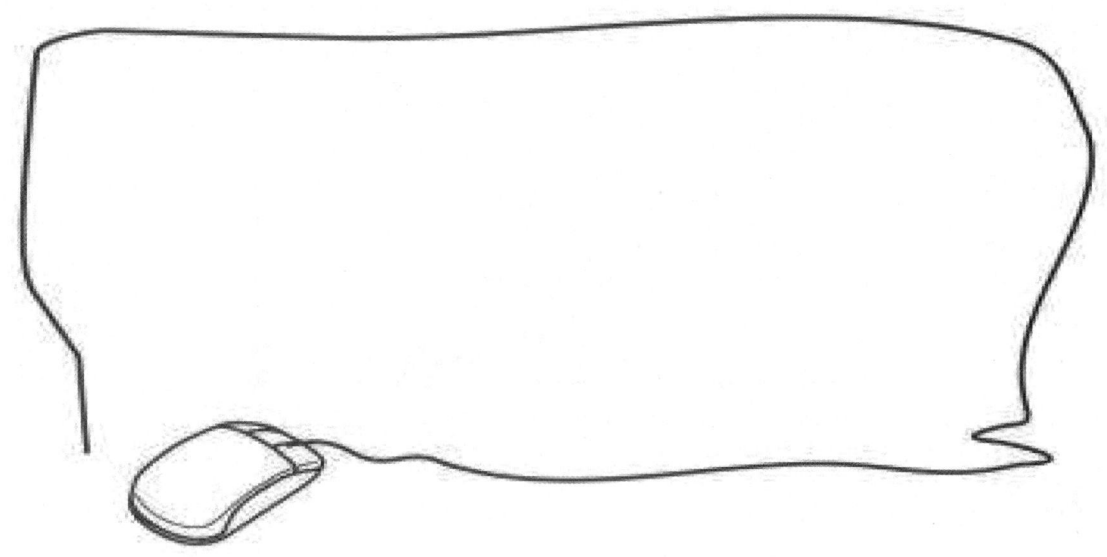

6.5.3 UNION 中的 ORDER BY 子句

在 UNION 操作中，其结果的列标题为第一个查询中的列标题，要对结果进行排序，也必须使用第一个查询中的列标题。对查询结果进行排序，ORDER BY 子句只能位于最后一个查询语句之后，其语法格式如下。

```
SELECT 列名
FROM 表名
WHERE 条件表达式
UNION
SELECT 列名
FROM 表名
WHERE 条件表达式
ORDER BY 排序字段
```

【例 6.43】 查询 19~20 岁的学生的信息，并按学号降序排列。

可在 UNION 中使用 ORDER BY 子句，如图 6.110 所示。

```
SELECT  *
FROM 学生表
WHERE 年龄 BETWEEN 19 AND 20
UNION
SELECT  *
FROM 学生表
WHERE 年龄 BETWEEN 19 AND 20
ORDER BY 学号 DESC
```

图 6.110　在 UNION 中使用 ORDER BY 子句

执行结果如图 6.111 所示。

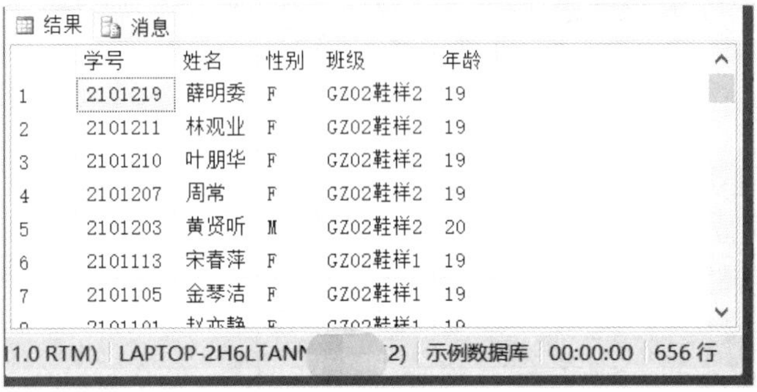

	学号	姓名	性别	班级	年龄
1	2101219	薛明委	F	GZ02鞋样2	19
2	2101211	林观业	F	GZ02鞋样2	19
3	2101210	叶朋华	F	GZ02鞋样2	19
4	2101207	周常	F	GZ02鞋样2	19
5	2101203	黄贤听	M	GZ02鞋样2	20
6	2101113	宋春萍	F	GZ02鞋样1	19
7	2101105	金琴洁	F	GZ02鞋样1	19

图 6.111　在 UNION 中使用 ORDER BY 子句的执行结果

6.5.4　UNION 多次合并操作

UNION 操作的作用是将两个 SELECT 查询结果集进行合并。实际上，一个 SQL 语句可以包括多个 UNION 操作，也就是说可以将多个 SELECT 查询结果合并。

在 6.1 节的【例 6.12】中，要求查询学生表中姓陈、李、刘的学生的情况。如果用 UNION 来写，其语句如下。

```
SELECT  *
FROM 学生表
WHERE 姓名 LIKE '陈%'
UNION
SELECT  *
FROM 学生表
WHERE 姓名 LIKE '李%'
UNION
SELECT  *
FROM 学生表
WHERE 姓名 LIKE '刘%'
```

查询结果与【例 6.12】查询结果一致，如图 6.112 所示。

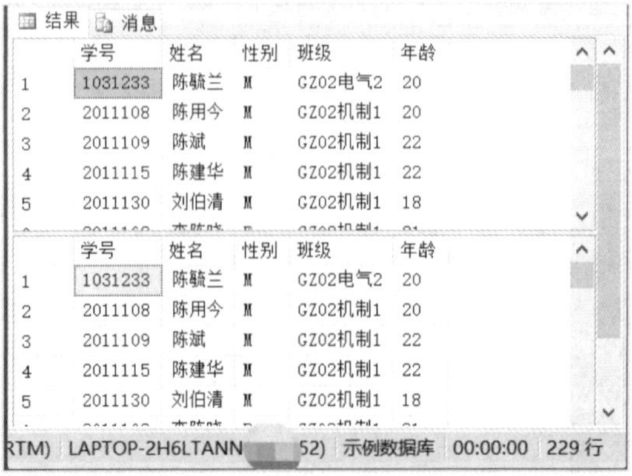

	学号	姓名	性别	班级	年龄
1	1031233	陈毓兰	M	GZ02电气2	20
2	2011108	陈用今	M	GZ02机制1	20
3	2011109	陈斌	M	GZ02机制1	22
4	2011115	陈建华	M	GZ02机制1	22
5	2011130	刘伯清	M	GZ02机制1	18

	学号	姓名	性别	班级	年龄
1	1031233	陈毓兰	M	GZ02电气2	20
2	2011108	陈用今	M	GZ02机制1	20
3	2011109	陈斌	M	GZ02机制1	22
4	2011115	陈建华	M	GZ02机制1	22
5	2011130	刘伯清	M	GZ02机制1	18

图 6.112　使用 UINION 与【例 6.12】的查询结果对比

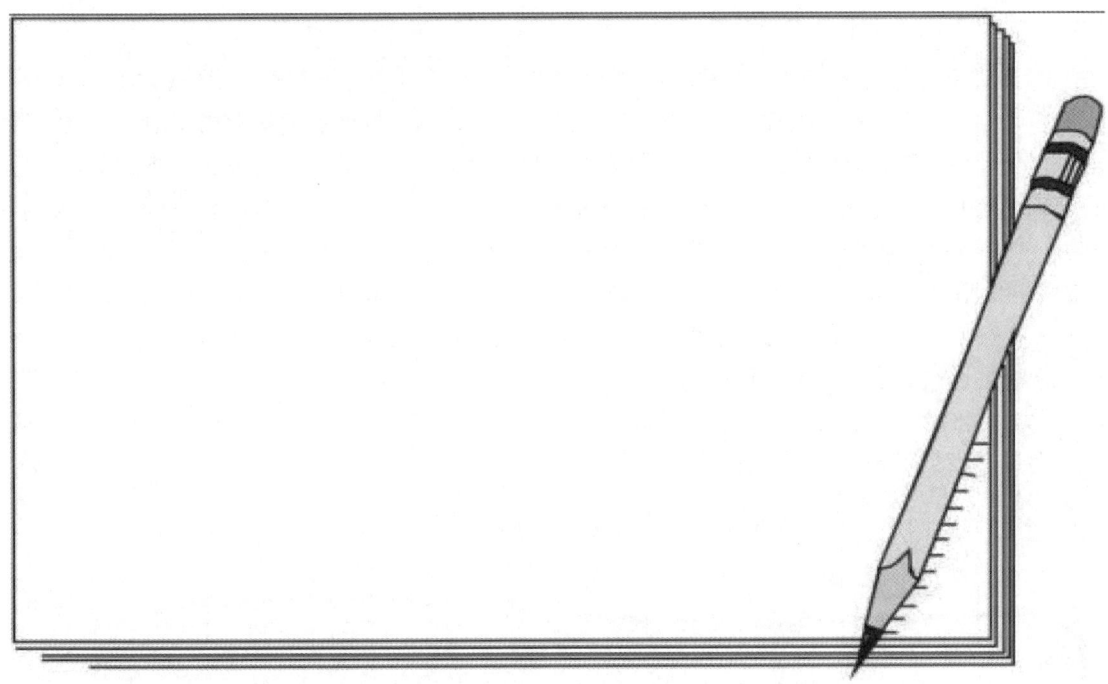

记一记：请记录本部分学习的重难点。

6.6 关于引用 AS 指定的名字的规则

关键字 AS 既可以为列命名，也可以为表命名。引用 AS 指定的名字应遵循如下规则。
- 按照各子句语义上的运算顺序，后算子句可以引用先算子句中 AS 指定的名字。
- 在 SQL 语句中,语义上的运算顺序为 FROM、WHERE、GROUP BY、HAVING、SELECT、ORDER BY。
- 只能由后算子句引用前算子句中 AS 指定的名字，而不能逆转。

【例 6.44】检索出人数超过 40 人的班级及班级人数，并按班级人数从高到低排列。
可用如下查询语句实现。

```
SELECT  班级,COUNT(学号)  AS 班级人数
FROM  学生表
GROUP BY  班级
HAVING  COUNT(学号) > 40
ORDER BY  班级人数
```

此时，在 HAVING 子句之后不可使用"班级人数"这个名字，但在 ORDER BY 子句中可以使用。

6.7 本章小结

本章从 SQL 基本查询语句入手展开介绍，接着引入了更加复杂的查询操作，如聚集查询、连接查询、集合查询及子查询等。详细研究了数据检索技术，数据检索将数据库中的数据提取出来以便使用，是对数据库最重要的对象表的主要操作，也是用户使用最多的操作。从最基本的查询语句开始，分别介绍了单表查询的简单查询技术，包括无条件的查询、有条件的查询、分组、排序等；复杂的查询技术包括连接查询、子查询及集合查询等。SQL 语句之所以具有强大的功能，在于它可以执行涉及多个表的操作，并且可以在查询语句中嵌入 SELECT 语句。在很多情况下，连接查询语句和子查询语句可以互相转换。但是从效率方面来看，连接查询语句的效率远远高于子查询语句的效率。

总之，本章详细讲述了 SQL 的基础知识，使读者对 SQL 有了一个比较系统和整体的认识，为进一步学习 SQL 的高级技能打下良好的基础。

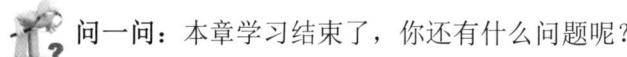问一问：本章学习结束了，你还有什么问题呢？

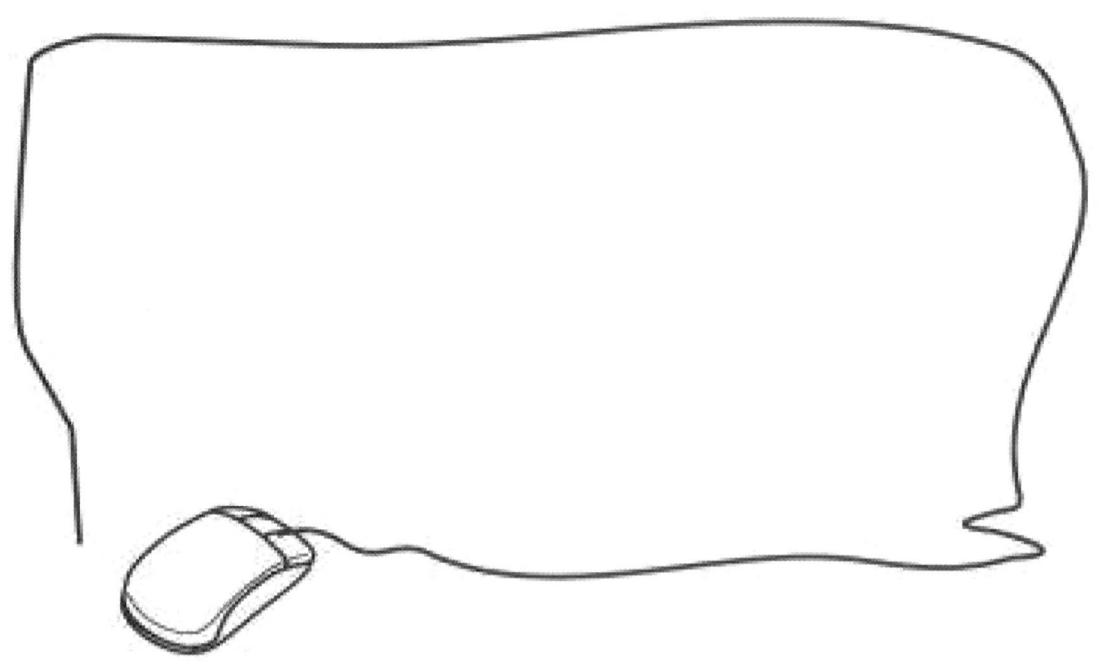

6.8 思政拓展

2020 年 12 月 10 日，习近平总书记在致信祝贺首届全国职业技能大赛举办，强调"大力弘扬劳模精神、劳动精神、工匠精神""培养更多高技能人才和大国工匠"。在长期实践中，我们培育形成了"执着专注、精益求精、一丝不苟、追求卓越"的工匠精神。迈向新征程，扬帆再出发，急需一大批具有工匠精神的劳动者，亟待让工匠精神在全社会更加深入人心。

无论是传统制造业还是新兴制造业，无论是工业经济还是数字经济，工匠始终是中国制造业的重要力量，工匠精神始终是创新创业的重要精神源泉。中国制造、中国创造需要培养更多高技能人才和大国工匠，需要激励更多劳动者特别是青年人走技能成才、技能报国之路，更需要大力弘扬工匠精神，造就一支有理想守信念、懂技术会创新、敢担当讲奉献的庞大产业工人队伍，为经济社会发展注入充沛动力。

大数据的应运而生是新一代互联网技术进一步深刻改变世界的显著标志，蕴藏着无限的能量，意味着又一次伟大的历史机遇，谁能抢占先机，谁就能赢得未来发展的制高点。今天，中国的综合国力前所未有的强大，民族前所未有的团结，经济社会前所未有的繁荣发展，无论是从实力还是心理上都做好了随时抢占新一轮科技革命制高点的准备。中国的发展成就来之不易，对于任何一次改变民族命运、增强国家实力的伟大机遇都必须紧紧抓在手中，哪怕是惊涛骇浪，也须有扼住命运喉咙的决心和勇气。

随着大数据时代的到来，"大数据"和"工匠精神"能擦出怎样的火花呢？如果说，"大数据"是激发经济社会发展的"神经系统"，那么"工匠精神"就是彰显精巧与力量的"筋骨"，两者相结合，必将激发科技创新的无穷潜力，产生新能量新经济。牢牢把握新一轮科技革命带来的重大历史机遇，必须首先掌握其核心关键技术、努力挖掘其潜藏着的无限可能，为经济社会各方面发展服务。而大数据技术的关键在于高性能的计算机芯片、操作系统和互联网技术。

要把握大数据带来的机遇，需要夯实三方面的基础，一是培育、吸引及拥有大量的世界顶尖的互联网及大数据技术领域的科研人才；二是攻克大数据核心技术特别是核心技术芯片、基础操作系统并引领该领域的研究方向；三是培育国人特别是科研人才、技术工人和企业家精益求精、追求创新的"工匠精神"。具备这三个条件，就为赢得未来科技革命的先机奠定了基础。

议一议：你觉得作为一名数据库技术人员，应如何将"大数据"与"工匠精神"融入日常的学习和工作当中？

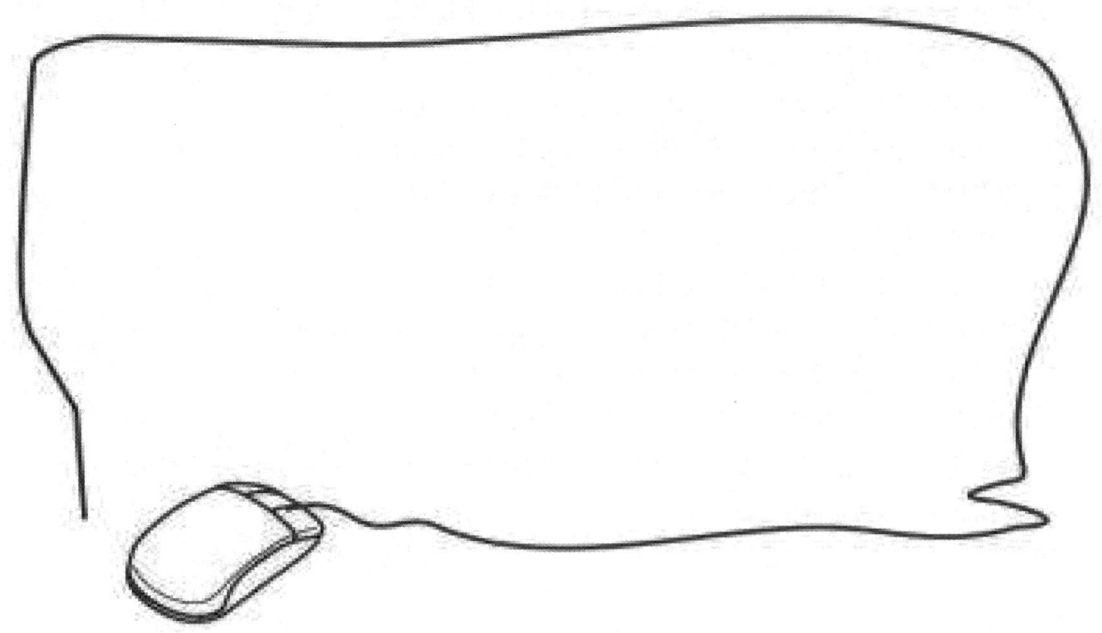

6.9 习题

1. 比较连接查询与子查询的异同点。
2. 基于本章的三个表（学生表，选课表，课程表），写出以下查询语句。

（1）聚集函数——分组。
- 检索出课程表中的信息，并按照周课时数降序排列。
- 列出每个班级的班级人数，并按照人数降序排列。
- 求出学校班级的平均人数。
- 从选课表中按照课程号汇总平均成绩，并按平均成绩从高到低排序。
- 按学号算出每个学生的各门选修课成绩的平均值和最大值。
- 检索出男生人数多于 20 个的班级，并列出班级和男生人数。
- 列出有重名的学生姓名和相应重名学生的个数。

（2）连接。
- 检索出所有选修课 1 号或 2 号课程的 GZ02 计 6 班的学生，列出其学号和选修的课程名称，并列出选修了软件工程这门课的学生信息。
- 检索出年龄和性别都与学号为"2011109"的学生相同的学生信息。
- 按班级汇总各班平均成绩。
- 计算出每门课程的最高分、最低分、平均分，并列出课程名和教师。
- 汇总出每个班级总的课时数（班级每人选课时数的总和）。

（3）非相关子查询。
- 查询一门课都没有选修的学生信息。
- 检索出 GZ02 计 6 班年龄大于或等于全校学生平均年龄的学生信息。
- 列出 1 号课程最高分获得者的信息。
- 检索出选修了"COM 技术"课的学生信息（用子查询）。
- 查询其 2 号课程成绩比所有 1 号课程成绩都低的学生的学号。
- 查询班级人数在全校平均班级人数以上的班级及人数。

（4）相关子查询。
- 检索出只选择了 1 号课程的学生信息（用 EXISTS）。
- 列出每个学生 1~4 号课程的成绩，要求列出学号、姓名和各科成绩（按照学号，姓名，一号成绩，二号成绩，三号成绩，四号成绩排列）。
- 列出教师讲授课程的被选次数，按照老教师排序。
- 检索出每门课的及格人数和不及格人数（按照课程名，及格人数，不及格人数排列）。
- 检索出起码上过两个教师课程的学生。
- 列出每个学生每周的课时数（按照学号，姓名，课时数排列）。

记一记：本章学习结束了，你有哪些收获？

第 7 章

SQL 的高级功能

学习目标

知识目标：掌握视图的概念，创建、查询并管理视图；理解约束的类别和重要性；理解 SQL 的安全性控制策略；理解事务与锁的概念；

技能目标：会进行视图的创建、查询、删除操作；会创建并调用存储过程及设计触发器；

思政目标：树立遵纪守法的意识；树立数据安全意识；培养自主学习能力。

第 5 章与第 6 章分别介绍了 SQL 的概念、特点，数据定义、数据查询和数据操纵，这些几乎是所有数据库语言都可以提供的基本操作，但是仅凭这些特征，SQL 还无法在数据查询语言领域居于主导地位。本章将介绍 SQL 所拥有的视图、约束、触发器等高级功能，正是这些强大的功能和灵活性使得 SQL 具有其他数据库语言无法比拟的地位，也是 SQL 垄断数据库查询语言、成为关系数据库语言国际标准的重要因素。

7.1 视图

我们通常把用 CREATE TABLE 语句创建的表叫作基本表。基本表中的数据实际上是存储在磁盘上的。关系模型有一个重要的特点，那就是 SELECT 语句得到的结果仍然是表的形式，由此引出了视图的概念。

7.1.1 视图的概念

在 SQL 中，视图是一种类表对象，又称衍生表（虚拟表），它并不在物理上包含数据，但是它的定义是永久性的。基本表的数据是实际存在于数据库中的，但视图的数据不是真正存在的。它是存储在数据库中的预先定义好的查询，具有基本表的外观，可以像基本表一样进行存取，但不占据物理存储空间。视图也称为窗口，它是从一个或多个已经存在的基本表逻辑中衍生出的，可以认为是以另一种方式观察现有数据。这样，如果基本表中的数据发生变化，那么视图中查询出的数据也随之变化。图 7.1 所示为视图的基本概念。

第 7 章 SQL 的高级功能

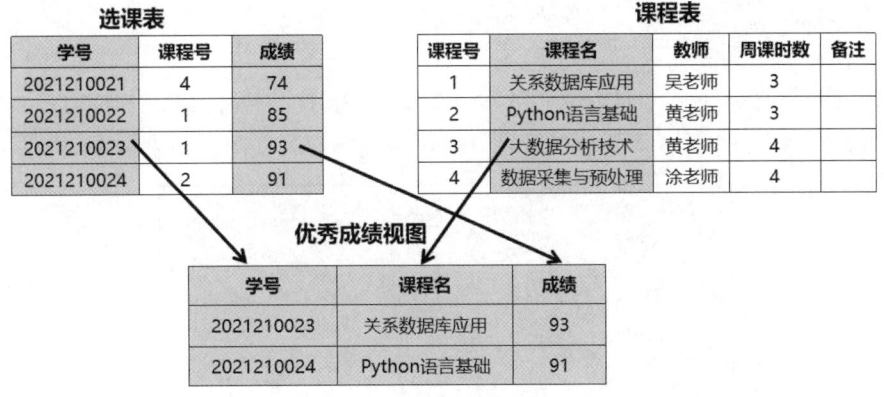

图 7.1 视图的基本概念

视图与基本表的主要区别在于基本表中的数据要消耗物理空间来存储，而视图并不需要物理空间，因为视图中的数据是通过参照基本表而得到的。在数据库中，视图具有和基本表一样的使用方法，既可以像从基本表中查询数据那样从视图中查询数据，又可以对视图中的数据进行操作，尽管会有一些限制，但与直接使用基本表相比，使用视图有许多优点，如下所示。

（1）简化用户的操作，使用户将注意力集中在视图所关联的数据上。

（2）具有灵活性，可以使不同的用户以不同的方式看待同一数据。

（3）能够对机密数据提供安全保护。在设计数据库应用系统时，对不同的用户定义不同的视图，可以使机密数据不出现在不应看到这些数据的用户视图上，自动提供对机密数据的安全保护功能。

（4）为数据库重构提供一定的逻辑独立性。如果只是通过视图来存取数据库中的数据，则 DBA 可以有选择地改变构成视图的基本表，而不用考虑那些通过视图引用数据的应用程序的改动。

在关系数据库中，数据库的重构是不可避免的。数据库重构最常见的情况，是把一个基本表分成多个基本表，在这种情况下，可以通过修改视图的定义来使其适应这种变化。由于应用程序从视图中提取数据的方式和数据类型不变，所以就避免了应用程序的频繁改动。

7.1.2 视图的定义

视图是根据对基本表的查询定义的。定义视图实际上就是数据库执行定义该视图的查询语句。视图可以建立在基本表上，也可以建立在其他视图上，即可以在一个视图上再定义另一个视图。

定义视图的 SQL 语句为 CREATE VIEW，其基本格式如下。

```
CREATE VIEW <视图名> [(视图列名表)]
AS  子查询语句
```

其中，子查询语句可以是任意的复杂 SELECT 语句，但在定义视图时，要么指定全部属性列，要么全部省略不写，而不能只写视图的部分属性列。如果省略了视图的属性列名，则视图的列名与子查询列名相同。但在以下三种情况下必须明确指定全部列名。

- 某列不是单纯的属性名而是计算函数或列表达式。

- 多表连接时选出几个同名列作为视图的字段。
- 需要在视图中为某列选用新的更合适的列名。

另外,视图定义中的子查询语句通常不包含 ORDER BY 子句和 DISTINCT 关键字。

【例 7.1】创建 GZ02 计 5 班男生的视图,可用定义单源表视图语句来完成,如图 7.2 所示。

```
CREATE   VIEW   XS_M
AS
SELECT   学号, 姓名, 年龄
FROM   学生表
WHERE   班级='GZ02 计 5'   AND   性别='M'
```

图 7.2　定义单源表视图语句

图 7.2 所示的视图定义语句的数据取自一个基本表的部分行和列。用这种方法定义的视图可以对数据进行查询和修改。

注意:DBMS 执行 CREATE VIEW 语句只是保存视图的定义,并不执行其中的 SELECT 语句,只有在对视图执行查询操作时,才按视图的定义从相应的基本表中查询数据。

【例 7.2】创建 GZ02 计 5 班中选修了 1 号课程的学生的视图,可用图 7.3 所示的语句来完成。

```
CREATE   VIEW   XS_1(学号, 姓名, 成绩)
AS
SELECT   学生表.学号, 姓名, 成绩
FROM   学生表,选课表
WHERE   学生表.学号=选课表.学号
AND   班级='GZ02 计 5' AND   课程号=1
```

图 7.3　创建 GZ02 计 5 班中选修了 1 号课程的学生的视图

图 7.3 所示的子查询语句使用了多个表,用这种方法定义的视图一般只用于查询,而不用于修改数据。

【例 7.3】将每个学生的学号及平均成绩存放在一个名为 S_G 的视图中,可使用含分组统计信息的视图语句来完成,如图 7.4 所示。

```
CREATE   VIEW   S_G(学号, 平均成绩)
AS
SELECT   学号, AVG(成绩)
FROM   选课表
GROUP   BY   学号
```

图 7.4　含分组统计信息的视图语句

注意:图 7.4 所示的语句含有 GROUP BY 子句,视图包含了分组统计信息,这样的视图只用于查询,而不用于修改数据。

动一动：创建视图 view_avg，视图内容为 GZ02 计 5 班每个学生的平均成绩，并按照从高到低排序。请写出对应的 SQL 语句。

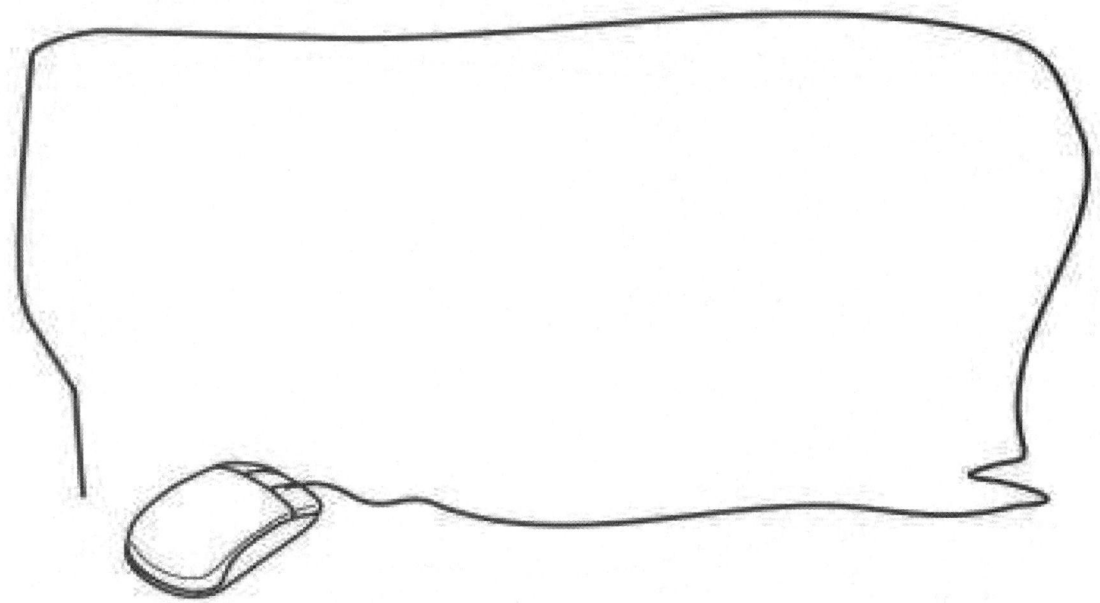

7.1.3 视图的查询

在定义视图之后，就可以对视图进行查询了。对视图的查询与对基本表的查询非常类似，只是查询的对象不同而已。

【例 7.4】查询视图 S_G 的信息，可用图 7.5 所示的查询语句。

图 7.5 查询视图 S_G 的信息

此时，完全把视图看作表。执行结果如图 7.6 所示。

	学号	平均成绩
1	1031231	74.25
2	1031232	73.6666666666667
3	1031233	100
4	2011101	85
5	2011102	81.3333333333333
6	2011106	69.25
7	2011111	69
8	2011112	79.3333333333333
9	2011113	77
10	2011114	86.25
11	2011115	72.75

图 7.6 视图 S_G 的信息

但是，视图中不含通常意义上的元组，视图查询实际上是对基本表的查询，其查询结果是从基本表中得到的,所以,同样的视图查询,在不同的执行时间内可能得到不同的结果,因为在这段时间里,基本表可能发生变化。

动一动:查询视图 view_avg 中的学生学号、姓名、课程名和成绩等信息。

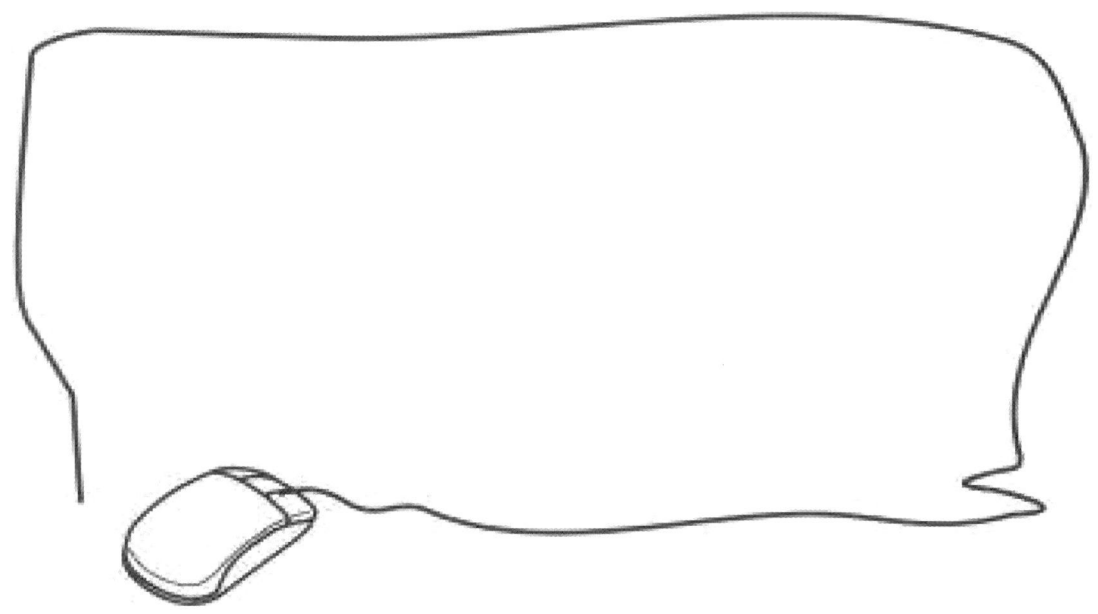

7.1.4 修改视图

视图是一个类表对象,因此我们可以对视图中的数据进行添加、修改、删除(INSERT、UPDATE、DELETE)。但是因为视图本身不包含数据,所以对于这些操作有很多限制,如下所示。

(1)修改(INSERT、UPDATE)视图的数据时,不能同时修改多于一个的基本表,也就是说修改只能作用于一个基本表。

(2)不能修改通过计算得到的列(在视图定义的选择列表中没有使用表达式、聚合函数或 GROUP BY、UNION、DISTINCT 或 TOP)。

(3)如果在创建视图时设定了 WITH CHECK OPTION 选项,那么要保证修改后的数据符合视图定义。

(4)在执行 UPDATE、DELETE 语句时,所作用的行必须包含在视图的结果集中。

(5)如果视图引用多个表,则不允许执行 DELETE 语句。

注意:视图中的数据实际上是不存在的。对视图中数据的任意修改都必须传递到视图的基本表中。

7.1.5 删除视图

与基本表一样,视图也可以根据需要随时删除,删除视图的 SQL 语句的格式如下。

```
DROP VIEW <视图名>
```

【例 7.5】 删除前面定义的视图 S_G，可用图 7.7 所示的语句。

```
DROP   VIEW   S_G
```

图 7.7　删除视图 S_G

在删除视图时应注意，如果被删除的视图是其他视图的数据源，那么在删除了作为数据源的视图之后，导出视图也就无法使用了。同样的道理，如果视图的基本表被删除了，则视图也将无法使用。因此，在删除基本表和视图时一定要注意是否有引用被删除对象的视图，如果有则应同时删除。

7.1.6　利用视图管理数据

在创建视图之后，可以通过视图来处理基表的数据。无论在什么时候对视图的数据进行管理，实际上都是在对视图对应基本表中的数据进行管理。

1. 利用视图查询数据

利用视图查询数据，类似于将视图看作一个基本表并进行数据查询。

【例 7.6】 调用【例 7.3】中的视图 S_G，查询学号为"2021529"的学生信息，可用图 7.8 所示的语句实现，执行结果如图 7.9 所示。

```
SELECT *
FROM S_G
WHERE  学号='2021529'
```

图 7.8　利用视图查询数据的语句

学号	平均成绩
2021529	86.6666666666667

图 7.9　利用视图查询数据的执行结果

2. 利用视图插入数据

利用 INSERT 语句通过视图向基本表中插入数据。但要特别注意的是，由于视图不一定包括表中的所有字段，所以在插入记录时可能会遇到问题。视图中那些没有出现的字段是无法显式插入数据的，若这些字段不接受系统指派的 NULL 值，那么插入操作将失败。

【例 7.7】 向【例 7.1】中的视图 XS_M 插入一个新的学生记录，学号为"2021001"，可用图 7.10 所示的语句实现。

```
INSERT INTO XS_M
VALUES('2021001','张三','20')
```

图 7.10　利用视图插入数据的语句

利用基本查询语句查询学生表，执行结果如图 7.11 所示。

```
SELECT *
FROM 学生表
WHERE 学号='2021001'
```

学号	姓名	性别	班级	年龄
2021001	张三	NULL	NULL	20

图 7.11　利用视图插入数据的执行结果

注意：如果插入的数据不满足条件，则会报错。以下 4 种情况要特别注意。

（1）对于 UPDATE，有 WITH CHECK OPTION，要保证在执行 UPDATE 之后，数据能被视图查询出来。

（2）对于 DELETE，有无 WITH CHECK OPTION 都一样。

（3）对于 INSERT，有 WITH CHECK OPTION，要保证在执行 INSERT 之后，数据能被视图查询出来。

（4）对于没有 WHERE 子句的视图，使用 WITH CHECK OPTION 是多余的。

3．利用视图更新数据

可以利用 UPDATE 语句通过视图更新基本表的数据。

【例 7.8】将视图 XS_M 中学号为"2021519"的学生姓名改为"赵武"，可用图 7.12 所示的语句实现。

```
UPDATE   XS_M
SET 姓名='赵武'
WHERE 学号='2021519'
```

图 7.12　利用视图更新数据的语句

图 7.12 中的语句等价于以下语句。

```
UPDATE 学生表
SET 姓名='赵武'
WHERE 学号='2021519'
```

4．利用视图删除数据

可以利用 DELETE 语句通过视图删除基本表的数据。但对于依赖多个基本表的视图，不能使用 DELETE 语句。

【例 7.9】删除视图 XS_M 中学号为"2021519"的学生记录，可用图 7.13 所示的语句实现。

```
DELETE   FROM   XS_M
WHERE 学号='2021519'
```

图 7.13　利用视图删除数据的语句

图 7.13 中的语句等价于以下语句。

```
DELETE  FROM 学生表
WHERE 学号='2021519'
```

记一记：请记录本部分学习的重难点。

7.2 约束

第 4 章已经介绍过关系模型的数据完整性概念，所谓数据完整性是指数据的正确性和相容性。如每个人的身份证号码必须是唯一的，人的性别只能是"男"或"女"，学生的成绩一般在 0～100 分（百分制），学生所在班级必须是学校中已有的班级等。数据的完整性是为了防止数据库中出现不符合语义的数据，为了维护数据的完整性，数据库管理系统必须提供一种机制来检查数据库中的数据是否满足语义规定的条件。这些加在数据库数据之上的语义约束条件就是数据完整性约束条件，它作为表定义的一部分被存储在数据库中。

在 DBMS 中，实现数据完整性一般是在服务器端完成的。在服务器端实现数据完整性的方法有两种：一种是在定义表时声明数据完整性，另一种是在服务器端编写触发器时实现数据完整性（这部分内容将在 7.4 节中介绍）。本节将介绍如何使用 SQL 语句实现各类约束。

简单地说，约束是指对在一个基本表上进行的 INSERT、UPDATE 或 DELETE 操作的结果设置限制以帮助定义有效值的集合。主要有 6 类约束：主键约束（PRIMARY KEY CONSTRAINT）、外键约束（FOREIGN KEY CONSTRAINT）、默认值约束（DEFAULT CONSTRAINT）、唯一约束（UNIQUE CONSTRAINT）、检查约束（CHECK CONSTRAINT）和非空约束（NOT NULL CONSTRAINT）。定义这些约束形式，可以大大提高表中数据的质量。

7.2.1 主键约束（PRIMARY KEY CONSTRAINT）

表中经常有一列或多列的组合，其值能唯一地标识表中的每一行。这样的一列或多列称为表的主键（也称为主码）。主键约束（PRIMARY KEY CONSTRAINT）用于标识这些列或列集，这些列或列集的值能唯一地标识表中的行，即主键约束可以定义。

使用主键约束应注意以下内容。
- 一个表只能有一个 PRIMARY KEY 约束。
- PRIMARY KEY 约束中的列不能有重复值，也不能接受空值。

一般地，主键约束在 CREATE TABLE 语句中定义（当然也可在 ALTER TABLE 语句中定义）。主键约束可以有以下两种不同的定义方式。
- 如果只有一列作为主键，那么可以在定义表时列出属性，并说明某个属性是主键。
- 如果是一列或多列构成主键，那么可以在表定义中加入额外的说明，即说明某列或列集构成主键。

【例 7.10】在学生表中指定学号字段为主键，可用两种方式定义主键约束语句，如图 7.14 所示。

```
CREATE TABLE 学生表(
学号  INT  PRIMARY KEY,
姓名  CHAR(8),
性别  CHAR(1),
班级  CHAR(10),
年龄  INT )
```

```
CREATE TABLE 学生表(
学号  INT,
姓名  CHAR(8),
性别  CHAR(1),
班级  CHAR(10),
年龄  INT,
 PRIMARY KEY (学号) )
```

图 7.14 两种方式定义主键约束语句

在 ALTER TABLE 语句中添加主键约束的语法格式如下。

```
ALTER TABLE <表名>
ADD CONSTRAINT <约束名>
PRIMARY KEY (<列名>[,... n ])
```

【例 7.11】在课程表的"课程号"字段上增加一个主键约束，此约束的名称为"PK_课程表"，可使用添加单列的主键约束语句，如图 7.15 所示。

```
ALTER TABLE 课程表
ADD  CONSTRAINT  PK_课程表
PRIMARY  KEY (课程号)
```

图 7.15 添加单列的主键约束语句

【例 7.12】将选课表的"学号"字段和"课程号"字段共同构成主键，此约束的名称为"PK_选课表"，可使用添加列集的主键约束语句，如图 7.16 所示。

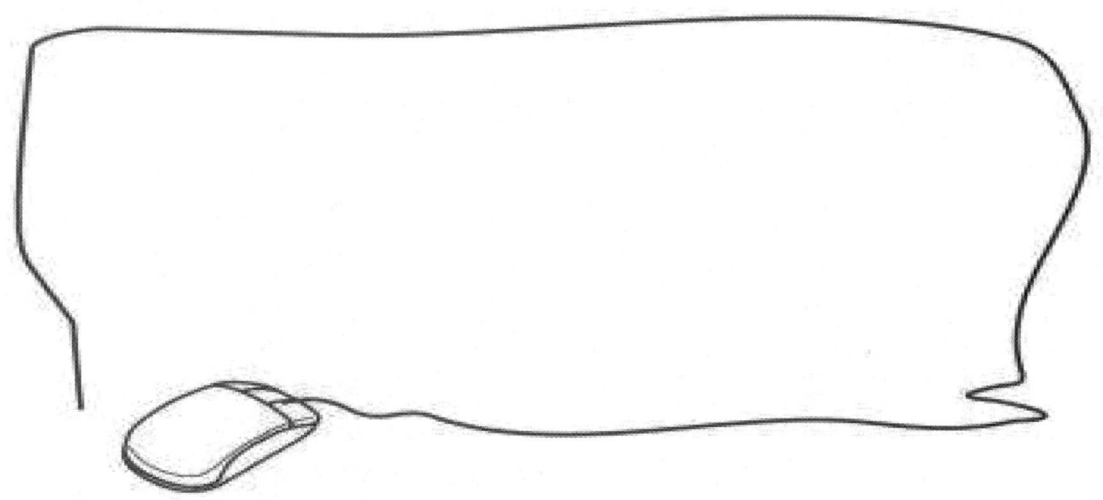

图 7.16 添加列集的主键约束语句

注意：如果主键约束定义在不止一列上，则该列中的值可以重复，但主键约束定义中所有列的组合的值必须是唯一的。

动一动：用 SQL 语句添加一个通讯录表，包括"编号（int）""姓名（varchar(10)）""联系电话（varchar(15)）"属性，并将"编号"设置为主键。

7.2.2 外键约束（FOREIGN KEY CONSTRAINT）

我们已经知道，数据库中存储的数据是客观存在的实体和实体之间的联系。也就是说，存储的信息包括实体本身的信息和实体之间联系的信息。外键（FOREIGN KEY）约束就是存储实体之间联系信息的方式，也是数据库中非常重要的一种约束。

外键是用于建立和加强两个表数据之间链接的一列或多列。通过将表中主键值的一列或多列添加到另一个表中，可以创建两个表之间的链接，该列就成为第二个表的外键。

主键和外键的示例如图 7.17 所示。

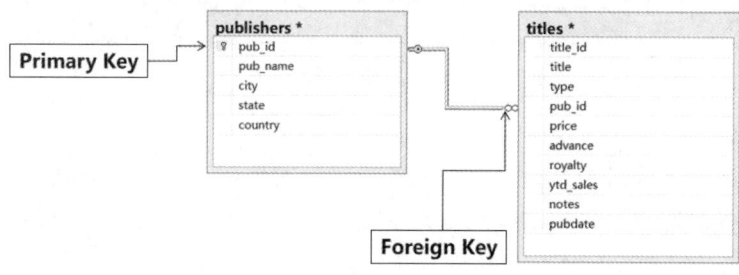

图 7.17 主键和外键示例

在图 7.17 中，pub_id 字段在 publishers 表中定义了主键约束，而在 titles 表中同样有 pub_id，我们在其上定义了外键约束，此约束引用的是 publishers 表中的 pub_id 字段。这样我们就添加了一个表之间的链接，titles 表中任何一行 pub_id 的取值都必须是 publishers 表中 pub_id 字段中存在的值。

1．定义外键约束

外键约束实现了引用完整性。

在添加外键时应注意，外键所引用的列必须是有主键约束或唯一约束的列。FOREIGN KEY 可以引用同一表中的其他列（自引用）。

使用 CREATE TABLE 语句建立外键约束的方法与建立主键约束的方法类似。

【例 7.13】 在选课表的"学号"字段上建立与学生表的"学号"字段的外键约束，并且在选课表的"课程号"字段上建立与课程表的"课程号"字段的外键约束，可用图 7.18 所示的语句完成。

```
CREATE TABLE 选课表(
学号 INT NOT NULL,
课程号 INT NOT NULL,
成绩 FLOAT,
PRIMARY KEY (学号,课程号),
FOREIGN KEY (学号) REFERENCES 学生表(学号),
FOREIGN KEY (课程号) REFERENCES 课程表(课程号))
```

图 7.18　使用 CREATE TABLE 语句建立外键约束

注意：在定义外键时，外键列与引用列的列名可以不同。

添加外键约束的语法格式如下。

```
ALTER TABLE <表名>
ADD CONSTRAINT <约束名>
FOREIGN KEY (<列名>) REFERENCES 引用表名(<列名>)
```

【例 7.14】 在选课表的"学号"字段上建立一个外键约束，此约束的名称为"FK_学号"，引用的是学生表的"学号"字段，可用图 7.19 所示的语句来完成。

```
ALTER TABLE 选课表
ADD CONSTRAINT FK_学号
FOREIGN KEY (学号) REFERENCES 学生表 (学号)
```

图 7.19　添加外键约束示例语句

2．引用行为

尽管外键约束的主要目的是控制存储在外键表中的数据，但它还可以控制主键表中数据的修改。如果试图删除主键表中的行或更改主键值，而该主键值与另一个表的外键约束值相关，则该操作有以下 4 种不同的引用行为（在 SQL Server 中）。

第一种是 NO ACTION。
- ON UPDATE NO ACTION。
- ON DELETE NO ACTION。

此时，该操作不可实现，产生错误并回滚。NO ACTION 是默认行为。

第二种是 CASCADE。
- ON UPDATE CASCADE。
- ON DELETE CASCADE。

例如，在添加外键时，可以在图 7.19 的基础上增加以下语句，即"级联"引用行为，如图 7.20 所示。

```
ALTER TABLE 选课表
ADD CONSTRAINT FK_学号
FOREIGN KEY (学号) REFERENCES 学生表 (学号)
ON UPDATE CASCADE
ON DELETE CASCADE
```

图 7.20 "级联"引用行为

创建好图 7.20 所示的外键约束后，如果要在学生表中删除或更改某个学生的学号，而该学号又恰好在选课表中有选课记录，那么，在删除或更改主键表（学生表）的主键值时，与该外键约束相关的外键表（选课表）中的记录也同时被删除或更改。这种引用行为被称为"级联"。

第三种是 SET NULL。
- ON UPDATE SET NULL。
- ON DELETE SET NULL。

如果试图删除或更新某行，而该行的键被其他表的现有行中的外键所引用，则组成被引用行中的外键的所有值都将被设置为 NULL。但只有目标表的所有外键列可为空值，此约束才可执行。

第四种是 SET DEFAULT。
- ON UPDATE SET DEFAULT。
- ON DELETE SET DEFAULT。

如果试图删除或更新某行，而该行的键被其他表的现有行中的外键所引用，则组成被引用行中的外键的所有值都将被设置为它们的默认值。目标表的所有外键列必须具有默认值定义，此约束才可执行。

如果某列可为空值，并且未设置显式的默认值，则会使用 NULL 作为该列的隐式默认值。因为 ON DELETE SET DEFAULT 或者 ON UPDATE SET DEFAULT 设置的任何非空值在主表中必须有对应的值，才能维护外键约束的有效性。

但是，外键约束仅能引用同一服务器上的同一数据库中的表。数据库间的引用完整性必须通过触发器实现。

记一记：请记录本部分学习的重难点。

🖊 动一动：用 SQL 语句为通讯录表添加外键约束，即设置"编号"为外键，它引用的是学生表的"学号"字段。

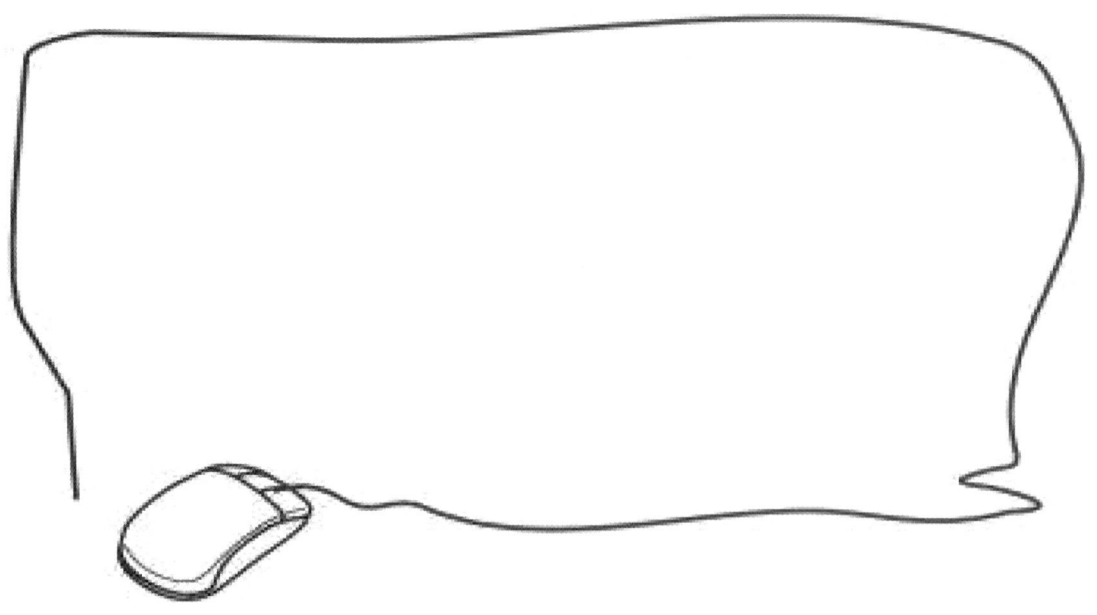

7.2.3 默认值约束（DEFAULT CONSTRAINT）

默认值（DEFAULT）约束指定了列的默认值。也就是说，如果在某个基本表上的某列定义了默认值约束，那么在新增一行时，若不给该列分配值，则系统会自动把该默认值提供给该列，其格式如下。

```
DEFAULT  常量
```

【例 7.15】在前面定义的学生表中，如果为性别列指定一个默认值"M"，则学生表的定义语句如图 7.21 所示。

```
CREATE   TABLE   学生表(
学号    INT,
姓名    CHAR(8),
性别    CHAR(1)DEFAULT 'M' ,
班级    CHAR(10),
年龄    INT )
```

图 7.21 包含了默认值的表定义语句

在向学生表中添加数据时，如果性别为女，则输入"F"，否则，系统自动输入默认值"M"，也就是说，如果性别为男，则不用做任何输入。

如果要向已经建好的表中添加默认约束，其语法格式如下。

```
ALTER   TABLE   <表名>
ADD   [ CONSTRAINT ]   <约束名>
DEFAULT   默认值   FOR   列名
```

【例 7.16】将学生表中年龄的默认值定义为 20，可为此添加 DEFAULT 约束，如图 7.22 所示。

```
ALTER   TABLE   学生表
ADD   CONSTRAINT   DF_AGE
DEFAULT   20   FOR   年龄
```

图 7.22 添加 DEFAULT 约束

注意：只有在向表中插入数据时，系统才检查 DEFAULT 约束。

动一动：用 SQL 语句为通讯录表添加默认值约束，即将联系电话的默认值定义为 0577-88888888。

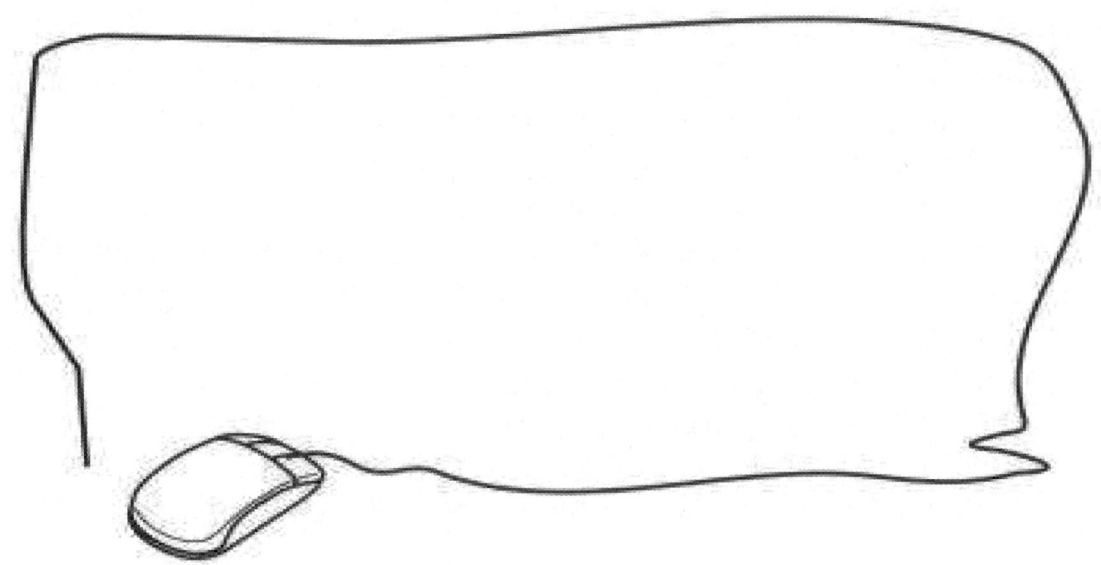

7.2.4 唯一约束（UNIQUE CONSTRAINT）

使用唯一（UNIQUE）约束可以确保在非主键列中不输入重复值。唯一约束在列集内强制执行值的唯一性。对于唯一约束中的列，表中不允许存在非空值相同的两行。

主键约束已经能保证数据的唯一性了，为什么还需要 UNIQUE 约束呢？假如，我们考虑向学生表中增加一个"身份证号码"字段，且要求这个字段必须具有唯一性，但是主键约束已经分配给"学号"字段了，那么如何保证"身份证号码"对每个学生都是唯一的呢？此时，就需要使用 UNIQUE 约束了。

UNIQUE 约束与主键约束的定义类似，但应注意区别两者的不同，一个表只能有一个主键约束，而且主键约束中的列不允许为空值。因此在一个已有主键的表中使用 UNIQUE 约束是很有用的。

在定义 UNIQUE 约束时应注意以下内容。

（1）在一个表中可以定义多个 UNIQUE 约束，并允许在含空值的列上定义 UNIQUE 约束。

（2）可以在一列或多列上定义 UNIQUE 约束。

添加唯一约束的语法格式如下。

```
ALTER  TABLE  <表名>
ADD  CONSTRAINT  <约束名>
UNIQUE ((<列名>[,...n])
```

【例 7.17】 在课程表的备注字段上建立一个 UNIQUE 约束，此约束的名称为"UK_备注_课程表"，可用图 7.23 所示的语句来完成。

```
ALTER  TABLE  课程表
ADD  CONSTRAINT  UK_备注_课程表
UNIQUE (备注)
```

图 7.23 添加唯一约束

7.2.5 检查约束（CHECK CONSTRAINT）

检查（CHECK）约束对可以放入列中的值进行限制，以强制执行域的完整性。也就是说，CHECK 约束用于将列的取值限制在指定的范围内，从而使数据库中存放的数据都是有意义的值。如人的性别只能是"男"或"女"，工资必须大于 0 元等。

在表中的某列上定义了一个 CHECK 约束之后，所有的元组插入都需要检查是否满足这种 CHECK 约束的要求。只有满足这种要求的数据才能执行成功，否则被系统拒绝执行。

在使用检查约束时应注意以下内容。

（1）系统在执行 INSERT 语句或 UPDATE 语句时自动检查 CHECK 约束。

（2）可以为每列指定多个 CHECK 约束。

（3）CHECK 约束可以约束同一个表中多列之间的取值关系。

（4）可以通过任何基于逻辑运算符返回结果 True 或 False 的逻辑（布尔）表达式来创建 CHECK 约束。

(5)条件取值必须为布尔表达式,并且不能引用其他表。

【例 7.18】在学生表中定义一个约束,该约束保证所插入的学生性别要么是"M",要么是"F",而不能是其他数据,在 CREATE TABLE 语句中定义 CHECK 约束,如图 7.24 所示。

```
CREATE   TABLE   学生表(
学号   INT  PRIMARY   KEY,
姓名    CHAR(8),
性别    CHAR(1) CHECK(性别= 'M' OR  性别= 'F'),
班级    CHAR(10),
年龄    INT )
```

图 7.24 在 CREATE TABLE 语句中定义 CHECK 约束

同样,CHECK 约束的定义不仅可以在列名称后面指定,还可以在表的定义中单独指定,就像定义主键和外键一样。在单独定义 CHECK 约束时,不仅可以指定一列的取值范围,而且可以指定若干列共同的取值范围。也就是说,CHECK 约束可以限制整个元组的各个方面。

【例 7.19】在工资表中建立最低工资必须小于或等于最高工资的 CHECK 约束,可使用 CHECK 约束限制多列的取值关系,如图 7.25 所示。

```
CREATE   TABLE   工资表(
职工号   CHAR(4)  PRIMARY   KEY,
最低工资   INT,
最高工资   INT,
CHECK (最低工资 <= 最高工资))
```

图 7.25 CHECK 约束限制多列的取值关系

添加 CHECK 约束的语法格式如下。

```
ALTER  TABLE  <表名>
ADD  CONSTRAINT  <约束名>
CHECK (逻辑表达式)
```

【例 7.20】在选课表中添加成绩必须为 0~100 分的 CHECK 约束,可用图 7.26 所示的语句来完成。

```
ALTER   TABLE  选课表
ADD   CONSTRAINT   CHK_成绩
CHECK(成绩>=0 AND  成绩<=100)
```

图 7.26 添加 CHECK 约束示例语句

7.2.6 非空约束(NOT NULL CONSTRAINT)

非空(NOT NULL)约束是最简单的一种约束,该约束的效果是不接受该属性为空值的元组，即指定不接受 NULL 值的列。该约束的定义在 CREATE TABLE 语句中的属性数据类型后面进行说明。如果在某个基本表的某列上定义了非空约束，那么该列就不能接受 NULL 值。定义非空约束的语句如图 7.27 所示。

图 7.27　定义非空约束的语句

图 7.27 所示的语句在创建学生表的同时，在"学号"字段上定义了一个非空约束，对于学生表的任何一行都不允许学号这个字段值为 NULL 值，而其他字段值则允许为空值。

记一记：请记录本部分学习的重难点。

7.2.7　约束的作用对象

从上面的各种约束可以看出，约束的作用对象可以是列、元组和表，相应地构成列约束、元组约束和表约束。

1. 列约束

列约束被指定为列定义的一部分，并且仅适用于某列。列约束主要是对列的数据类型、取值范围、精度等的约束。包括以下内容。

（1）对数据类型的约束。

（2）对数据格式的约束。

（3）对取值范围或取值集合的约束。

（4）对空值的约束。

2. 元组约束

元组约束是对元组中各个字段之间的联系的约束。例如，图 7.25 所示的最低工资必须小于或等于最高工资等。

3. 关系约束

关系约束是指对若干元组、关系之间的联系的约束。如学号的取值不能重复也不能取空值，选课表中学号的取值受学生表的学号取值的约束等。

7.3 存储过程

7.3.1 存储过程的概念

SQL Server 提供了一种方法，它可以将一些固定的操作集中起来由 SQL Server 数据库服务器来完成，以实现某个任务，这种方法就是存储过程。存储过程（Stored Procedure）是数据库系统中的一组为了实现特定功能的 SQL 语句集，经编译后存储在数据库中，用户可以通过指定存储过程的名称并给出参数来执行它，以实现某个任务。

（1）存储过程类似程序语言中的函数。

（2）用来执行管理任务或应用复杂的业务规则。

（3）存储过程可以带参数，也可以返回结果。

（4）存储过程可以包含数据操作语句、变量、逻辑控制语句等。

存储过程的原理如图 7.28 所示。

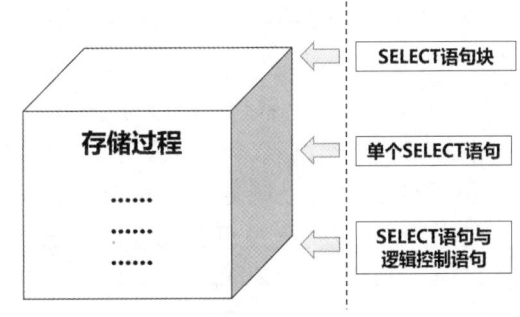

图 7.28 存储过程的原理

7.3.2 存储过程的优点

用户可以出于任何使用 SQL 语句的目的来使用存储过程，它具有以下优点。

1）允许模块化程序设计

用户既可以在单个存储过程中执行一系列 SQL 语句，又可以在自己的存储过程中引用其他存储过程，这可以简化一系列复杂语句。

2）提高系统性能

一般的 SQL 语句每执行一次就需要编译一次，而存储过程只在创建时进行编译，被编译后存放在数据库服务器的过程高速缓存中。在使用时，服务器不必再重新分析和编译它们。因此，当对数据库进行复杂操作时（如对多个表进行 UPDATE、INSERT 或 DELETE 操作），用户可以将这些复杂操作的存储过程封装起来，并与数据库提供的事务处理结合起来使用，从而节省分析、解析和优化代码所需的 CPU 资源和时间。

3）减少网络流通量

存储过程在数据库服务器端执行，只向客户端返回执行结果。因此，可以将要在网络中传送的数百行代码编写为一个存储过程，这样客户端只需要提交存储过程的名称和参数即可实现相应功能，从而节省了网络流量，提高了执行效率。此外，由于所有的操作都在服务器端完成，也就避免了客户端和服务器端之间的多次往返。存储过程只需将最终结果通过网络传输到客户端即可，从而减轻网络通信的负担。

4）提高系统安全性

使用存储过程可以完成所有的数据库操作，并且授权没有直接执行存储过程权限的用户。另外，使用存储过程可以防止用户直接访问，强制用户使用存储过程特定的任务。

5）可重用性

存储过程只需创建并存储在数据库中，即可在程序中的任何地方调用。它可以独立于程序源代码而单独修改，从而减少数据库开发人员的工作量。

7.3.3 存储过程的分类

在 SQL Server 中，存储过程分为两类：系统存储过程和用户自定义存储过程。

1）系统存储过程

系统存储过程是微软内置在 SQL Server 中的存储过程。在 SQL Server 2000 中，系统存储过程位于 master 数据库中，以 sp_ 为前缀，并标记为 system。SQL Server 2005 以后的版本对其进行了改进，将系统存储过程存储于一个内部隐藏的资源数据库中，逻辑上存在于每个数据库中，即系统存储过程可以在任意一个数据库中执行。

系统存储过程由系统定义，存储在 master 数据库中，类似 C 语言中的系统函数。系统存储过程的名称都以"sp_"开头或"xp_"开头。

2）用户自定义存储过程

用户自定义存储过程是用户在自己的数据库中创建的存储过程，类似程序语言中的用户自定义函数。

7.3.4 常用的系统存储过程

系统存储过程存储在 master 数据库中，并以 sp_ 为前缀，主要用来从系统表中获取信息，为系统管理员管理 SQL Server 提供帮助，为用户查看数据库对象提供方便。如用来查看数据库对象信息的系统存储过程 sp_help、显示存储过程和其他对象文本的存储过程 sp_helptext 等。常用的系统存储过程如表 7.1 所示。

表 7.1 常用的系统存储过程

系统存储过程	说明
sp_databases	列出服务器上的所有数据库
sp_helpdb	报告有关指定数据库或所有数据库的信息
sp_renamedb	更改数据库的名称

续表

系统存储过程	说明
sp_tables	返回当前环境下可查询的对象的列表
sp_columns	返回某个表列的信息
sp_help	查看某个表的所有信息
sp_helpconstraint	查看某个表的约束
sp_helpindex	查看某个表的索引
sp_stored_procedures	列出当前环境中的所有存储过程
sp_password	添加或修改登录账户的密码
sp_helptext	显示默认值、未加密的存储过程、用户定义的存储过程、触发器或视图的实际文本

在调用常用的系统存储过程时，可以使用 EXEC，如下所示。

```
EXEC sp_databases                   --列出当前系统中的数据库
EXEC sp_renamedb 'db1','db2'        --修改数据库的名称(单用户访问)
USE 示例数据库                       --当前数据库中查询的对象的列表
GO
EXEC sp_tables                      --返回当前环境下可查询的对象的列表
EXEC sp_columns 学生表               --返回学生表列的信息
EXEC sp_help 学生表                  --查看"学生表"的所有相关信息
EXEC sp_helpconstraint 学生表        --查看"学生表"的约束
EXEC sp_helpindex 学生表             --查看"学生表"的索引
EXEC sp_helptext S_G                --查看"S_G视图"定义的文本
EXEC sp_stored_procedures           --查看当前数据库中的存储过程
```

7.3.5 创建与调用存储过程

在 SQL Server 中，可以使用以下三种方法创建存储过程。
（1）使用 SQL Server 模板资源管理器创建存储过程。
（2）利用 SQL Server 对象资源管理器创建存储过程。
（3）使用 SQL 语句中的 CREATE PROCEDURE 命令创建存储过程。

下面介绍使用 SQL 语句中的 CREATE PROCEDURE 命令创建存储过程的方法。基本语法格式如下。

```
CREATE PROC[EDURE] <存储过程名>    --可以直接用简写的 PROC
    [<@参数名称><数据类型>]
    [=<默认值>][OUTPUT][,...n]
AS
< SQL 语句> [,...n]
GO
```

参数说明如下。
（1）一些存储过程在执行时需要用户为之提供信息，这可以通过参数传递来完成。

- 在创建存储过程时，可以声明一个或多个形式参数，形式参数以@符号作为第一个字符。名称必须符合标识符命名规则。
- 在调用存储过程时，必须为参数提供值，可以为默认值。<默认值>用于指定存储过程输入参数的默认值，必须为常量或 NULL，可以包含通配符。如果定义了默认值，则在执行存储过程时可以根据实际情况不提供参数。

（2）OUTPUT 关键字用于指定参数从存储过程返回的信息。

（3）<SQL 语句>：T-SQL 语句为存储过程的主体，可以是一组 SQL 语句，也可以包含流程控制语句等。

（4）存储过程一般用来完成数据查询和数据处理操作，所以在存储过程中不可以使用创建数据库对象的语句，即在存储过程中一般不能含有如下语句：CREATE TABLE、CREATE VIEW、CREATE DEFAULT、CREATE True、CREATE TRIGGER 和 CREATE PROCEDURE。

【例 7.21】创建一个名为"proc_test1"的存储过程，该存储过程有一个输入参数@name，可以使用如下语句来完成。

```
CREATE PROC proc_test1
@name VARCHAR(10)
AS
--语句省略
GO
```

在存储过程创建完成后，可以使用 EXECUTE 语句来调用它，其基本语法格式如下。

```
EXEC[UTE] {<存储过程名>}  --可以直接简写成 EXEC
{[@<参数名称>=<参数值>|@variable [OUTPUT] | [DEFAULT]}[,...n]
```

其中，使用<参数值>作为实参来传递参数的值，格式为@<参数名称>=<参数值>；使用@variable 作为保存 OUTPUT 返回值的变量；DEFAULT 关键字不提供实参，表示使用对应的默认值。

【例 7.22】使用 EXECUTE 命令传递单个参数，调用【例 7.21】中的存储过程 proc_test1，并以 titles 为参数值。存储过程 proc_test1 需要参数（@name），可以使用如下语句来完成。

```
EXEC proc_test1
--当然，在调用存储过程中的变量时可以显式命名
EXEC proc_test1 @name = titles
```

1. 创建不带参数的存储过程

【例 7.23】创建一个没有参数的存储过程 proc_stu，查询学生表的基本信息，可以使用如下语句来完成。

```
CREATE PROC proc_stu
AS
SELECT * FROM 学生表
GO
```

在创建完成后，系统会在当前数据库中创建一个名为"proc_stu"的存储过程。单击"刷新"按钮，选择对应数据库，展开"可编程性"→"存储过程"节点即可查看，如图 7.29 所示。

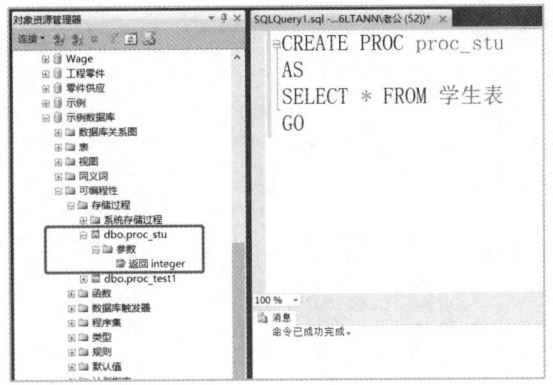

图 7.29　查看创建的存储过程

执行不带参数的存储过程最为简单，直接输入如下 SQL 语句即可。

```
EXEC proc_stu
```

执行的结果和查询学生表信息的结果一致，如图 7.30 所示。

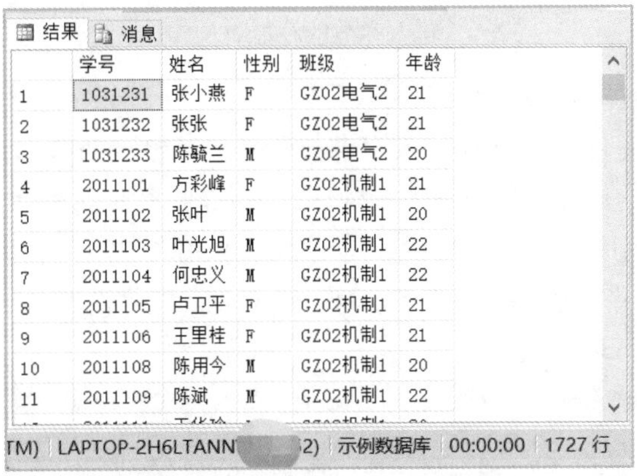

图 7.30　不带参数存储过程的执行结果

2．创建带参数的存储过程

存储过程的参数分为两种：输入参数和输出参数，图 7.31 所示为带参数的存储过程。

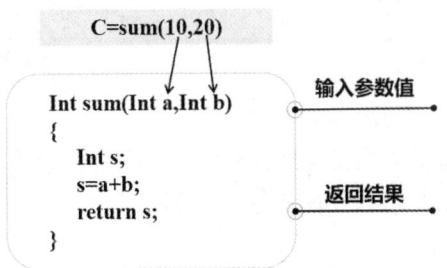

图 7.31　带参数的存储过程

- 输入参数：用于向存储过程中传入值，类似程序语言的按值传递。
- 输出参数：用于在调用存储过程后返回结果，类似程序语言的按引用传递。

1）创建带输入参数的存储过程

【例 7.24】创建一个带参数的存储过程 proc_name，通过学号查询学生信息。这是典型的带输入参数的存储过程，可以使用如下语句来完成。

```
CREATE PROC proc_name
@id INT
AS
SELECT * FROM 学生表
WHERE 学号=@id
GO
```

调用带输入参数的存储过程,只需将要输入的参数值传入即可,可以使用如下语句来完成。

```
EXEC proc_name @id=2021610
--或者这样调用
EXEC proc_name 2021610
```

执行结果都一样,如图 7.32 所示。

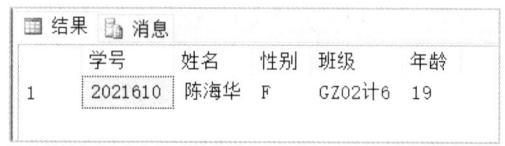

图 7.32 带输入参数的存储过程的执行结果

2)创建带输出参数的存储过程

如果调用批命令将变量作为参数传入存储过程中,而参数在存储过程中被修改,则修改不会传给调用该存储过程的命令,除非在生成和执行存储过程时对参数指定 OUTPUT 关键字。也就是说,如果希望在调用存储过程后返回一个或多个值,则需要使用输出(OUTPUT)参数。

【例 7.25】创建一个带输出参数的存储过程 proc_num,根据传入的学生姓名查询该学生的学号,可以使用如下语句来完成。

```
CREATE PROC proc_num
@name varchar(10), @id_out int output
AS
BEGIN
SELECT @id_out = 学号
FROM 学生表
WHERE 姓名 = @name
END
GO
```

【例 7.26】调用带输出参数的存储过程 proc_num。

注意:调用带输出参数的存储过程要声明一个存储返回值的变量,执行语句还要包括 OUTPUT 关键字,否则修改无法在调用中反映出来。

```
DECLARE @id_save INT
EXEC proc_num @name = '陈海华', @id_out = @id_save OUTPUT
PRINT @id_save    --直接打印出来
--或者用下面语句查询结果
SELECT 学号= @id_save
FROM 学生表
WHERE 姓名 = '陈海华'
```

执行结果如图 7.33 所示,就是在【例 7.24】中通过"2021610"学号找到的学生姓名"陈海华",在该题中我们用学生姓名"陈海华"找到了对应的学号"2021610"(前提是陈海华没有重名)。

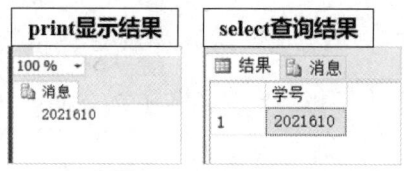

图 7.33　带输出参数的存储过程的执行结果(两种形式)

注意:参数名(这里是@id_out)在表达式的左边列出,而本地变量(@id_save)则设置为等于输出参数的值,在表达式的右边列出。PRINT 和 SELECT 输出结果的形式不同,大家可以自己实践感受。

记一记:请记录本部分学习的重难点。

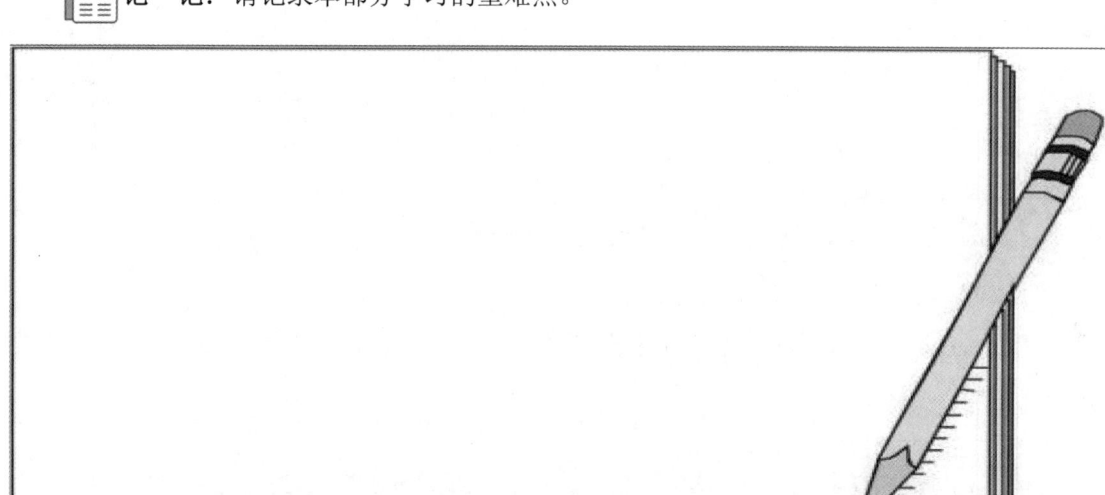

3. 创建带参数默认值的存储过程

【例 7.27】创建一个带参数默认值的存储过程 proc_score,并调用该存储过程查询指定成绩范围内的学生信息。默认值:最低成绩为 60 分,最高成绩为 100 分,可以用如下语句来完成。

```
CREATE PROC proc_score
@score1 FLOAT=60,@score2 FLOAT=100
AS
BEGIN
    SELECT * FROM 选课表
    WHERE 成绩 BETWEEN @score1 AND @score2
END
GO
```

强调:

① 默认值应放在参数数据类型的后面,而不是放在参数变量的后面;

② 为了方便调用,推荐将默认参数放置在参数列表的最后。

调用带参数默认值的存储过程,可以有以下几种形式。

```
EXEC proc_score                    --两者都用默认值
EXEC proc_score 70                 --最低分为70分,最高分用默认值
EXEC proc_score 70,90              --最低分和最高分都不用默认值
EXEC proc_score @score2=90         --最低分用默认值,最高分为90分
```

 想一想：将以上调用语句改成"EXEC proc_score , 90"是否可以？请说明理由。

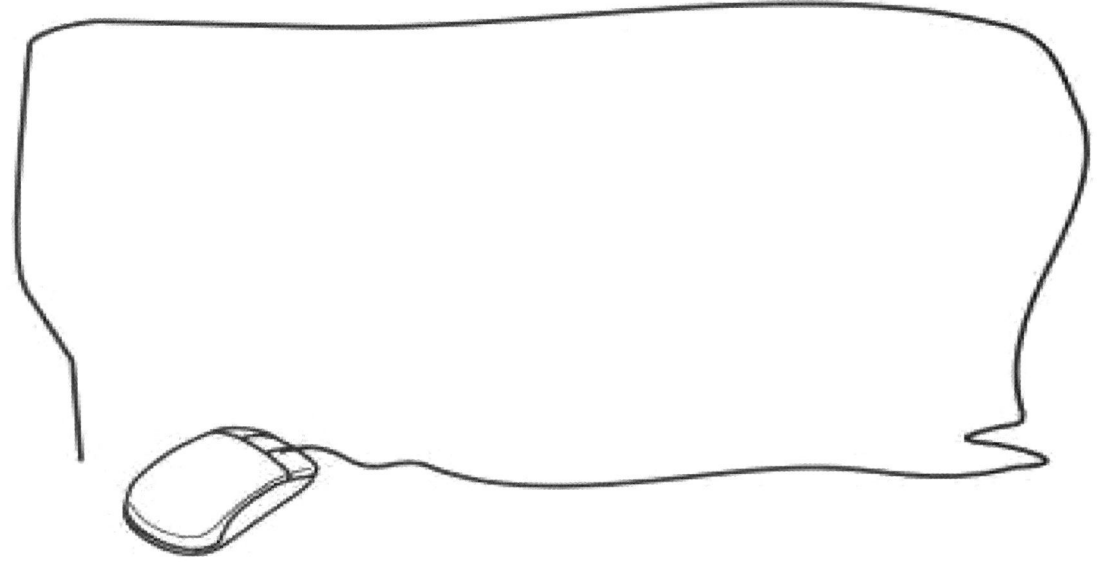

动一动：请写出以下存储过程的调用语句，要求@num1使用默认值，@num2使用85。

CREATE PROCEDURE proc_num1
@num1 INT =30,
@num2 INT =70
AS
…（此处省略）

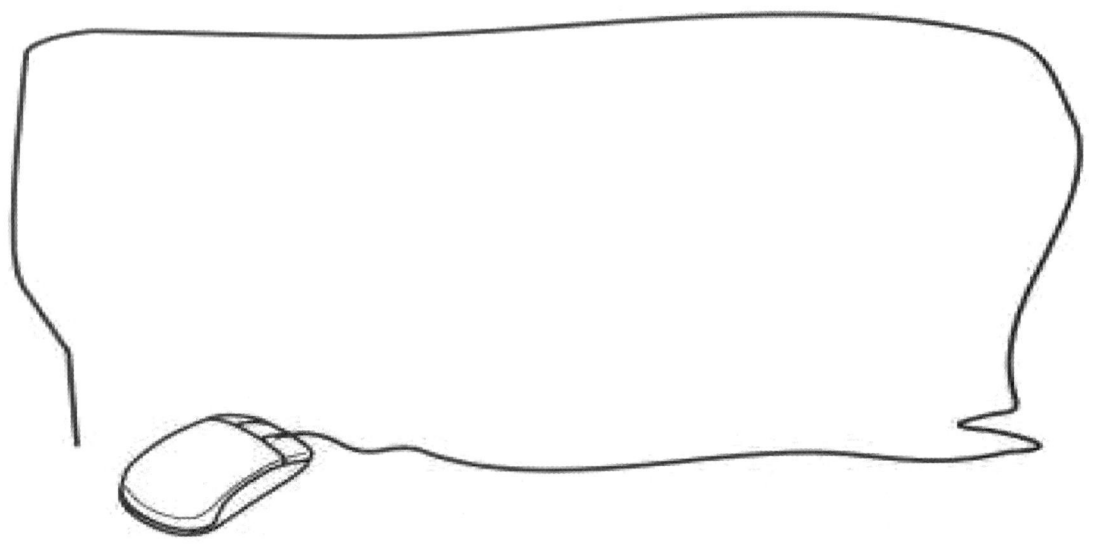

7.3.6 管理存储过程

在实际应用中，常常会查看已经创建的存储过程，还要进行必要的修改和删除等操作。这些操作需要用不同的方法实现。

1．查看存储过程

查看存储过程有两种方法。

（1）使用可视化形式查看存储过程。在 SQL Server Management Studio（SSMS）左侧的"对象资源管理器"中，可查看已经存在的存储过程。展开所选数据库下的"可编程性"→"存储过程"节点，即可看到数据库中的系统存储过程和用户自定义存储过程。

（2）使用系统存储过程。SQL Server 提供了几个系统存储过程方便用户管理数据库的有关对象。

① sp_help：用于查看有关存储过程的名称列表，向用户报告有关数据库对象、用户定义数据类型或 SQL Server 2016 所提供的数据类型的摘要信息；

② sp_helptext：用于显示规则、默认值、未加密的存储过程、用户定义函数、触发器或视图的过程定义代码。

查看存储过程的对象信息，其语法格式如下。

```
EXEC UTE sp_help <存储过程名称>
```

查看存储过程的代码信息，其语法格式如下。

```
EXEC UTE sp_helptext <存储过程名称>
```

【例 7.28】 查看存储过程 proc_score 的对象信息，可以用如下语句。

```
USE 示例数据库
GO
EXECUTE sp_help proc_score
```

执行结果如图 7.34 所示。

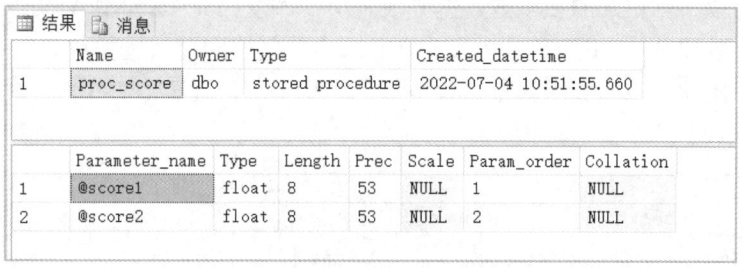

图 7.34 存储过程 proc_score 的对象信息

【例 7.29】 查看存储过程 proc_score 的代码信息，可以用如下语句。

```
USE 示例数据库
GO
EXECUTE sp_helptext proc_score
```

执行结果如图 7.35 所示。

```
结果  消息
    Text
1   create proc proc_score
2   @score1 float=60,@score2 float=100
3   as
4   begin
5       select * from 选课表
6       where 成绩 between @score1 and @score2
7   end
```

图 7.35　存储过程 proc_score 的代码信息

2．修改存储过程

修改存储过程也有两种方法。

（1）使用对象资源管理器来修改用户创建的存储过程。

与查看存储过程一样，在对象资源管理器中，打开指定的服务器和数据库项，选择要创建存储过程的数据库，单击存储过程节点，会显示该数据库的所有存储过程。

右击要查看的存储过程，在弹出的快捷菜单中选择"修改"选项，此时便可以看到存储过程的源代码，可以进行更改。图 7.36 所示为修改存储过程 proc_score 的可视化操作。

图 7.36　修改存储过程 proc_score 的可视化操作

（2）使用命令语句来修改用户创建的存储过程。

存储过程可以根据用户的要求或者基本表定义的改变而改变。使用 ALTER PROCEDURE 语句可以更改先前通过 CREATE PROCEDURE 语句创建的存储过程，其优点是不必删除存储过程再重建，因此，也不必重新指定权限。

修改存储过程的基本语法格式如下。

```
ALTER PROC[EDURE]<存储过程名称>
[<@参数名称><数据类型>]
[=<默认值>][OUTPUT][,...n]
AS
< SQL 语句> [,...n]
GO
```

各参数与创建存储过程时的参数相同，这里不再赘述。

【例 7.30】修改存储过程 proc_score，使之无法被用户查看代码信息，即做加密处理，可以用如下语句来完成。

```
ALTER PROC proc_score
@score1 FLOAT=60,@score2 FLOAT=100
```

```
WITH ENCRYPTION    --加密处理
AS
BEGIN
    SELECT * FROM 选课表
    WHERE 成绩 BETWEEN @score1 AND @score2
END
GO
```

3. 重命名存储过程

修改存储过程的名称可以使用系统存储过程 sp_rename，其语法形式如下。

```
sp_rename 原存储过程名称,新存储过程名称
```

【例 7.31】重命名存储过程 proc_score 为 proc_score1，可以用如下语句。

```
sp_rename proc_score,proc_score1
```

当然也可以使用对象资源管理器可视化修改存储过程的名称。

4. 删除存储过程

删除存储过程可以使用 DROP 命令，DROP 命令可以将一个或者多个存储过程和存储过程组从当前数据库中删除，其语法形式如下。

```
DROP PROCEDURE <存储过程名称>[,...n]
```

【例 7.32】删除存储过程 proc_score1，可以用如下语句。

```
DROP PROCEDURE proc_score1
```

记一记：请记录本部分学习的重难点。

7.4 触发器

在 7.2 节中介绍的默认值约束、非空约束、检查约束和唯一约束等都可以实现用户自定义

完整性，除此之外，还可以使用触发器来实现用户自定义完整性。

7.4.1 触发器的概念

触发器（trigger）是 SQL Server 提供给程序员和数据分析员来保证数据完整性的一种方法，它是与表事件相关的特殊的存储过程，它的执行不是由程序调用的，也不是手动启动的，而是由事件来触发的。例如，当对一个表执行 INSERT、DELETE 和 UPDATE 操作时就会激活触发器。

有时候，触发器也称为主动规则（ACTIVE RULE），或事件—条件—动作规则（EVENT-CONDITIN-ACTION RULE，ECA 规则）。

执行特定的语句（UPDATE、INSERT 或 DELETE）就可以启动触发器。触发器在执行时被称为触动（FIRE）。触发器虽然被建立在现有数据库的数据表中，但它可以存取其他数据库的数据表和对象。它不能被建立在临时的数据表或系统数据表上，而只能被建立在用户定义的数据表或视图中。

SQL Server 具有三种常规类型的触发器：DML 触发器、DDL 触发器和登录触发器。本书介绍的是 DML 触发器，其在执行 INSERT、DELETE 和 UPDATE 时被触发。

触发器有很多用途，对于 DML 触发器来说，常见的用途是强制业务规则。在实际应用中，DML 触发器分为以下两类。

（1）AFTER 触发器：这类触发器在记录已经被修改，且相关事务被提交之后才会被触发。它主要用于记录变更之后的处理或检查，一旦发现错误，可以用 ROLLBACK TRANSACTION 语句来回滚本次操作。对同一个表的操作可以定义多个 AFTER 触发器及其执行的先后顺序。

（2）INSTEAD OF 触发器：这类触发器并不执行其所定义的操作（INSERT、UPDATE、DELETE），而执行触发器本身所定义的操作。它一般用来取代原本的操作，在记录变更之前被触发。

DML 触发器有以下特点。

（1）触发器不能被直接调用，只有在对触发器所在表的数据进行更改时，才会自动执行。

（2）触发器不能传递和接收参数。

（3）触发器可以实施更为复杂的数据完整性约束。

（4）触发器可以通过数据库中的相关表实现级联更改、多个表之间数据的一致性与完整性。

（5）触发器可以评估数据修改前后的表状态，并根据其差异采取对策。

触发器和表是紧密联系在一起的，任何触发器都是在特定的表上进行定义的，该表也称为触发器的触发表。

动一动：本书只介绍了 DML 触发器，请查询 DDL 触发器和登录触发器分别指的是什么，以及与 DML 触发器有什么区别。

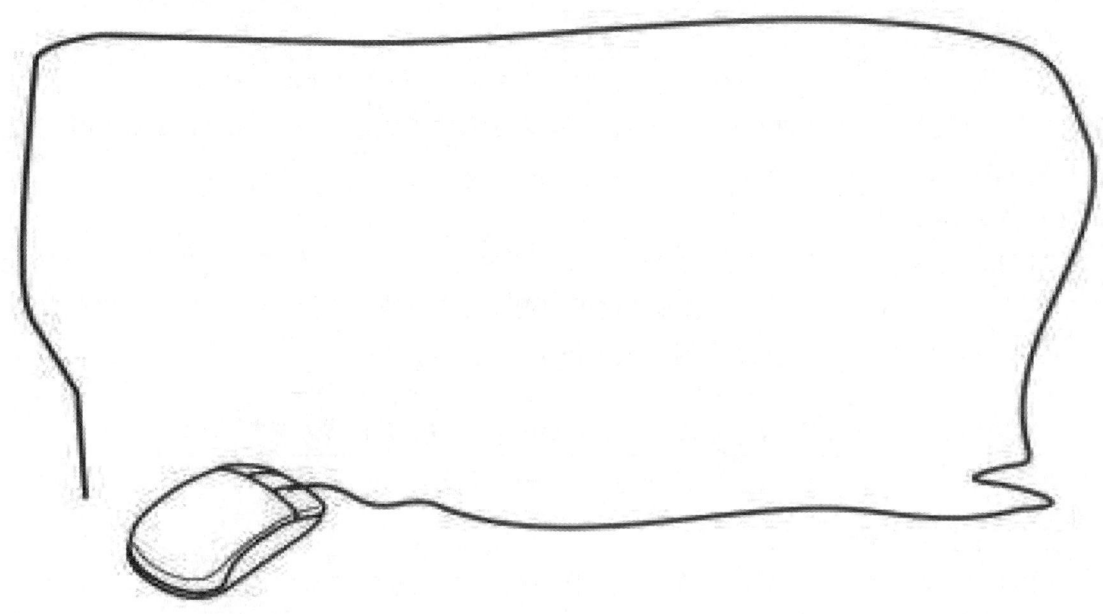

7.4.2 触发器的结构

一个触发器由三部分组成：事件、条件和动作。其结构示意图如图 7.37 所示。

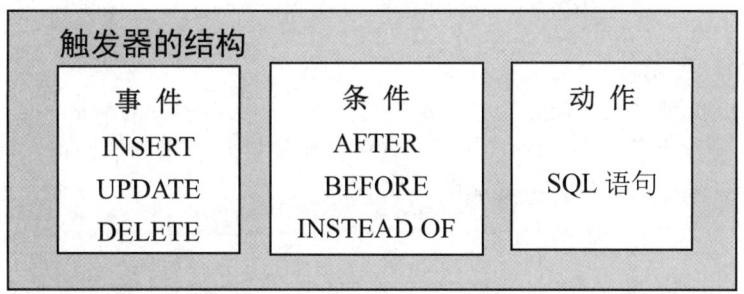

图 7.37 触发器结构示意图

1．事件

在触发器中，事件是指对数据库的插入、删除、修改等操作，触发器在这些事件发生时开始工作。在 SQL Server 中，触发器的事件有三种类型：INSERT 事件、UPDATE 事件和 DELETE 事件。

- INSERT 事件：当向某一个表中插入数据时，如果该表有 INSERT 类型的触发器，那么该 INSERT 触发器就触发执行。
- UPDATE 事件：当对某一个表进行数据修改时，如果该表有 UPDATE 类型的触发器，那么该 UPDATE 触发器就触发执行。
- DELETE 事件：当对某一个表进行数据删除时，如果该表有 DELETE 类型的触发器，那么该 DELETE 触发器就触发执行。

虽然触发器的事件只有三种类型，但是对于一个表来说，可以有多个触发器。多个同一类型的触发器可以完成不同的操作。

2．条件

条件是触发器是否被触发执行的依据。如果条件成立，那么执行相应的动作；如果条件不成立，那么触发器什么也不做。在 SQL Server 中，表示条件的关键字有三个：AFTER、BEFORE 和 INSTEAD OF。

1）AFTER 条件

AFTER 关键字表示该触发器在触发事件被成功执行之后执行动作部分的数据库操作。在该触发器被执行之前，所有的级联动作和约束检查都必须成功地执行。AFTER 关键字是默认的关键字。AFTER 条件触发器的执行过程如图 7.38 所示。

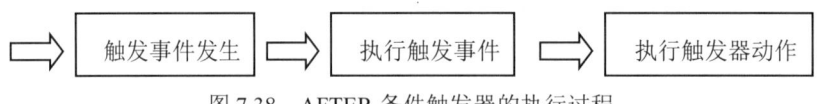

图 7.38　AFTER 条件触发器的执行过程

2）BEFORE 条件

BEFORE 关键字表示该触发器在触发事件被执行之前执行动作部分的数据库操作。在该触发器被执行之后，所有的级联动作和约束检查才能被执行。BEFORE 条件触发器的执行过程如图 7.39 所示。

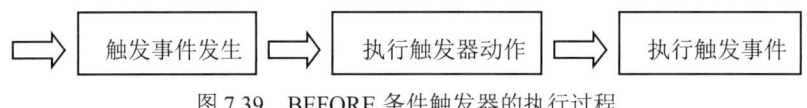

图 7.39　BEFORE 条件触发器的执行过程

3）INSTEAD OF 条件

INSTEAD OF 关键字表示在触发事件发生时，只执行动作部分的操作，而不执行触发事件的操作。这时，触发事件只是一个导火线，它可以激发触发器本身的操作，而并不被执行。INSTEAD OF 条件触发器的执行过程如图 7.40 所示。

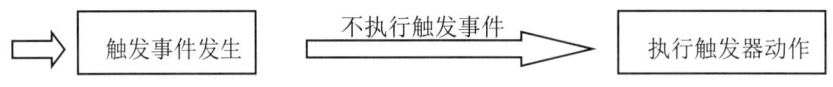

图 7.40　INSTEAD OF 条件触发器的执行过程

3．动作

触发器在被触发之后所执行的数据库操作即动作。在 SQL Server 中，一个触发器能够包含任意数量的 SQL 语句。

7.4.3　触发器的原理

在触发器被触发时，系统会自动在内存中创建 INSERTED 表或者 DELETED 表，这两个表均为只读，不允许被修改，在触发器被执行完成后会自动删除。

INSERTED 表和 DELETED 表是触发器专用的临时虚拟表。在触发器的执行过程中，SQL Server 会根据触发器类型的不同创建它们其中的一个或两个，建立情况如表 7.2 所示。

表 7.2 INSERTED 表和 DELETED 表的建立

触发器类型	系统创建的临时表
INSERT	INSERTED 表
UPDATE	INSERTED 表和 DELETED 表
DELETE	DELETED 表

INSERTED 表和 DELETED 表由系统负责维护，不允许用户对这两个表进行直接的修改。这两个表的结构与触发表相同，当中存放了在触发器操作中插入或删除的所有数据行，可以用来对被操作的数据行进行附加的验证或操作。它们的具体作用如下。

（1）INSERTED 表：存放在 INSERT 和 UPDATE 语句执行过程中插入到触发表中的新数据行的副本，即临时保存了插入或更新后的记录行。我们可以从 INSERTED 表中检查插入的数据是否满足业务需求，如果不满足，则向用户报告错误消息并回滚插入操作。因此，INSERTED 表中的行与触发表中的新数据行相同。

（2）DELETED 表：存放在 DELETE 或 UPDATE 语句执行过程中从触发表中删除的旧数据行的副本，即临时保存了删除或更新前的记录行。我们可以从 DELETED 表中检查被删除的数据是否满足业务需求，如果不满足，则向用户报告错误消息并回滚删除操作。因此，DELETED 表与触发表不会有相同的行。

综上所述，在使用 INSERT 操作向触发表中插入数据行时，系统将根据触发表的结构为触发器建立 INSERTED 表，并在 INSERTED 表中保存所插入的新数据行的副本。同理，在使用 DELETE 操作删除数据行时，系统将在 DELETED 表中保存所删除的旧的数据行。我们可以将 UPDATE 操作看作是 DELETE 和 INSERT 共同操作的结果，所以在 INSERTED 表中存放了更新后的新行值，在 DELETED 表中存放了更新前的旧行值。

INSERTED 表和 DELETED 表的触发原理如表 7.3 所示。

表 7.3 INSERTED 表和 DELETED 表的触发原理

操作	INSERTED 表	DELETED 表
增加（INSERT）记录	存放新增的记录	
删除（DELETE）记录		存放被删除的记录
更新（UPDATE）记录	存放更新后的记录	存放更新前的记录

注意：INSERTED 表与 DELETED 表只能由创建它们的触发器引用，在触发器工作完成之后，与该触发器相关的两个表都会被删除。

三类 DML 触发器的工作原理如图 7.41 所示。

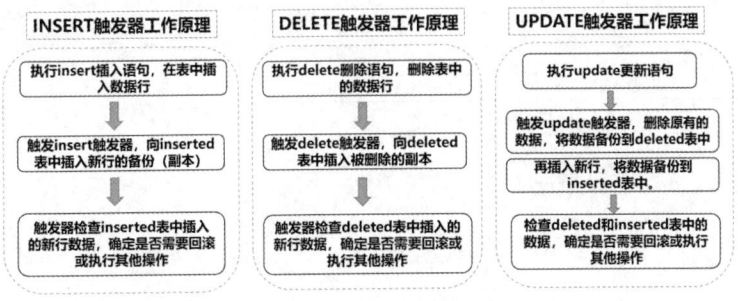

图 7.41 三类 DML 触发器的工作原理

记一记：请记录本部分学习的重难点。

7.4.4 创建触发器

1. 创建触发器的基本语法格式

```
CREATE TRIGGEER <触发器名>
ON { 表名 | 视图名 }
{ FOR|AFTER|INSTEAD OF } [ INSERT|DELETE|UPDATE ]
AS
[ IF UPDATE(列名) ]
< SQL 语句 >
```

- FOR 关键字与 AFTER 的效果相同，所以具有 FOR 关键字的触发器也可以归类为 AFTER 触发器。
- IF UPDATE(列名)：指定当对基本表内的某个字段或某几个字段进行插入或修改时，触发才起作用。

2. 创建触发器示例

【例 7.33】创建一个名为 NOTDEL 的 DELETE 触发器，一次不能删除学生表中多于一个学生的信息，如果删除多于一条记录，则提示"你不能删除多于一个的学生！"并回滚事务，可用如下语句来完成。

```
CREATE TRIGGER NOTDEL ON 学生表
FOR DELETE      --DELETE 触发器
AS
IF (SELECT COUNT(*) FROM DELETED) > 1
BEGIN
        RAISERROR (' 你不能删除多于一个的学生!', 16, 1)
        ROLLBACK TRANSACTION
END
```

【例 7.34】创建一个名为 NEWINS 的触发器，在向选课表中插入记录之后引发该触发器，检查所插入的记录中的学号是否出现在学生表中。如果在学生表中找不到相应的学号，则提示"学号输入有误！"并回滚事务，可用如下语句来完成。

```
CREATE TRIGGER NEWINS ON 选课表
AFTER INSERT       --INSERT 触发器
AS
IF (SELECT COUNT(*) FROM 学生表,INSERTED
WHERE 学生表.学号=INSERTED.学号)= 0
BEGIN
        PRINT '学号输入有误！'
        ROLLBACK TRANSACTION
END
```

【例 7.35】创建一个名为 NewUpdate 的触发器，在对选课表进行成绩修改之后引发该触发器，不允许提高选课表中的成绩。如果成绩提高了，则提示"你不能把成绩提高"并回滚事务，可用如下语句来完成。

```
CREATE Trigger NewUpdate ON 选课表
AFTER UPDATE       --UPDATE 触发器
AS
IF exists(select * FROM INSERTED inner join DELETED on INSERTED.学号=
DELETED.学号 and Inserted.课程号=deleted.课程号 where inserted.成绩>DELETED.成绩)
BEGIN
    RAISERROR (' 你不能把成绩提高', 16, 1)
    ROLLBACK TRANSACTION
END
```

7.4.5 管理触发器

1．查看触发器

如果要查看表中已有的触发器，以及这些触发器对表的操作，则需要查看触发器信息，有两种常用方法。

1）使用可视化形式查看触发器

在 SQL Server Management Studio（SSMS）左侧的"对象资源管理器"中，展开对应的服务器和数据库节点，选择创建了触发器的表，在"触发器"节点下即可查看刚刚创建的触发器，如图 7.42 所示。

2）使用系统存储过程查看触发器信息

由于触发器是一种特殊的存储过程，因此可以使用系统存储过程 sp_help 和 sp_helptext 来查看触发器信息。

- sp_help：用于查看触发器的一般信息，如触发器的名称、属性、类型和创建时间等。语法格式如下。

```
EXECUTE sp_help <触发器名称>
```

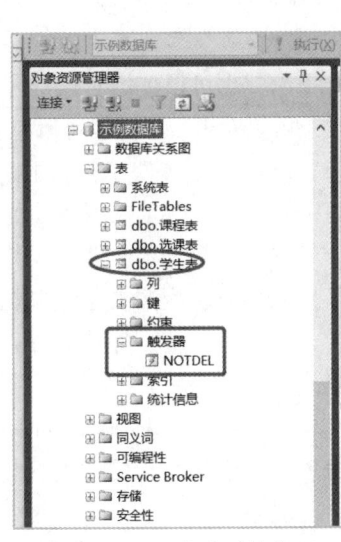

图 7.42 可视化查看触发器

- sp_helptext：用于查看触发器创建时的代码信息。语法格式如下。

```
EXECUTE sp_helptext <触发器名称>
```

2．修改触发器

修改触发器同样可以在 SSMS 中完成，其步骤与查看触发器一致；还可以用语句来完成，使用 ALTER TRIGGER 语句可以更改先前通过执行 CREATE TRIGGER 语句创建的触发器。

【例 7.36】 修改在【例 7.35】中创建的触发器 NewUpdate，在对选课表中的成绩进行修改之后，给出提示"你已经修改了成绩！"，可用如下语句来完成。

```
ALTER Trigger NewUpdate
ON 选课表
AFTER UPDATE
AS
IF UPDATE(成绩)
BEGIN
PRINT '你已经修改了成绩！'
END
```

3．重命名触发器

使用系统存储过程 sp_rename 修改触发器的名称，其语法形式如下。

```
sp_rename 原触发器名称,新触发器名称
```

【例 7.37】 重命名触发器 NewUpdate 为 NewUpdate1，可用如下语句。

```
sp_rename NewUpdate,NewUpdate1
```

当然也可以使用对象资源管理器可视化修改触发器的名称。

4．删除触发器

使用 DROP 命令删除触发器，DROP 命令可以将一个或者多个触发器从当前数据库中删除，其语法形式如下。

```
DROP TRRIGER <触发器>[,...n]
```

【例 7.38】 删除触发器 NewUpdate1，可用如下语句。

```
DROP TRRIGER NewUpdate1
```

当然也可以使用对象资源管理器直接删除触发器，但只能逐个删除。

可以看出，触发器可以包含复杂的处理逻辑，因此在下列情况中应该考虑使用触发器。

（1）强制比 CHECK 约束复杂的数据完整性：引用其他表数据的检查是无法通过 CHECK 约束完成的，必须使用触发器实现。

（2）使用自定义的错误信息：约束、默认值等只能通过标准的系统错误信息传递错误信息，如果应用程序要求定制错误信息和执行更加复杂的错误处理，那么必须使用触发器。

（3）实现数据库中多个表的级联修改：可以通过触发器对数据库中的相关表进行级联修改。

（4）比较数据库修改前后的状态：大多数触发器都提供了跟踪 INSERT、UPDATE、DELETE 语句引起的数据变化的功能，可以方便地在触发器中找出并访问由于修改而发生变化的记录行。

（5）维护非规范化数据：非规范化数据是指非规范化数据库环境中的冗余数据，维护非规范化数据可以通过触发器来实现。

📝 记一记：请记录本部分学习的重难点。

7.5 安全性控制

关系数据库管理系统的安全性控制主要是保护数据库中的数据，限定用户对于特定数据的访问，防止非法用户访问数据库，并避免不合法的使用所造成的数据泄露、修改或破坏。在数据库系统中存放着大量的数据，它们是许多用户共享的宝贵资源，因此数据库的安全性问题十分重要。

7.5.1 数据库的安全性控制

从计算机系统的整体角度来看，数据库的安全性同操作系统的安全性、网络系统的安全性紧密结合在一起。所以，数据库的安全性控制涉及操作系统的安全技术、网络安全技术、数据库安全技术等方面的问题。

1. 数据库系统的安全层次模型

关系数据库系统对于安全性控制一般分为以下几个层次，如图 7.43 所示。

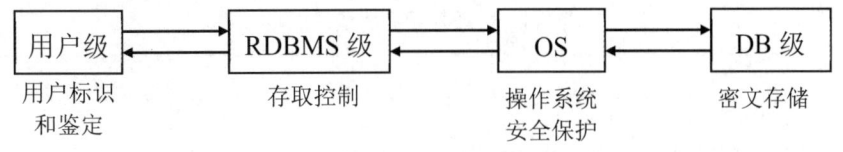

图 7.43 数据库系统的安全层次模型

当用户要求使用数据库系统时，系统要根据用户的标识进行身份验证，只有系统的合法用户才能被确认。用户通过身份验证后，由 RDBMS 控制用户的存储权限，也就是说，用户只能在自己的权限范围内执行数据库的操作。操作系统的安全性控制除了在用户登录时进行身份验证，还在数据库的底层存取中进行安全性控制。在最后一个层次中，数据可以以密文的形式存储到数据库中。另外,数据库中的数据也可以通过密文的形式在网络上传送。

2. 用户的标识和鉴别

数据库系统不允许一个未经授权的用户对数据库进行操作。用户在访问数据库之前,必须标识出自己的名字或身份,由系统核实,通过鉴别后才能获得对数据库进行操作和使用的权限。

用户在连接数据库时,要提供用户名和口令来表明自己的身份,这个过程称为用户的标识。系统在获得用户的身份标识之后,通过与数据库中登记的身份进行对比,鉴别用户的身份是否合法,这个过程称为用户的鉴别。

口令(PASSWORD)是一种鉴别用户身份的通用方法,但这种方法存在较大的安全隐患,用户名和口令容易被人窃取。因此,系统一般会提供一些复杂的口令管理措施,来保护用户的口令。

3. RDBMS 的存取控制

数据库中的每一个数据库对象都由一个该数据库的用户所拥有,用户以数据库赋予的 userID 作为标识。在创建数据库对象之后,只有用户可以访问数据库对象,其他用户想访问该数据库对象必须获得用户授予他们的权限,用户可以授予权限给指定的数据库用户。所以,一个用户虽然能够连接到某个数据库上,但是并不意味着他能够访问该数据库中的数据,他必须得到相应的授权才能访问数据库。一般的数据库操作权限有隐含特权、系统特权和对象特权。

1)隐含特权

隐含特权是系统内置权限,是用户不需要通过授权就可以拥有的数据操作权。用户拥有的隐含特权与自己的身份有关。例如,数据库管理员(DBA)可以进行数据库内的任何操作,数据库拥有者和数据库对象的拥有者可以对自己的数据库进行任何操作。

2)系统特权

系统特权又称语句特权,它相当于数据定义语句(DDL)的语句权限。系统特权是允许用户在数据库内部实施管理行为的特权,包括创建或删除数据库、创建或删除用户、删除或修改数据库对象等。不同的 DBMS 规定的系统权限不同。

3)对象特权

对象特权类似数据库操作语言(DML)的语句权限,指定用户对数据库中的基本表、视图等对象的操作权限。

对象特权指定用户在哪些数据对象上具有哪些权限,不同的操作对象具有不同的操作权限。表和视图等的操作权限如表 7.4 所示。

表 7.4 表和视图等的操作权限

对象名	操作权限
表	SELECT,INSERT,UPDATE,DELETE,ALL,ALTER,INDEX
视图	SELECT,INSERT,UPDATE,DELETE,ALL
列	SELECT,INSERT,UPDATE,DELETE

其中,SELECT 权限可以用来检索表中的数据,INSERT 权限可以用来在表中插入数据,DELETE 权限可以用来删除表中的数据,UPDATE 权限可以用来管理是否修改表中的数据,ALL 权限表示拥有所有权限,ALTER 权限可以用来修改表的结构,INDEX 权限可以用来建立

索引。当然，在关系数据库管理系统中，可操作的对象和对象上的权限要远远多于表 7.4 中的内容，感兴趣的读者可以参考相关的产品文档。

在一般情况下，创建数据库对象（如基本表）的用户会自动拥有对该表操作的各种权限。所以，数据库管理员和基本表的定义者有权将基本表的各种权限授予其他人，授权者也可以回收权限，而非基本表的用户必须经过授权才能使用不是自己定义的基本表。

7.5.2　SQL 中的安全性控制

在 SQL Server 中，有两个功能提供了安全性控制：视图和授权子系统。

1）视图

视图可以定义用户使用的数据，这样用户就不能使用视图定义之外的数据，从而保证数据库的安全性。视图的概念已经在 7.1 节中做了详细介绍，这里不再赘述。

2）授权子系统

为了能对数据库进行操作，用户必须拥有适当的存取权限。授权子系统允许有特定存取权限的用户有选择并动态地把这些权力授予其他用户。

RDBMS 的存取控制通过 SQL 的授予权限语句、撤销权限语句及拒绝访问语句来控制用户的存取权限。

1．授予权限

授予权限就是给予用户一定的访问特权，这是对用户访问权限的规定和限制。在 SQL Server 中，有两种授予权限：一种是授予某类数据库用户的权限，只有得到这类权限，才能成为数据库用户，这类权限只能由 DBA 授予；另一种是授予对某些数据库对象进行某些操作的权限，既可以由 DBA 授予，又可以由数据库对象的创建者授予。

SQL Server 使用 GRANT 语句授予用户对数据库对象（如表、视图等）的操作权限。GRANT 语句的基本语法格式如下。

```
GRANT  操作权限列表
ON  { 表名 | 视图名 }
TO  用户名列表
[ WITH GRANT OPTION ]
```

其中，操作权限列表如表 7.4 所示。

GRANT 语句的功能是将指定对象上的指定权限授予指定的用户。关键字 WITH GRANT OPTION 为可选项，其意义是指定获得相应权限的用户还可以将此权限授予其他用户，若省略此关键字，则用户不能将此权限授予其他用户。

【例 7.39】 将查询和更新学生表的权限授予用户 user1 和用户 user2，并允许该用户将权限授予其他用户，可用图 7.44 所示的语句来完成。

```
GRANT   SELECT,UPDATE
ON   学生表
TO   user1,user2
WITH   GRANT   OPTION
```

图 7.44　将查询和更新学生表的权限授予用户

如果要将对某两个基本表 T1、T2 的全部权限授予所有用户，则可图 7.45 所示的语句来完成。

```
GRANT ALL PRIVILEGES
ON   T1,T2
TO   PUBLIC
```

图 7.45　将全部权限授予所有用户

其中，ALL PRIVILEGES 代表所有权限，可简写为 ALL，PUBLIC 代表所有用户。

【例 7.40】将修改学生表中"年龄"和查询学生表的权限授予用户张三，可用如下语句来完成。

```
GRANT  UPDATE(年龄),SELECT  ON  学生表 TO  张三
```

如果要将 DBA 权限授予用户 WANG，则可用图 7.46 所示的语句来完成。

```
GRANT DBA
TO  WANG IDENTIFIED  BY  WELCOME
```

图 7.46　将 DBA 权限授予用户 WANG

图 7.46 所示的语句将 DBA 权限授予了用户 WANG，口令为 WELCOME，当用户第一次被授权为数据库用户时，授权语句必须附有口令。如果用户已在数据库中注册，则授权语句就不必附有口令。

2．撤销权限

用户的某种权限可以由 DBA 或授权者使用 REVOKE 语句来进行撤销。REVOKE 语句的基本语法格式如下。

```
REVOKE  操作权限列表
ON  { 表名 | 视图名 }
FROM  用户名列表
```

该语句的功能是将指定用户在指定对象上的指定权限收回。

【例 7.41】撤销用户 user3 对基本表 T1、T2 的 INSERT 权限，可用图 7.47 所示的语句来完成。

```
REVOKE  INSERT
ON   T1,T2
FROM   user3
```

图 7.47　撤销用户 user3 对基本表 T1、T2 的 INSERT 权限

如果要撤销所有用户对选课表的 SELECT 权限和 DELETE 权限，则可用图 7.48 所示的语句来完成。

```
REVOKE   SELECT,DELETE
  ON    选课表
  FROM   PUBLIC
```

图 7.48　撤销所有用户对选课表的 SELECT 权限和 DELETE 权限

注意：授予权限和撤销权限是有层次的。假设用户 A 把自己所创建的基本表 T1 的所有权限授予了用户 B，并用 WITH GRANT OPTION 允许用户 B 向其他人授权。用户 B 又将对基本表 T1 的 UPDATE 权限和 SELECT 权限授予了用户 C。后来，用户 A 收回了用户 B 的 UPDATE 权限，那么用户 C 的权限自然也被撤销了。

3．拒绝访问

在授予了用户对象权限之后，DBA 或授权用户可以根据实际情况在不撤销用户访问权限的情况下，拒绝用户访问数据库对象。拒绝用户访问的语句为 DENY，其基本语法格式如下。

```
DENY   操作权限列表
ON   { 表名 | 视图名 }
TO   用户名列表
```

【例 7.42】禁止用户 user3 对基本表 T3 的 INSERT 权限，可用图 7.49 所示的语句来完成。

```
DENY   INSERT
  ON   T3
  TO   user3
```

图 7.49　禁止用户 user3 对基本表 T3 的 INSERT 权限

记一记：请记录本部分学习的重难点。

7.6 事务和锁

事务和锁是灵活应用 SQL 语句的关键，在程序设计和开发中起着重要的作用。数据库是可供用户共享的信息资源。当用户并发地存取数据库时，就会产生多个事务同时存取同一数据的情况。

数据库的并发控制就是控制数据库，并防止在多用户并发使用数据库时造成数据错误和程序运行错误，保证数据的完整性。事务是多用户系统中数据操作的基本单元。封锁使事务对它要操作的数据有一定的控制能力。

7.6.1 事务

1．事务的概念

事务与存储过程有些类似，都是由一系列的逻辑语句组成的工作单元。事务有着非常明确的开始和结束点，使用 SQL 语句进行 SELECT、INSERT、UPDATE 和 DELETE 等操作都属于事务的一部分。当系统把这些操作语句当成一个事务时，要么执行所有的语句，要么都不执行。

当事务执行时，事务中进行的所有操作都会被写入事务日志中，写入日志中的内容通常分为两种：一种是事务进行数据操作的记录，如对数据进行插入和修改；另一种则是对任务的操作记录，如对表中的某列创建索引。当取消事务时，系统会根据日志中的记录进行反操作，保证系统的一致性。

事务是一系列 SQL 操作的逻辑工作单元，一个逻辑工作单元必须有 4 个属性，即原子性（Atomicity）、一致性（Consistency）、隔离性（Isolation）、持久性（Durability），简称 ACID。

（1）原子性（Atomicity）：事务必须是一个完整的工作单元，事务对数据的操作要么全部执行，要么全部不执行，不可以被分割。

（2）一致性（Consistency）：在事务完成时，所有的数据都必须保持一致。在相关的数据库中，所有的规则都必须由事务进行修改，以保证所有数据的完整性。当事务结束时，所有的内部数据结构都必须是正确的。

（3）隔离性（Isolation）：一个事务内部各操作的执行不会被其他事务干扰，即一个事务内部的操作及使用的数据对其他并发事务是隔离的，并发执行的各个事务之间不能互相干扰。

（4）持久性（Durability）：一个事务一旦提交成功后，事务对数据库中的数据操作会被永久保存下来。

【例 7.43】转账问题：从账户 A 转 100 元到账户 B 上。整个操作的过程如下。

```
1. read(A)
2. A := A - 100
3. write(A)
4. read(B)
5. B := B + 100
6. write(B)
```

(1) 一致性要求：事务执行前后 A 与 B 之和保持不变。

(2) 原子性要求：若事务在第 3 步之后与第 6 步之前失败，则系统应确保事务所做的更新不被反映到数据库中，否则会出现不一致。

(3) 持久性要求：一旦用户被告知事务已经完成（100 元转账已经发生），则即使发生故障，事务对数据库的更新也必须持久化。

(4) 隔离性要求：若在第 3 步与第 6 步之间允许另一个事务存取部分更新的数据库，则该事务将看到不一致的数据库（A 与 B 之和小于正确值）。

防诈小贴士：不要轻易给陌生人转账！

2．事务管理语句

在 SQL 中，常用的事务管理语句包含以下 4 条。
- BEGIN TRANSACTION：事务开始。
- COMMIT TRANSACTION：提交事务。
- ROLLBACK TRANSACTION：在事务失败时执行回滚操作。
- SAVE TRANSACTION：保存事务。

事务通常以 BEGIN TRANSACTION 开始，以 COMMIT 提交或 ROLLBACK 回滚结束。在每个事务结束时，系统都要检查数据的一致性约束。

1）事务管理语句

（1）BEGIN TRANSACTION [tran_name]：表示一个用户定义的事务的开始。tran_name 为事务的名字。

（2）COMMIT TRANSACTION [tran_name]：表示提交事务中的一切操作，结束一个用户定义的事务，使得对数据库的改变生效。

（3）ROLLBACK TRANSACTION [tran_name| save_name]：回退一个事务到事务的开头或某个保存点，表示要撤销该事务已做的操作，回滚到事务开始之前或保存点之前的状态。

（4）SAVE TRANSACTION save_name：在事务中设置一个保存点，名字为 save_name，它可以回退一个事务内的部分操作。

其中，TRANSACTION 可简写为 TRAN。

2）两个可用于事务管理的全局变量

两个可用于事务管理的全局变量是@@error 和@@rowcount。

（1）@@error：给出最近一次由出错语句引发的错误号，@@error 为 0 表示未出错。

（2）@@rowcount：给出受事务中已执行语句影响的数据行数。

3）事务管理语句的使用

```
BEGIN  TRAN
A 组语句序列
SAVE  TRAN  save_point
B 组语句序列
IF  @@error<>0
   ROLLBACK  TRAN  save_point     /* 仅回退 B 组语句序列 */
COMMIT  TRAN    /* 提交 A 组语句，且若未回退 B 组语句，则提交 B 组语句*/
```

【例 7.44】使用事务向学生表中插入一条记录,可用如下语句来完成。

```
BEGIN TRAN insert_xs
INSERT INTO 学生表(学号,姓名,性别)
VALUES ('2021105','张三','M')
IF @@ERROR=0
BEGIN
PRINT '插入记录失败'
ROLLBACK
END
ELSE
  BEGIN
     COMMIT TRAN
  END
```

在上述实例中插入了一条记录,如果再次执行一次事务,则因为表中"学号"字段是主键,所以重复插入相同的数据是不被允许的,执行结果如图 7.50 所示。

图 7.50　使用事务向学生表中插入一条记录

3. 事务中不可使用的语句

在事务中不能使用某些 SQL 语句,常见的不能进行事务回滚的 SQL 语句如表 7.5 所示。如果使用了这些语句,则不能进行事务的回滚。

表 7.5　常见的不能进行事务回滚的 SQL 语句

相 关 操 作	操 作 权 限
创建数据库	CREATE DATABASE
修改数据库	ALTER DATABASE
删除数据库	DROP DATABASE
备份数据库	BACKUP DATABASE
还原数据库	RESTORE DATABASE
日志备份	BACKUP LOG
转储事务日志	DUMP TRANSACTION
日志还原	RESTORE LOG
装载事务日志备份副本	LOAD TRANSACTION
创建数据库或事务日志设备	DISK INIT

续表

相 关 操 作	操 作 权 限
在指定的表或索引视图中，对一个或多个统计组（集合）有关键值分发的信息进行更新	UPDATE STATISTICS
显示或更改数据库选项	SP_DBOPTION

4．事务回滚机制

（1）如果服务器错误使事务无法成功完成，则 SQL Server 将自动回滚该事务，并释放该事务占用的所有资源。

（2）如果客户端与 SQL Server 的网络连接中断了，则网络会通知 SQL Server 并回滚该连接所有未完成的事务。

（3）如果客户端应用程序失败或客户计算机崩溃、重启，则会中断该连接，同时 SQL Server 回滚该连接的所有未完成事务。

（4）如果客户从应用程序注销，则所有未完成的事务都会被回滚。

（5）如果批处理中出现运行时的语句错误，那么 SQL Server 将默认只回滚产生该错误的语句。

7.6.2 锁

1．锁的概念

多个用户通过事务同时访问同一个数据资源，会造成以下几种数据错误。

（1）更新丢失：多个用户同时对同一个数据资源进行更新，必定会产生被覆盖的数据，造成数据读写异常。

（2）不可重复读：如果一个用户在一个事务中多次读取一条数据，而另外一个用户同时更新了这条数据，则会造成第一个用户多次读取数据不一致。

（3）脏读：在第一个事务读取第二个事务正在更新的数据表时，如果第二个事务还没有更新完成，那么第一个事务读取的数据将有一半为更新过的、一半还没更新过的数据，这样的数据毫无意义。

（4）幻读：在第一个事务读取一个结果集之后，第二个事务对这个结果集进行增删操作，当第一个事务再次对这个结果集进行查询时，发生数据丢失或新增的情况。

锁定就是为解决这些问题而生的，它的存在使得一个事务在对自己的数据块进行操作的时候，另一个事务不能插足这些数据块。

2．几种常用的锁模式

1）共享锁 Share Lock（S 锁）

共享锁又称他读锁，可以并发读取数据，但不能修改数据。也就是说，当数据资源上存在共享锁的时候，所有的事务都不能对这个资源进行修改，直到数据读取完成、共享锁被释放。

2）排他锁 Exclusive Lock（X 锁）

排他锁又称独占锁、写锁。在用户对数据资源进行增、删、改操作时，不允许其他任何事务对这块资源进行操作，直到排他锁被释放，可以防止同时对同一个资源进行多重操作。

3）更新锁 Update Lock（U 锁）

更新锁是防止出现死锁的锁模式。在两个事务对一个数据资源进行先读取再修改的情况下，使用共享锁和排他锁有时会出现死锁现象，而使用更新锁则可以避免死锁。资源的更新锁一次只能分配给一个事务，如果需要对资源进行修改，则更新锁会变成排他锁，否则变成共享锁。

3．死锁

当两个事务 Trans1 和 Trans2 在以下状态时，将产生死锁。

- Trans1：存取数据项 X 和 Y。
- Trans2：存取数据项 Y 和 X。

说明：如果事务 Trans1 封锁了数据项 X，事务 Trans2 封锁了数据项 Y，则 Trans1 要等待 Trans2 释放 Y 上的锁，Trans2 要等待 Trans1 释放 X 上的锁。因此，Trans1 和 Trans2 都要无限地等待对方打开锁住的数据项，则产生死锁。

形成死锁有以下 4 个必要条件。

- 互斥条件：资源不能被共享，只能被一个进程使用。
- 请求与保持条件：已获得资源的进程可以同时申请其他资源。
- 非剥夺条件：已分配的资源不可以从该进程中被剥夺。
- 循环等待条件：多个进程构成环路，并且每个进程都在等待相邻进程正在使用的资源。

在一个复杂的数据库系统中，很难百分之百地避免死锁，但可以按照以下的访问策略减少死锁。

（1）所有事务都以相同的次序使用资源，避免出现循环。

（2）减少事务持有资源的时间，避免事务中的用户交互。

（3）让事务保持在一个批处理中。

（4）由于锁的隔离级别越高共享锁的时间就越长，因此可以降低隔离级别来达到减少竞争的目的。

（5）使用绑定连接。

注：SQL Server 数据库引擎自动检测 SQL Server 中的死锁循环。数据库引擎选择一个会话作为死锁的牺牲品，并通过终止当前事务（出现错误）来打断死锁。

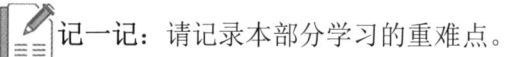记一记：请记录本部分学习的重难点。

7.7 本章小结

本章主要介绍了视图、约束、存储过程、触发器等的概念、定义与管理，还介绍了数据库的安全性控制及事务和锁等，这些都是 SQL 的高级应用，是 SQL 广泛流行的一个重要原因。

SQL 有语言一体化、高度非过程化、语言简洁、易于应用的特点，它可以定义关系数据模式、输入数据从而创建数据库，提供数据库的查询、更新、维护、安全性控制等一系列操作。也就是说，SQL 能够实现数据库系统的全部活动。

问一问：本章学习结束了，你还有什么问题呢？

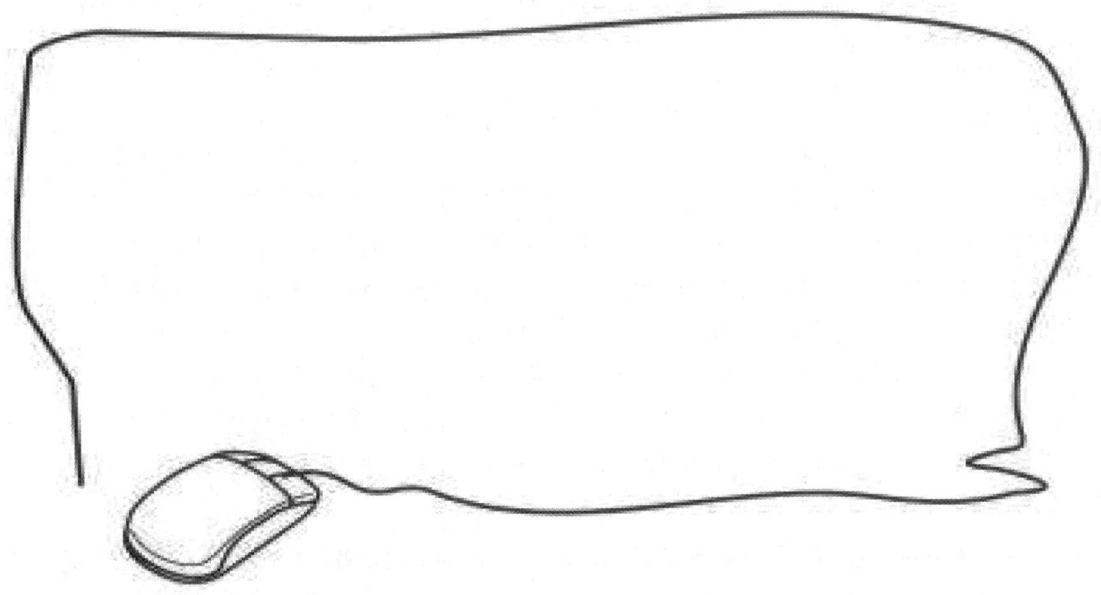

7.8 思政拓展

【案例 1：钓鱼网站窃取隐私数据】

"想知道被谁删除了吗？只需要花费 9.9 元即可检测。""微信清黑粉，免费！"不少人在使用微信时都会接触到上述信息，还有人跃跃欲试。10 月 29 日，北青-北京头条记者获悉，上海警方发现并破获一起利用"清粉"软件侵犯公民个人信息案，不法分子不仅利用"清粉"软件非法获取公民信息，还搭建非法网站出售相关信息。

2020 年年初，黄女士在使用"清粉"服务后，发现微信有大量陌生人向其提出添加好友的请求，还莫名关注了许多微信公众号，甚至还有人仿造其微信账号添加她的亲属，试图骗取财物，对其生活造成严重影响。黄女士怀疑自己的个人信息被"清粉"软件盗取，不得不到公安机关报案。

近年来，打击侵犯公民个人信息犯罪工作不断深入，而犯罪手法也日趋隐蔽。与此同时，公民个人信息的涵盖范围不断扩大，犯罪分子获取公民个人信息的途径也不断扩展，交易、交换公民信息的过程更多依附于新型网络技术，更加隐蔽，难以被发现。

【案例2：非法获取数据】

网络爬虫是互联网时代中被普遍运用的一项网络信息搜集技术。该技术最早应用于搜索引擎领域，是搜索引擎获取数据来源的支撑性技术之一。简单来说，它包含三个步骤：采集信息、数据存储和信息提取。然而，网络爬虫技术就好比一把双刃剑，越是在每个人切身利益所在的地方，越是布满了爬虫。如果企业对爬虫技术应用不当，则有可能触及相关法律法规。

2021年11月8日，杭州网警接到报案称，其企业信息查询平台数据被他人使用爬虫非法获取，造成损失。网警部门对相关线索进行研判扩线，最终查清一个以聂某为首的利用爬虫非法获取他人数据的犯罪团伙，该团伙嫌疑人通过编写爬虫脚本，利用爬虫软件爬取企业的各类数据，将数据倒卖后获利，涉嫌非法获取计算机信息系统数据罪。

若企业在爬取数据时，存在危害计算机信息系统安全的行为，包括破解被爬企业的防抓取措施、加密算法、技术保护措施等，则很有可能被认定为"侵入或以其他技术手段获取计算机信息系统数据"。

在大数据时代，网络爬虫已成为互联网抓取公开数据的常用工具之一，可以实现对文本、图片、音频、视频等互联网信息的海量抓取。但在实践中，技术的高效与便利使得网络爬虫技术存在被滥用的现象，这会在一定程度上产生侵害他人数据信息安全的法律风险。

根据《中华人民共和国刑法》第二百八十五条规定，非法获取计算机信息系统数据、非法控制计算机信息系统罪，是指违反国家规定，侵入国家事务、国防建设、尖端科学技术领域以外的计算机信息系统或者采用其他技术手段，获取该计算机信息系统中存储、处理或者传输的数据，情节严重的行为。刑法第285条第2款明确规定，犯本罪的，处三年以下有期徒刑或者拘役，并处或者单处罚金；情节特别严重的，处三年以上七年以下有期徒刑，并处罚金。

我们一定要谨记，技术是为了造福社会，而不能成为自身牟利的手段，树立良好的隐私保护意识，正确地应用数据，树立数据安全意识至关重要。

议一议：身处大数据时代的我们，不仅要有数据安全意识，保护自身隐私，更要懂得"技术"是一把双刃剑，一定要用对地方。从上述两个案例中，你有何感想与收获？

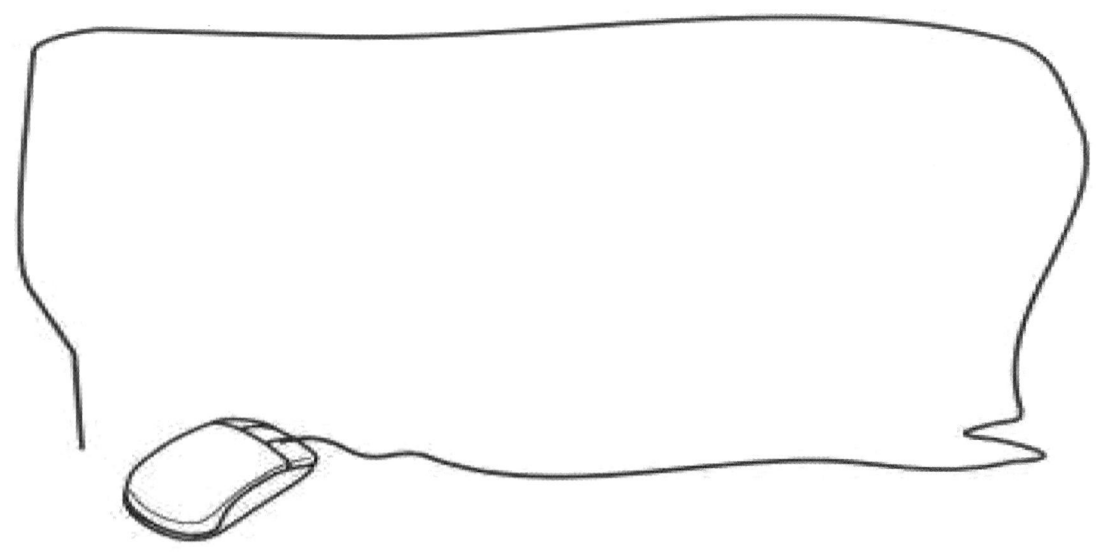

7.9 习题

1. 简述各种约束类型的特点和作用。
2. 比较主键约束和 UNIQUE 约束的区别。
3. 触发器被触发执行的条件是什么？
4. 如何进行权限的管理？
5. 按照下面的关系模式，写出 SQL 语句。
- Product(manufacturer,model,type)。
- PC(model,speed,RAM,hard,CDROM,price)。
- Laptop(model,speed,RAM,hard,screen,price)。
- Printer(model,color,type,price)。

（1）定义这些关系模式的主键。
（2）定义 PC 和 Product 关系之间的外键。
（3）便携式计算机的速度至少是 450MHZ。
（4）CDROM 的速度只能是 48MHZ、50MHZ 和 56MHZ。
（5）产品类型只能是个人计算机、便携式计算机和打印机。
（6）PC 厂商不能制造便携式计算机和打印机。
（7）PC 厂商必须同时制造便携式计算机。
（8）速度低于 500MHZ 的个人计算机的价格低于 6578 元。

6. 建立触发器以实现以下功能。

（1）在学生表中插入新行时，班级的取值必须以 "GZ" 开头。若不符合条件，请给出提示并回滚事务。
（2）不允许减小课程的周课时数，若出现此情况，请给出提示并回滚事务。
（3）在删除学生表中学生的同时，删除此学生在选课表中的所有选课记录。
（4）使用 INSTEAD OF 触发器，打印出 "不能删除学生" 的提示，并以此取代任何对学生表的删除操作。

7. 假设某酒店数据库中有以下几个基本表。

客户个人信息(身份证号,姓名,性别,年龄,工作单位)。
客户入住信息(身份证号,客房号,入住时间,退房时间)。
客房(客房号,客房类型号)。
定价(客房类型号,客房类型,单价)。
雇员(雇员号,姓名,雇佣日期,被投诉次数)。

假设你作为 DBA，现要负责给不同的数据库用户授予不同的权限，要求各用户可以执行如下的操作。

（1）张天和王林有权查询酒店客户的入住信息。
（2）李新负责更新酒店客户的个人信息。
（3）王立有权查询各种类型的客房号及所属的类型和定价。
（4）陈铭负责更新各类型客房的定价。
（5）李新有权更新雇员的信息。

(6) 由于工作调动,需要收回张天和李新的所有权限。

8. 执行下列语句的用户需要拥有哪些权限?

INSERT　INTO 学生表 1(学号,姓名,性别,班级,年龄)

SELECT 学号,姓名,性别,班级,年龄

FROM 学生表 WHERE 性别='M'

记一记:本章学习结束了,你有哪些收获?

第 8 章

大数据时代数据管理技术

学习目标

知识目标：了解大数据的特点；掌握数据仓库的定义和重要特性；理解数据挖掘技术的功能及分析方法；了解云数据库、图数据库和时序数据库等新型数据库技术。
技能目标：知道不同数据库技术在相关领域的应用；理解数据处理流程。
思政目标：培养数据素养；培养对新型技术发展的跟踪意识和自主学习意识。

随着认知水平和管理水平的提高，人们对于客观世界的描述越来越全面，存储的信息量越来越大，但如何将海量信息提取出来并转化为有用的信息，仍然是一个亟待解决的问题。为此人们进行了多方面的尝试，大数据技术、数据仓库、数据挖掘技术及一些新型数据库技术应运而生。本章围绕大数据技术、数据仓库、数据挖掘及云数据库技术、图数据库技术和时序数据库技术等新型数据库技术展开介绍。

8.1 大数据技术

8.1.1 大数据的概念

随着以社交网络为代表的新型信息发布方式的不断涌现，以及云计算、物联网等技术的兴起，数据正以前所未有的速度不断增长和累积，大数据时代已经到来。最早提出大数据时代到来的是全球知名咨询公司麦肯锡，麦肯锡称："数据，已经渗透到当今每一个行业和业务职能领域，成为重要的生产因素。人们对于海量数据的挖掘和运用，预示着新一波生产率增长和消费者盈余浪潮的到来。"大数据在物理学、生物学、环境生态学等领域，以及军事、金融、通信等行业的应用已有时日，近年来因为互联网和信息行业的发展而引起人们关注。

就定义而言，大数据是一个较为抽象的概念，至今尚无确切、统一的定义，各方对"大数据"给出了十余种不同的定义，比较典型的有以下几种。

研究机构 Gartner 认为：大数据是指需要借助新的处理模式才能拥有更强的决策力、洞察力和流程优化能力的具有海量、多样化和高增长率等特点的信息资产。

麦肯锡的定义为：大数据是指在一定时间内无法用传统数据库软件工具采集、存储、管理和分析的数据集合。

维基百科的定义为：大数据是指需要处理的资料量规模巨大，无法在合理时间内，通过当前主流的软件工具撷取、管理、处理并整理的资料，能帮助企业进行经营决策。

IDC 的定义为：大数据一般会涉及两种或两种以上的数据形式。它要收集超过 100TB 的数据，并且是高速、实时的数据流，或者是从少量数据开始，但数据量每年会增长 60%以上。

Gartner 给出的是一个比较宏观的定义。先对数据进行了描述，再在此基础上加入了处理此类型数据的一些特征，用这些特征来描述大数据；而维基百科的定义缺乏精确性，主流软件工具的范畴难以界定；麦肯锡和 IDC 只强调数据本身的体量、种类和增长速度，属于狭义的定义。对大数据的概念界定各有各的看法。

狭义的大数据主要是指大数据的关键技术及其在各个领域中的应用，是指从各种类型的数据中，快速地获得有价值的信息的能力。一方面，狭义的大数据反映的是数据的规模非常大，大到无法在一定时间内用一般性的常规软件工具对其内容进行抓取、管理和处理；另一方面，狭义的大数据主要是指海量数据的获取、存储、管理、计算、分析、挖掘与应用的全新技术体系。

广义的大数据包括大数据技术、大数据工程、大数据科学和大数据应用等与大数据相关的领域，即除了狭义的大数据，还包括大数据工程和大数据科学。大数据工程是指对大数据进行规划、建设、运营、管理的系统工程；大数据科学主要关注在网络发展和运营过程中发现和验证的大数据的规律及其与自然、社会活动之间的关系。对大数据进行广义分类是为了适应信息经济时代发展需要而形成的科学技术发展趋势。

议一议：说一说生活中有哪些领域用到大数据技术，请举例说明。

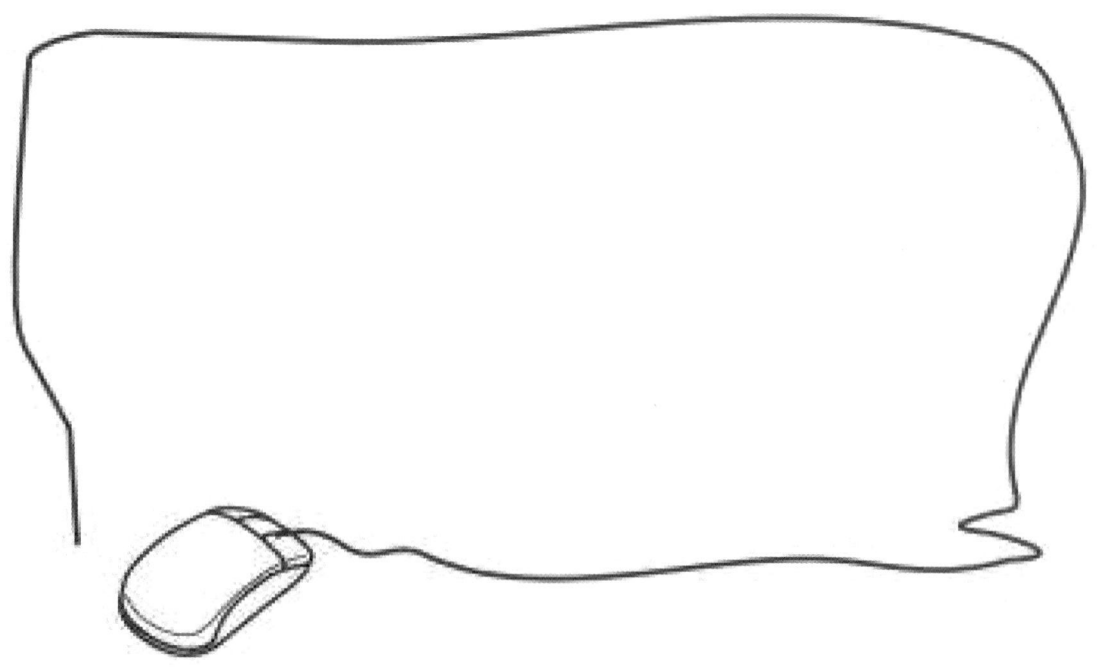

8.1.2 大数据的特点

根据以上定义，目前大家公认的是大数据的 4V 说法：数据规模大、数据种类多、数据价值密度低及处理速度快，即所谓的 4V 特性（Volume，Variety，Value，Velocity），或者说是大数据的 4 个特点。

1）数据规模大（Volume）

数据体量巨大，从 TB 级别跃升到 PB 级别，是大数据的基本属性。随着互联网技术的广泛应用，互联网的用户急剧增多，数据的获取、分享变得相对容易。在以前，也许只有少量的机构会付出大量的人力、财力成本，通过调查、取样的方法获取数据，而现在，普通用户也可以通过网络非常方便地获取数据。此外，用户的分享、点击、浏览都可以快速地产生大量数据。当然，随着技术的进步，这个数值还会不断变化，也许 5 年以后，只有 EB 级别的数据量才能够称得上是大数据了。

2）数据种类多（Variety）

数据种类繁多，除了传统的销售、库存等数据，企业采集和分析的数据还包括网站日志数据、呼叫中心通话记录、微博等社交媒体中的文本数据、智能手机中内置的全球定位系统所产生的位置信息、实时生成的传感器数据等。数据类型不仅包括统一的关系数据类型，还包括未加工的、半结构化和非结构化的信息，如以网页、文档、E-mail、视频、音频等形式存在的数据。

3）数据价值密度低（Value）

数据价值密度低，商业价值高，数据量在呈现几何级数增长的同时，数据背后隐藏的有用信息却没有呈现出相应比例的增长，相反地，获取有用信息的难度不断加大。例如，现在很多地方安装的监控使得相关部门可以获得连续的监控视频信息，这些视频信息产生了大量数据，但是，有用的数据可能仅存在那一两秒钟内。

4）处理速度快（Velocity）

数据产生和更新的频率也是衡量大数据的一个重要特征。1 秒定律——是大数据与传统数据挖掘相区别的显著特征。例如，全国用户每天产生和更新的微博、微信和股票信息等数据随时都在传输，这就要求处理数据的速度必须快。

8.1.3 大数据处理流程

大数据处理流程包括数据采集、数据处理、数据存储、数据分析、数据展示/数据可视化等五方面，如图 8.1 所示。其中，数据质量贯穿整个大数据处理流程，数据处理的每一个环节都会对大数据质量产生影响。

我们可以将整个大数据的处理流程定义为：在合适工具的辅助下，对广泛异构的数据源进行抽取和集成，将结果按照一定的标准进行统一存储，并利用合适的数据分析技术对存储的数据进行分析，从中提取有益的知识并利用恰当的方式展现给终端用户。具体来说，可以分为数据抽取和集成、数据分析及数据解释。

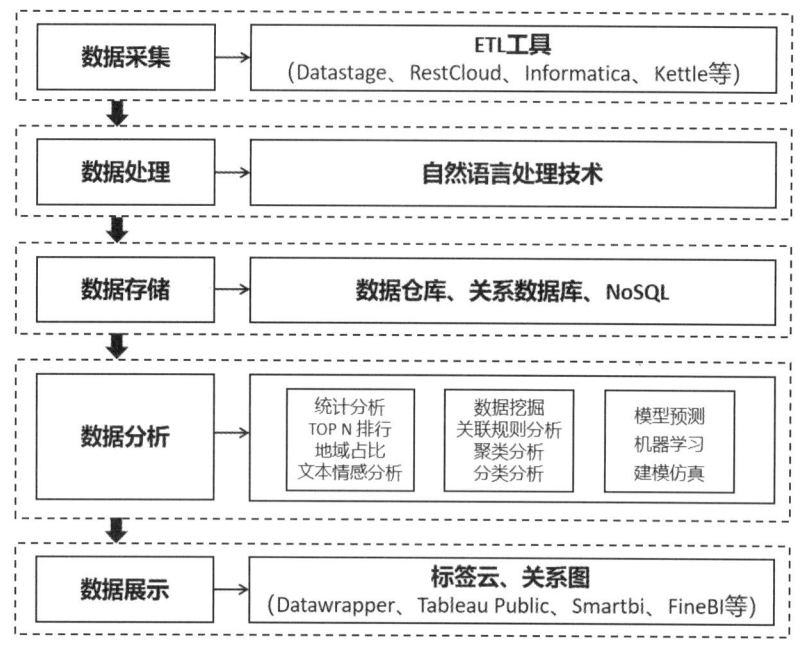

图 8.1 大数据处理流程

要处理大数据,首先必须对所需数据源的数据进行抽取和集成,即从中提取出关系和实体,在经过关联和聚合之后采用统一定义的结构来存储这些数据。在数据抽取和集成时需要对数据进行清洗,保证数据质量及可信度。同时还要特别注意大数据时代模式和数据的关系,大数据时代的数据往往是先有数据再有模式,且模式在不断地动态演化。数据抽取和集成技术不是一项全新的技术,传统数据库领域已对此问题有了比较成熟的研究。随着新的数据源的涌现,数据集成方式也在不断地发展。从数据集成模型来看,现有的数据抽取和集成方式可以大致分为以下 4 种类型:基于物化或 ETL 方法的引擎(Materialization or ETL Engine)、基于联邦数据库或中间件方法的引擎(Federation Engine or Mediator)、基于数据流方法的引擎(Stream Engine)及基于搜索引擎的方法(Search Engine)。

数据分析是整个大数据处理流程的核心,大数据的价值产生于分析过程。从异构数据源中抽取和集成的数据构成了数据分析的原始数据。根据不同应用的需求,我们可以从这些数据中选择全部或部分数据进行分析。传统的分析技术如数据挖掘、机器学习、统计分析等在大据时代都需要做出调整。

如果分析的结果正确但是没有采用适当的解释方法,则所得结果很可能让用户难以理解,在极端情况下甚至会误导用户。数据解释的方法有很多,比较传统的就是以文本形式输出结果或者直接在电脑终端上显示结果,这种方法在面对少量数据时是一种很好的选择。但是,大数据时代的数据分析结果往往是海量的,同时结果之间的关系极其复杂,采用传统的解释方法一般是不可行的。我们可以考虑从以下两个方面提升数据解释能力:一是引入可视化技术,二是让用户能够在一定程度上了解和参与具体的分析过程。

可视化作为解释大量数据最有效的手段之一,率先被科学与工程计算领域采用。通过对分析结果的可视化,用形象的方式向用户展示结果,而且图形化的方式比文字更易理解和接受。常见的可视化技术有标签云(Tag Cloud)、历史流(History Flow)、空间信息流(Spatial Information Flow)等,大家可以根据具体的应用需要选择合适的可视化技术。常见的可视化软件有 Datawrapper、Tableau Public、Smartbi、FineBI 等。

 想一想：数据质量贯穿整个大数据流程，你对此如何理解？

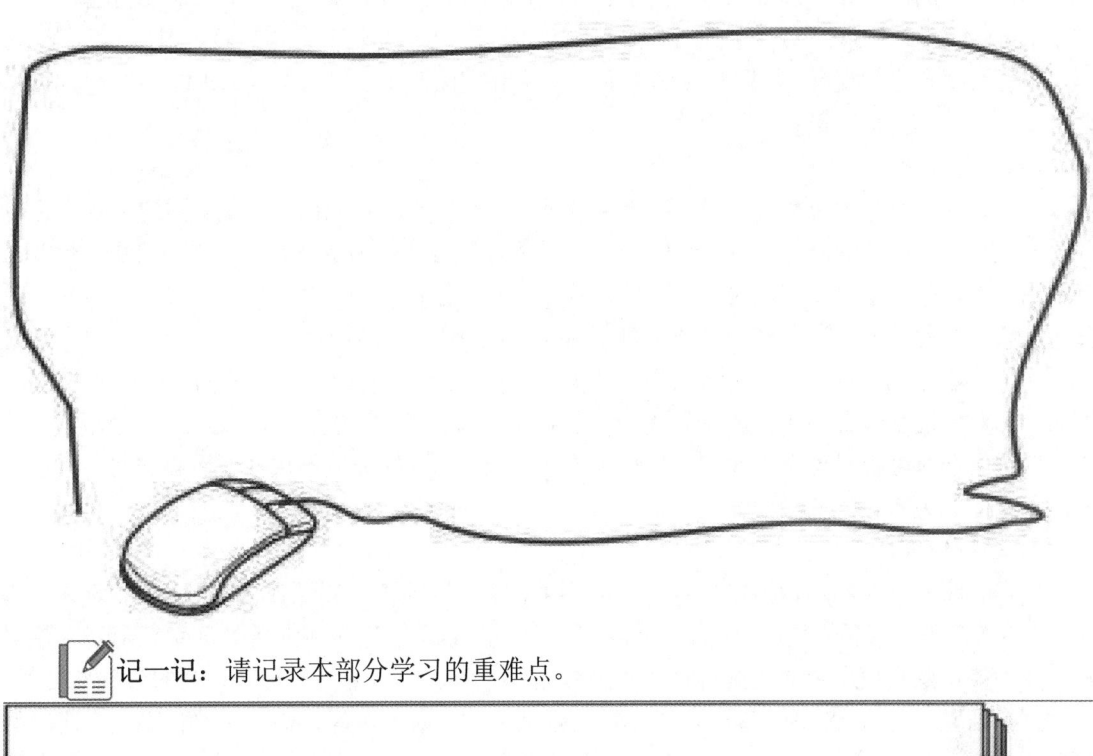

记一记：请记录本部分学习的重难点。

8.2 数据仓库

8.2.1 数据仓库的概念

数据仓库的概念最早由有"数据仓库之父"之称的 William H. Inmon 提出，他在 1991 年

出版的 *Building the Data Warehouse*（《建立数据仓库》）一书中所提出的定义被广泛接受——数据仓库（Data Warehouse）是一个面向主题的（Subject Oriented）、集成的（Integrated）、相对稳定非易失性的（Non-volatile）、随时间变化的（Time Variant）数据集合，用于支持管理决策（Decision Making Support）。

根据数据仓库的定义，数据仓库的重要特性主要有面向主题性、数据集成性、数据时变性、数据非易失性、支持决策系统 5 个特点。

1）面向主题性

传统数据库是面向应用的，即日常事务处理，而数据仓库是面向主题的。面向主题表示数据仓库进行数据组织的基本原则，数据仓库中的所有数据都是围绕着某一主题展开的。数据仓库的用户大多是企业的管理决策者，这些人所面对的往往是一些比较抽象的、层次较高的管理分析对象。企业中的客户、产品、供应商等都可以被作为主题看待。

从信息管理的角度看，主题就是在一个较高的管理层次上对信息系统的数据按照某一具体的管理对象进行综合、归类所形成的分析对象。从数据组织的角度看，主题是一些数据集合，这些数据集合对分析对象做了比较完整的、一致的描述，这种描述不仅涉及数据自身，而且涉及数据之间的关系。

2）数据集成性

数据仓库的集成性是指根据决策分析的要求，将分散于各处的源数据进行抽取、筛选、清理、综合等工作，从而使数据仓库的数据具有集成性。数据仓库在从业务处理系统中获取数据时，并不能将源数据库中的数据直接加载到数据仓库中，而是需要进行一系列的数据预处理，即数据的抽取、筛选、清理、综合等工作。也就是说，数据仓库首先要从源数据库中挑选出所需要的数据，然后将这些来自不同数据库的数据按照某一标准进行统一，即将不同数据源中数据的单位、字长与内容按照要求统一起来，消除源数据字段中的同名异义、异名同义现象，把数据以一个一致的视图呈现给用户。在源数据加载到数据仓库之后，还要根据决策分析的需要对这些数据进行概括、聚集处理。

3）数据时变性

数据仓库的时变性是指数据应该随着时间的推移而变化。尽管数据仓库中的数据并不像业务数据库那样反映业务处理的实际状况，但是数据也不能长期不变，如果依据 10 年前的数据进行决策分析，那决策所带来的后果将是十分可怕的。因此，数据仓库必须能够不断捕捉主题的变化数据，并将那些变化的数据追加到数据仓库中。也就是说，在数据仓库中必须不断生成主题的新快照以满足决策分析的需要。新快照生成的间隔可以根据快照的生成速度和决策分析的需要而定。例如，如果分析企业近几年的销售情况，那么快照可以每隔一个月生成一次；如果分析一个月的畅销产品，那么快照就需要每天生成一次。

4）数据非易失性

数据仓库的非易失性是指一旦数据进入数据仓库，就会保持一个相当长的时间，因为数据仓库中的数据大多为过去某一时刻的数据，主要用于查询、分析，所以不像业务系统中的数据那样，要经常进行修改、添加，除非数据仓库中的数据是错误的。

5）支持决策系统

数据仓库的根本目的在于对决策的支持，高层的决策者、中层的管理者和基层的业务处理者等不同层次的管理人员均可以利用数据仓库进行决策分析，提高管理决策的质量。管理人员可以利用数据仓库进行各种管理决策的分析，利用自己所特有的、敏锐的商业洞察力和业务知识从数据中发现众多的商机。数据仓库为管理人员利用数据进行管理和决策分析提供了极大的便利。

想一想：谈一谈你对数据仓库 5 个特点的理解。

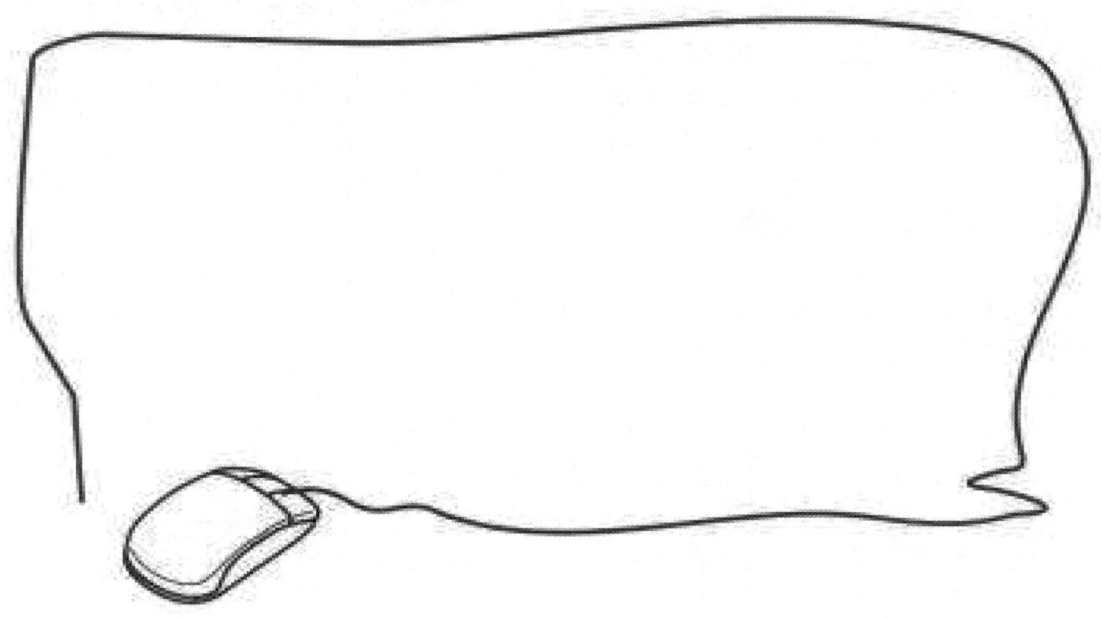

8.2.2 数据仓库的数据组织

数据仓库是在数据库系统的基础上发展起来的，但它的数据组织结构不同于原有的数据库。数据仓库中存储着不同层次和类别的数据，包括历史详细数据、当前详细数据、轻度综合数据和高度综合数据等，整个数据仓库中的数据由元数据负责组织和管理。数据仓库的数据组织结构如图 8.2 所示。

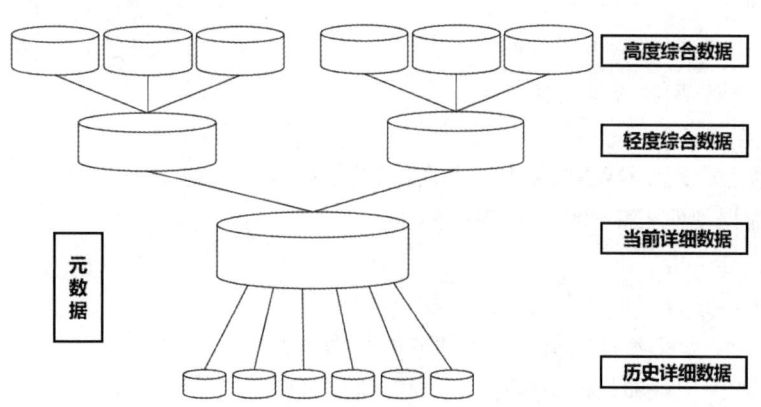

图 8.2 数据仓库的数据组织结构

（1）历史详细数据（Older Detail Data）：存储 5 年以上的历史详细数据，这些数据用于决策者做纵向对比分析和预测。

（2）当前详细数据（Current Detail Data）：存储当前业务详细数据（4年以内），直接从事务数据库中抽取和集成而来。

（3）轻度综合数据（Lightly Summarized Data）：根据一定的分类规则，通过统计、计算导出的物理视图，这些数据更接近于决策者所需的信息。

（4）高度综合数据（Highly Summarized Data）：通过各种分析综合得到的高度综合的数据。这些数据为更高层次的决策分析服务。

（5）元数据（Meta Data）：一类比较特别的数据，是关于数据的数据，即对数据的定义和描述。元数据不包括业务数据库中的实际数据信息。

8.2.3 数据仓库的系统结构

数据仓库系统是由数据仓库、数据仓库管理系统和分析工具三部分组成的。数据仓库的系统结构如图 8.3 所示。

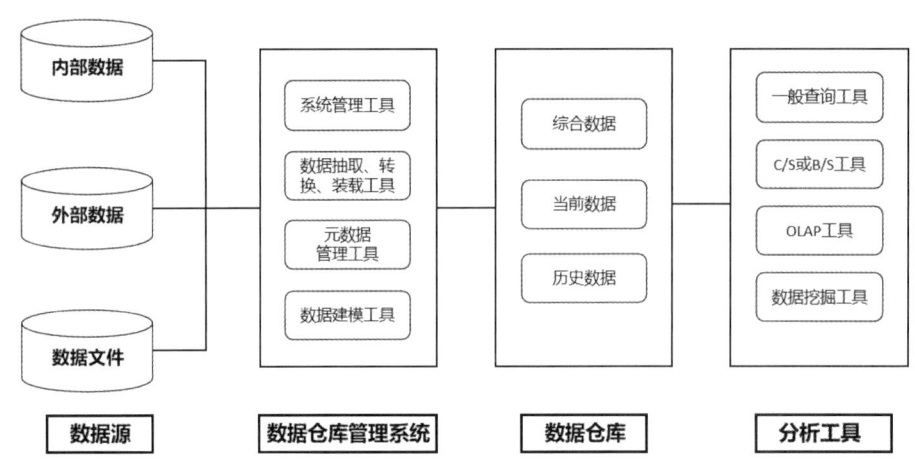

图 8.3 数据仓库的系统结构

1）数据仓库

数据仓库中的数据包括历史数据、当前数据和综合数据，它们来自多个数据源，如企业内部数据、企业外部数据及各种文档等。

2）数据仓库管理系统

数据仓库管理系统（DWMS）由一系列工具组成，包括系统管理工具，数据抽取、转换、装载工具，元数据管理工具和数据建模工具等。

（1）系统管理工具。

系统管理工具具有以下几个方面的功能。

① 数据管理：包括数据更新、清理"脏"数据、删除休眠数据；

② 性能监控：搜集和整理系统性能信息，确定系统是否达到了所确定的服务水平；

③ 存储器管理：使数据仓库的存储器适应数据量增长需求，实现用户的快速检索；

④ 安全管理：保证应用程序的安全和数据库访问安全。

（2）数据抽取、转换、装载工具。

该工具可以根据数据获取规则将系统从源数据中抽取、转换出来，并装入数据仓库中。

（3）元数据管理工具。

元数据在数据仓库中扮演着重要角色，它不仅是数据仓库的字典，而且指导数据的抽取、转换和装载工作，并指导用户使用数据仓库。

（4）数据建模工具。

数据模型是对现实世界数据特征的抽象。数据仓库的数据模型按数据仓库的设计过程分为概念模型、逻辑模型和物理模型。数据建模工具能使建立的物理模型适应决策者使用的逻辑模型。

3）分析工具

由于数据仓库的数据量巨大，因此必须有一套功能强大的分析工具来实现从数据仓库中提供辅助决策的信息，以完成决策支持系统（DSS）的各种要求。分析工具包括以下几类。

（1）查询工具。

数据仓库的查询不是对记录级数据的查询，而是针对分析处理数据的查询，一般使用可视化工具展示数据，这样可以帮助用户了解数据的结构、关系及动态性。

（2）多维分析（OLAP）工具。

多维分析（OLAP）工具通过多种可能的信息观察角度来进行快速、一致和交互性的存取，方便用户对数据进行深入的分析和观察。多维数据的每一个维度都代表对数据的一个特定的观察角度，如时间、地域、业务等。

（3）数据挖掘工具。

数据挖掘工具帮助用户从大量数据中挖掘出具有规律性的知识。

（4）客户机/服务器（Client/Server）或浏览器/服务器（Browser/Server）工具。

数据仓库一般是在网络环境下向用户提供服务的，因此数据仓库系统一般都要提供 C/S 或 B/S 工具。

想一想：数据仓库与数据库的区别与联系。

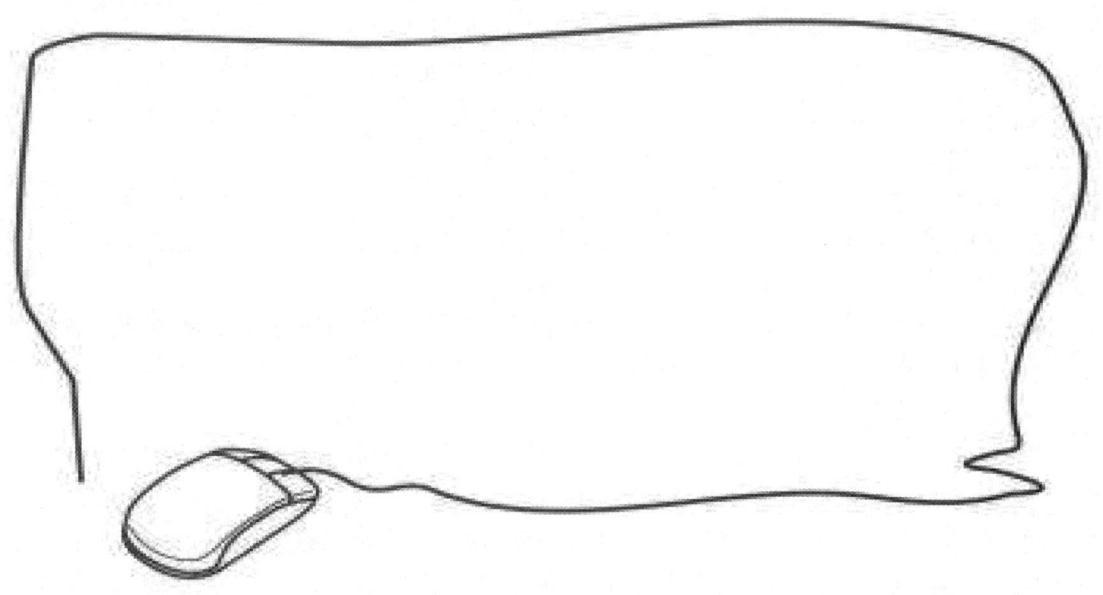

记一记：请记录本部分学习的重难点。

8.3 数据挖掘

8.3.1 数据挖掘的概念

20世纪90年代,随着数据库系统的广泛应用和网络技术的高速发展,数据库技术进入了一个全新的阶段,即从过去仅管理一些简单数据发展到管理由各种计算机所产生的图形、图像、音频、视频、电子档案、Web页面等多种类型的复杂数据,并且数据量越来越大。数据库在给我们提供丰富信息的同时,体现出明显的海量信息特征。在信息爆炸时代,海量信息给人们带来许多负面影响,最主要的就是有效信息难以提炼,过多无用的信息必然会产生信息状态转移距离(信息距离)和有用知识的丢失。信息状态转移距离是对一个事物信息状态转移所遇障碍的测度,简称DIST或DIT。这就是约翰·内斯伯特(John Nalsbert)所说的"信息丰富而知识贫乏"的窘境。因此,人们迫切希望能对海量数据进行深入分析,发现并提取隐藏在其中的信息,以更好地利用这些信息。但仅以数据库系统的录入、查询、统计等功能,无法发现数据中存在的关系和规则,无法根据现有的数据预测未来的发展趋势,更缺乏挖掘数据背后隐藏知识的手段。正是在这样的条件下,数据挖掘技术应运而生。

1995年,在美国计算机年会(ACM)上提出了数据挖掘(DM.data mining)的概念,即通过从数据库中抽取隐含的、未知的、具有潜在使用价值的信息的过程。数据挖掘是知识发现过程中最为关键的步骤。

从技术角度来看,数据挖掘是从大量不完全、有噪声、模糊、随机的实际数据中提取隐含在其中的人们所不知道但潜在有用的信息和知识的过程。从商业应用角度来看,数据挖掘是一种新的商业信息处理技术,其主要特点是对商业数据库中的大量业务数据进行抽取、转换、分析和其他模型化处理,从中提取出辅助商业决策的关键性数据。简而言之,数据挖掘其实是一类深层次的数据分析方法。目前,所有企业面临一个共同问题:企业数据量非常大而其中真正有价值的信息却很少,从大量的数据中经过深层分析来获得有利于商业运作和提高竞争力的信息，就像从矿石中淘金一样，数据挖掘也因此得名。因此，可以将数据挖掘描述为：按企业既定业务目标，通过对大量的企业数据进行探索和分析来揭示隐藏的或验证已知的规律性，并进一步将其模型化的先进有效的方法。

8.3.2 数据挖掘流程

数据挖掘流程如图 8.4 所示。

1）确定挖掘目标

挖掘目标的确定是数据挖掘的前提，只有明确挖掘目标，才能选择与之相适应的挖掘方法与数据模型。

2）数据处理

数据处理是指根据挖掘目标及挖掘对象选择合适的数据源。对数据进行预处理，将数据中的异常点和无效数据删除，从而提高数据质量，使得到的结果更准确和有说服力。

3）数据挖掘

数据挖掘是指选择与挖掘目标相适应的挖掘工具和挖掘方法，对数据进行数据挖掘，发现数据中潜在的有价值的规律和知识，这一过程是数据挖掘的核心。在挖掘过程中，可以将数据分为训练样本集和待测样本集。先对训练样本集进行数据挖掘，构建系统模型；在系统模型稳定且能产生有规律的结果之后，再使用相同的方法和工具对待测样本集进行数据挖掘，如果产生了与训练样本集相似的挖掘结果，则证明该方法有效。

4）结果分析

结果分析是指根据所选择的数据挖掘方法对得到的挖掘结果进行分析，为数据挖掘结果赋予实际意义，以达到挖掘目标，解决实际问题。

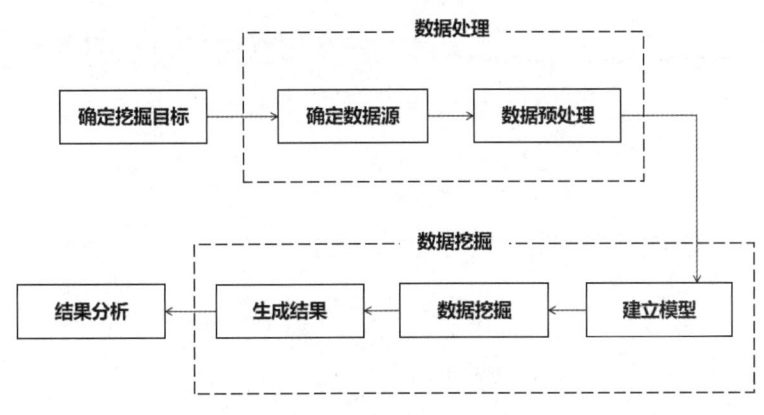

图 8.4 数据挖掘流程

8.3.3 常见的数据挖掘工具

常见的数据挖掘工具有 Intelligent Miner、SPSS Clementine、Enterprise Miner 和 Weka（Waikato Environment for Knowledge Analysis），以下对它们分别做简单介绍。

1）Intelligent Miner

Intelligent Miner 由美国 IBM 公司设计开发，是目前数据挖掘领域中最先进的产品之一。

它可以将数据的选择、数据的处理、数据挖掘和结果展示这一系列操作全部自动化,用户如果对挖掘结果不满意,则可以对挖掘结果进行二次挖掘,直到对结果满意为止。

2) SPSS Clementine

SPSS Clementine 具有完备的数据探索功能。它是一个开放式的挖掘工具,从数据的提取、处理、构建模型、结果分析到最终的部署,数据挖掘的整个流程都可以使用 SPSS Clementine 来完成。在可视化方面,SPSS Clementine 不局限于完成技术性工作而是将重点放在解决问题上。SPSS Clementine 的特色是为使用户能以最快、最便捷的方式找到解决问题的办法,在图形化技术中为其提供多种选择。

3) Enterprise Miner

1997 年,SAS 发布了 Enterprise Miner,它为用户提供一个图形化、流程化的处理环境,这个环境方便建模,而且包含数据挖掘的算法,如决策树、神经网络、回归、关联等。Enterprise Miner 属于通用型的数据挖掘工具,它可以对现实存在的事实进行解释,并对其结果和发展走向进行预测,能找到解决问题的关键因素,这些功能还可以帮助企业降低成本、增加收入,提升企业的竞争力。

4) Weka (Waikato Environment for Knowledge Analysis)

Weka 是一个开放源代码的数据挖掘工具,它的全称是怀卡托智能分析环境。许多数据挖掘算法被集成在 Weka 中,用户若需要对数据进行预处理、分类、关联规则、聚类等运算,那么可以直接使用 Weka 来实现。开发者可以使用 Java 语言在 Weka 中开发和实验新的数据挖掘算法。

上述挖掘工具能满足常见的数据挖掘任务,除此之外,Partek、SE-Learn 等软件也具有数据挖掘功能。

动一动:请上网查一查还有哪些常见的数据挖掘工具。

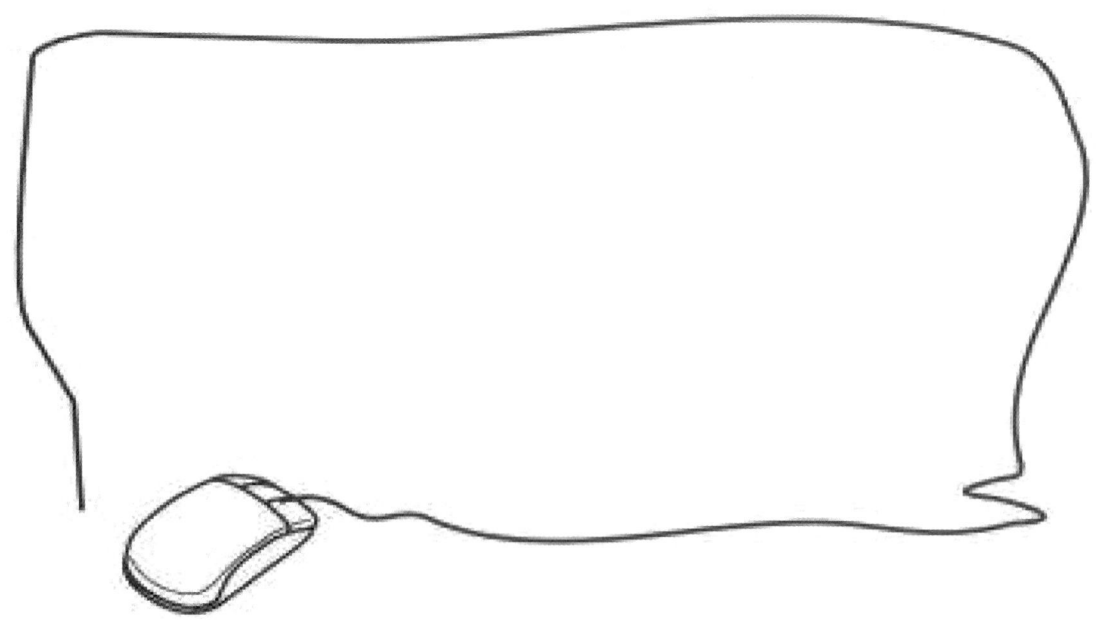

记一记:请记录本部分学习的重难点。

8.4 云数据库技术

8.4.1 云数据库技术概述

随着计算机网络的不断普及，网络中产生的数据信息量也越来越大，传统的本地数据库已经难以支持海量数据信息的存储，而基于云技术开发的云数据库能够更有效地应对这一情况，提高数据库的应用效率，更好地为计算机网络服务提供支持。

根据不同的服务类型可将云计算分为三个不同的类别，分别为 IaaS、PaaS、SaaS。在 SaaS 逐渐得到广泛应用的情况下，云数据库得以产生和发展，它对数据库的存储能力进行了非常大的提升，同时将重复配置的资源进行消除，为软件升级和硬件更新提供了便利。云数据库具有很多方面的优势，如支持资源有效分发、多租户形式、高可用性、良好的可扩展性等优势。在未来的数据库技术发展中，云数据库技术是主要的发展方向。

云数据库的特点主要体现在以下几个方面。

1）数据的分布式存储

云数据库属于虚拟数据库，它会根据用户购买云数据库服务等级的不同而制定出不同的模式。在通常情况下，云数据库会根据并发连接数、容量的大小将数据进行拆分并存储到不同的虚拟机中。它具有较强的智能算法，能够在拆分的过程中提升存储效率。

2）数据服务的高可用性

传统的数据库具有低可用性的缺陷，而云数据库能够根据不同类型的数据库产品与主机来对存储行为进行选择。云数据库通常采用冗余的机制，即在数据处理的过程中拥有多个数据库主机，其主要的目标是当出现主机或数据库故障时，能够在较短的时间内切换数据服务，因此云数据库的数据服务具有高可用性的特征。

3）数据服务的隔离性

当多个数据库实例运行在同一台物理主机中时，必然存在数据库间争夺资源的现象，进而严重影响到数据库的服务质量与效率。而采用云数据库会将数据库实例进行隔离，使数据库实例之间不会互相影响，从而保证其质量与效率。

8.4.2 云数据库的关键技术

1．动态扩展

云数据库在理论上是可以将数据库进行无限扩展的，而这种无限扩展的功能也能够满足用户更多的需求，并且在扩展过程中不会影响其他的数据库，同时其扩展步骤也更便于使用。因此，云数据库在数据库的动态扩展上表现出了较为明显的优势。而实现云数据库动态扩展的关键在于云数据库自身的服务管理。对于云数据库的服务管理来说，它和 Linux 操作系统具有相似之处，即云数据库也能够实现数据存储位置的申请和回收，并重复利用。

2．分布式存储

云数据库的数据存储采用分布式存储方式，利用这种存储方式，会出现多个节点和数据库的连接。对于云数据库来说，其中的一个节点失效不会影响其他节点的正常工作。而实现云数据库这一功能的关键是云数据库采用的一致性 hash 规则。利用这一规则，即使在数据库的使用过程中，其中的某个节点退出，也不会对其他正常运行的节点造成太大影响，这也是云数据库具有高可用性的原因之一。与此同时，通过分布式存储，在经过一定的时间间隔之后，云数据库会将数据自动复制到其他数据库中，从而提高云数据库的容错能力。

3．资源共享

云数据库是一种基于云技术的存储服务，因此，在通常情况下，云数据库服务都是通过资源共享模式来进行的。而通过资源共享，用户可以花费更少的租金而获得优质的服务。采用资源共享模式的优势主要表现在即使部分用户不再续租服务，其他用户还可以循环使用，因此，云数据库的复用率较高，有利于降低用户的存储成本。

4．数据存储的并行处理

云数据库中数据存储的并行处理主要是为了处理信息时代的海量信息，在通常情况下，如果将云数据库的数据处理方式改为串行处理，那么将会使云数据库的信息处理效率下降，从而花费更多的时间进行信息处理。因此，对于大规模信息处理，云数据库都是采用并行处理的方式，通过这种方式能够在短时间内将大规模信息进行获取和处理，从而更加适应用户的需求。实现云数据库数据存储的并行处理依赖两种关键技术：一是分散存储技术，利用这一技术，云数据库可以将不同的数据存储到不同的数据库中，因此，在提取数据的过程中可以实现数据的并行获取；二是数据存储的分表处理技术，利用这一技术可以将云数据库中的数据划分为更小的单位，从而提高数据并行处理的可能性。

8.4.3 常见的云数据库

1．Amazon 云数据库

Amazon 作为云数据库市场的领导者，对于云数据库的发展具有积极作用。Amazon 不仅为用户提供 EC2 计算服务与 S3 存储服务，更重要的是还提供了基于云的数据库服务 Dynamo。除此之外，现阶段 Amazon 已经与其他厂商进行合作，并且能够很好地运用在不同的数据库平台中。

2．Google 云数据库

Big Table 作为 Google 的云数据库代表，其主要目的是对其中的格式化和半格式化数据进行处理。经过一段时间的发展后，Big Table 已经与众多的 Google 应用相结合，其中具有代表性的有 Google Finance、Web 索引及 Search History 等。但需要注意的是，由于现阶段 Big Table 不属于真正的 DBMS，因此无法保障数据一致性与事务一致性。

3．Microsoft 云数据库

Azure 平台是 Microsoft 的云数据库产品，此平台能够实现在网络中使用 SQL Server，并对数据库中的数据进行创建、查询及编辑等。Azure 平台有以下特征。

（1）属于关系数据库。

（2）能够支持大量数据类型。

（3）支持存储过程。

（4）支持云中的事务。

4．阿里云数据库

阿里云关系数据库（Relational Database Service），简称 RDS。它是一种稳定、可靠、可弹性伸缩的在线数据库服务。基于阿里云分布式文件系统和 SSD 盘高性能存储，RDS 支持 MySQL、SQL Server、PostgreSQL、PPAS（Postgre Plus Advanced Server，高度兼容 Oracle 数据库）和 MariaDB TX 引擎，并且提供了容灾、备份、恢复、监控、迁移等方面的全套解决方案，解决了数据库运维的问题。

5．华为云数据库

目前华为的数据库工具统一支持开源数据库服务和自研 GaussDB 数据库服务，成熟的商用服务有华为云的数据复制服务（DRS）、数据管理服务（DAS）、分布式数据库中间件（DDM）。其中，数据复制服务能实现在线数据的迁移、业务切换微中断、业务切换时间的自由选择，同时能跨数据库版本热迁移，并给出迁移/升级后直观的性能评估报告，从而让用户的原数据库切换到华为云的过程更加简单；数据管理服务可提供便捷的云数据库管理与运维服务，核心功能包含数据库查询与开发、运维监控、性能诊断、SQL 调优、数据安全管控、智能参数预测等；分布式数据库中间件与数据复制服务的结合，可以把水平扩展分布式数据库能力以单个数据库实例的访问体验带给普通用户，从而保证 SQL 运算及事务能力，存储和计算层几乎无限扩展。

6．百度云数据库

百度云关系数据库（Relational Database Service），简称 RDS，它是一种稳定、可靠、可弹性伸缩的在线数据库服务。基于百度云分布式文件系统和高性能存储，RDS 支持 MySQL、SQL Server、PostgreSQL 和 PPAS（Postgre Plus Advanced Server，高度兼容 Oracle 数据库）引擎，并且提供了容灾、备份、恢复、监控、迁移等方面的全套解决方案，解决了数据库运维的问题。

8.5 图数据库技术

8.5.1 图数据库技术概述

当前互联网、物联网、金融等领域积累了海量数据，数据间的关系可以产生重要的价值。随着大数据技术的不断发展，如何汇集各领域数据并通过数据间的关系挖掘数据的价值成为各行业关注的重点。在对技术的探索中，图处理技术为数据赋能提供了新的方式，可以驱动行

业更好地发展。图数据库通过实体与关系点变化的方式将知识结构化保存，是一种基于事务关联的模型表达，具有数据的天然可解释性，备受学术界和工业界的推崇。在数据的关联分析中，传统的关系数据库需要进行大量的关联操作，在小规模数据的情况下这样的操作还可以接受，但是当数据规模逐渐扩大，关联操作会使性能呈指数级下降。图数据库相较于传统的关系数据库和 NoSQL 数据库，其丰富完整的关系表达提供了更高效的关联查询和更完备的实体信息。

图数据库基于图模型对图数据进行存储、操作和访问，与关系数据库中的联机事务处理（OnlineTransactional Processing，OLTP）数据库类似，支持事务的可持久化等特性。根据底层存储实现的不同，图数据库可分为原生图数据库和非原生图数据库两种。

（1）原生图数据库：使用图模型进行数据存储，可以针对图数据做优化，从而带来更好的性能，如 Neo4j。

（2）非原生图数据库：底层存储使用非图模型，在存储上封装图的语义，并进行图处理，其优点是易于开发，适合产品众多的大型公司，形成相互配合的产品栈，如 Titan、JanusGraph 底层都采用 KV 存储非图模型。

相较于关系数据库，图数据库基于图模型存储和处理的方式主要有以下优势。

（1）万物互联，图数据库可以更直观地表达数据之间的关系。

（2）图数据库有强兼容性，可以更容易地存储、扩展多种类型的数据。

（3）对关系数据的处理效率是关系数据库的 2～3 个数量级。

图数据库在处理规模大、关联度高的数据时优势明显。与关系数据库相比，图数据库有着去中心化分布式存储架构，并且集成了成熟的图论算法，能够实现更快捷的关系查询。

8.5.2 图数据库技术架构

当前市场上主流的图数据库主体架构如图 8.5 所示，整体采用了分层设计的模式，由三层组成，分别是接口层、计算层、存储层。

1）存储层

图数据库有原生和非原生两种存储方式，这些数据通过图存储引擎进行图数据结构、索引逻辑上的管理。例如，原生图数据库常用链表或者 B+树、LSM 树（Log-structured Merge-tree，日志结构合并树）等树状结构存储图数据；而非原生图数据库一般复用外部 NoSQL 数据库进行数据存储，并通过存储引擎将实际的数据以图数据的逻辑进行管理。

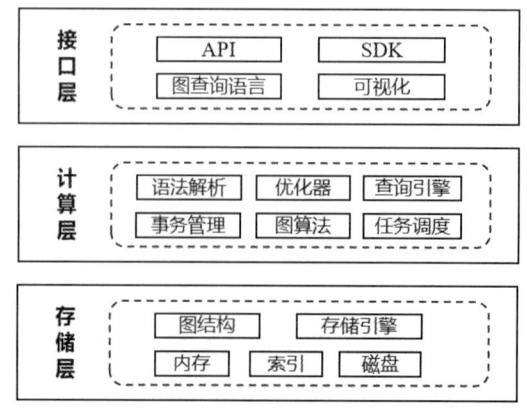

图 8.5 图数据库主体架构

2）计算层

计算层提供对操作的处理和计算，其主要工作是实现基础图算法，也包括数据库通用的语法解析、任务调度、事务管理、优化器等组件。目前，大多数图数据库都只能提供基础图算法，而复杂的全图分析可能需要图处理引擎对接进行。

3）接口层

接口层提供了图查询语言、API、SDK、可视化组件等对外服务。当前图数据库没有统一的查询语言，因此，除提供其原有的查询语言外，也可以提供 Cypher、Gremlin 等主流查询语言接口，便于用户使用。此外，图数据的天然可解释性使得大多数图数据库产品能提供一定的可视化功能，在数据库层面直观地为用户展现数据间的关系。

8.5.3 常见的图数据库

1. StellarDB

StellarDB 是星环科技为企业级图应用打造的分布式图数据库，可用于快速查找数据间的关系，并提供强大的算法分析能力。StellarDB 克服了万亿级关联图数据存储的难题，以分布式的计算引擎为动力，可帮助用户实现任意数据规模的图计算，且计算能力随节点数线性扩展，可以支撑万亿级别图规模存储。它通过自定义图存储格式和集群化存储，实现了传统数据库无法提供的低延时多层关系查询功能，在社交网络、金融领域都有巨大的应用潜力。

2. Neo4j

Neo4j 是一个高性能、流行、开源的 NoSQL 图形数据库。它是一个嵌入式的、基于磁盘的、具备完全的事务特性的 Java 持久化引擎，将结构化数据存储在网络（从数学角度叫作图）中而不是表中。Neo4j 也可以被看作是一个高性能的图引擎，该引擎具有成熟数据库的所有特性。虽然开发者工作在一个面向对象的、灵活的网络结构中而不是严格、静态的表中，但是他们可以获得到具备完全的事务特性、企业级的数据库带来的所有好处。

3. Galaxybase

Galaxybase 是国内较成熟、通用的商业化分布式并行图平台。它是原生分布式存储架构，支持对万亿点边规模的大图数据进行高性能在线查询。它的内置分布式并行计算引擎支持数百种图算法及定制化函数，具备优秀的实时图分析能力。此外，Galaxybase 还具备动态数据压缩算法，能够以高压缩比对图数据进行压缩，从而使数据落盘文件格式紧凑。

4. HugeGraph

HugeGraph 是百度开源的分布式图数据库，支持标准的 Apache Tinkerpop Gremlin 图查询语言和属性图，可支持千亿级规模的关系数据；支持多种后端存储（Cassandra、HBase、RocksDB、MySQL、PostgreSQL、ScyllaDB）；支持各类索引（二级索引、范围索引、全文索引、联合索引，均无须依赖第三方索引库）；提供可视化的 Web 界面，可用于图建模、数据导入、图分析；提供导入工具，支持从多种数据源中导入数据，包括 CSV、HDFS、关系数据库（MySQL、Oracle、SQL Server、PostgreSQL）；支持 REST 接口，并提供十多种通用的图算法；支持与 Hadoop、Spark GraphX 等大数据系统集成。

5. GDB

GDB（Graph Database）由阿里巴巴自主研发，支持属性图模型，可用于处理高度连接的数据查询与存储，并且提供实时可靠的在线图数据库服务。它支持 TinkerPop Gremlin 查询语言，可以帮助用户快速构建基于高度连接的数据集的应用程序。GDB 是一个云原生的、自运维的数据库服务，即一个开箱即用的服务，只需要通过公有云申请即可使用，而无须使用一些开源的或者其他的商业版本来托管运维。GDB 是易于使用的，现有的图系统还是更偏向于分析类的系统，它具有更快的查询和更新性能，并且拥有毫秒级的查询时间和百万级的遍历能力。

6．GeaBase

GeaBase（Graph Exploration and Analytics Database）是蚂蚁金服完全自主研发的一款简单易用的高性能-金融级-分布式-实时-图数据库。通过特有的数据组织方式和分布式并行计算算法，GeaBase 能够快速高效地查询数据的关系信息，从而满足超大规模复杂关系网络在金融领域中的各类应用场景。用户可以在 GeaBase 中进行在线数据建模，通过客户端实时更新数据，以多种方式灵活导入数据（通过 ODPS 在线导入数据和文件上传方式离线导入数据），并进行可视化查询测试。

7．GraphDB

GraphDB 是德国 Sones 公司在.NET 基础上构建的。Sones 公司于 2007 年成立，近年来陆续进行了几轮融资。GraphDB 社区版遵循 AGPL v3 许可协议，企业版是商业化的。GraphDB 托管在 Windows Azure 平台上。

8．InfiniteGraph

InfiniteGraph 基于 Java 实现，它的目标是构建"分布式的图形数据库"。

除此之外，还有其他的图形数据库，如 OrientDB、InfoGrid 和 HypergraphDB。Ravel 构建在开源的 Pregel 实现之上，微软研究院的 Trinity 项目也是一个图数据库项目。

动一动：请上网查一查还有哪些国产的图数据库。

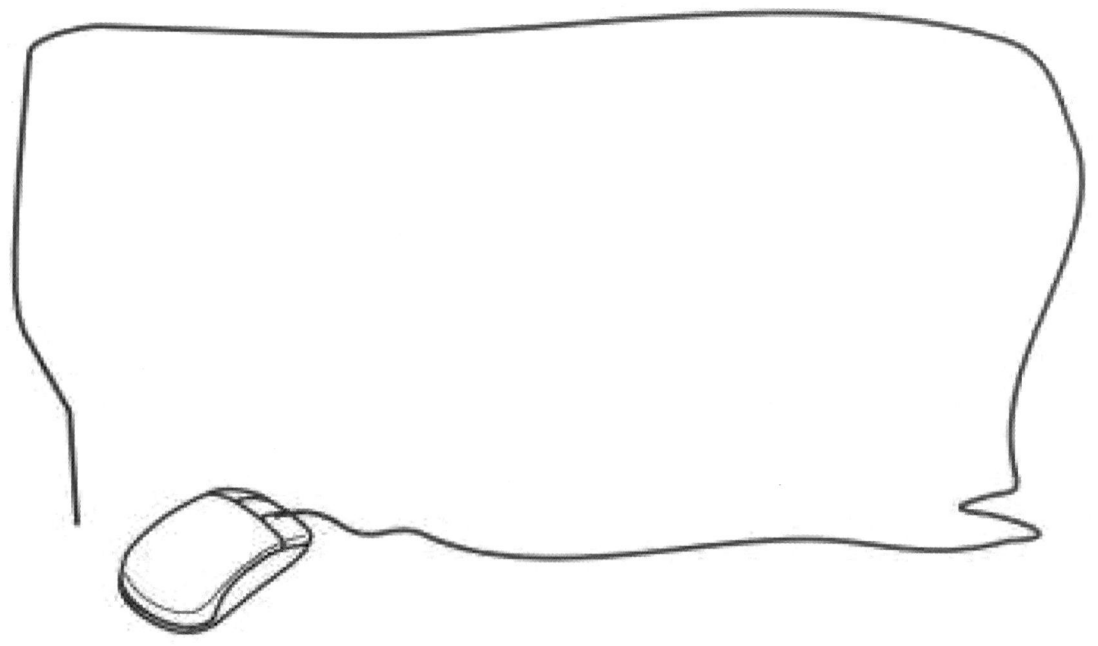

8.6 时序数据库技术

8.6.1 时序数据库技术概述

时序数据库（Time Series Database，TSDB），全称为时间序列数据库，是用于存储和管理时间序列数据的专业化数据库，是优化用于提取、处理和存储时间戳数据的数据库。与常规的关系数据库 SQL 相比，时序数据库是以时间为索引的规律性时间间隔记录的数据库。

时序数据库一般具有以下特点。

1）高吞吐量写入能力

高吞吐量写入能力是针对时序业务持续产生海量数据的特点量身定制的，实现系统高吞吐量写入必须要满足两个基本技术点要求，即系统具有水平扩展性和单机 LSM 体系结构。系统具有水平扩展性很容易理解，系统必须是集群式的，而且要容易进行节点扩展，即扩容的时候对业务无感知，目前 Hadoop 生态系统基本上都可以做到这一点；LSM 体系结构可用来保证单台机器的高吞吐量写入，LSM 结构下的数据只需要写入内存及追加写入日志，即可不再需要随机将数据写入磁盘，HBase、Kudu 及 Druid 等对写入性能有要求的系统目前都采用这种结构。

2）数据分级存储/TTL

数据分级存储/TTL 是针对时序数据冷热性质定制的技术特性。数据分级存储要求能够将最近小时级别的数据存放到内存中，将最近天级别的数据存放到 SSD 中，将更久远的数据存放到更加廉价的 HDD 中或者直接使用 TTL 过期淘汰掉。

3）高压缩率

时序数据库提供高压缩率有两个方面的考虑，一方面是节省成本，这很容易理解，将 1TB 数据压缩到 100GB 就可以减少 924GB 的硬盘开销，这对业务来说是有很大诱惑力的；另一个方面是压缩后的数据可以更容易地存储到内存中，例如，最近 3 小时的数据是 1TB，而现在只有 100GB 的内存，如果不压缩，则会有 924GB 的数据被迫存放到硬盘上，查询开销会非常大，而使用压缩可以将这 1TB 数据都存放入内存，会大大提高查询性能。

4）高效时间窗口查询能力

时序业务的查询需求分为两类，一是实时数据查询，反映当前监控对象的状态；二是查询某个时间段的历史数据，历史数据的数据量非常大，这时需要针对时间窗口的大量数据查询进行优化。

5）多维度查询能力

时序数据库通常会用多个维度的标签来刻画一条数据。如何根据随机的几个维度进行高效查询是必须解决的一个问题，这个问题通常需要用到位图索引或者倒排索引技术。

6）高效聚合能力

时序业务中一个通用的需求是聚合统计报表查询，例如，哨兵系统需要查看最近一天中某个接口出现异常的次数，或者某个接口执行的最大耗时时间。这样的聚合实际上就是简单的 count 及 max，问题是如何能高效地在巨大数据量的基础上将满足条件的原始数据查询出来并聚合起来，要知道统计的原始值可能因为时间比较久远而不在内存中，因此这可能是一个非常耗时的操作。目前业界比较成熟的方案是使用预聚合，即在数据写入时完成基本的聚合操作。

7）批量删除能力

时序业务对于过期的数据需要进行批量删除操作。

8）通常不需要具备事务的能力

时序数据库与传统的关系数据库不同，后者注重增、删、改、查和事务功能；而时序数据库针对海量数据写入，其读取和查询的多是一段时间内的数据，因此通常不需要具备事务的能力。

8.6.2 常见的时序数据库

本节着重介绍目前行业内比较流行的开源时序数据库，主要有 InfluxDB、OpenTSDB、Prometheus、Graphite 等。

1）InfluxDB

InfluxDB 是一个开源的时序数据库，使用 GO 语言开发，特别适合处理和分析资源监控数据这种与时序相关的数据。InfluxDB 自带的各种特殊函数，如求标准差、随机取样数据、统计数据变化比等，能使数据统计和实时分析变得十分方便。

InfluxDB 是时序数据库中为数不多地进行了用户和角色方面实现的数据库，它提供了 Cluster Admin、Database Admin 和 Database User 三种角色。

2）OpenTSDB

OpenTSDB 是一个 Apache 开源软件，是在 HBase 的基础上开发的，底层存储是 HBase，但其依据时序数据的特点做了一些优化。其最大的优点就是建立在 Hadoop 体系上，拥有各种成熟的工具链，但这也是它最大的缺点，因为 Hadoop 不是为时序数据打造的，这导致其性能很一般，而且需要依赖很多组件，安装部署相当复杂。

以腾讯的 CTSDB 时序数据库为例，CTSDB 是腾讯云推出的一款分布式、可扩展、支持近实时数据搜索与分析的时序数据库。该数据库为非关系数据库，提供高效读写、低成本存储、强大的聚合分析、实例监控及数据查询结果可视化等功能。整个系统采用多节点、多副本的部署方式，有效保证了服务的高可用性和数据的高可靠性。

3）Prometheus

Prometheus 是开源的服务监控系统和时序列数据库。它从各种输入源中采集 metric，进行计算后显示结果，或者根据指定条件发出报警。与其他监控系统相比，Prometheus 的特点包括以下几个方面。

（1）多维数据模型（时序列数据由 metric 名和一组 key/value 组成）。

（2）灵活的查询语言。

（3）不依赖分布式存储，只需单台服务器即可工作。

（4）通过基于 HTTP 的 pull 方式采集时序列数据。

（5）可以通过中间网关进行时序列数据推送。

（6）支持多种可视化工具和仪表盘。

4）Graphite

Graphite 是分布式时序列数据存储数据库，容易扩展，具备功能强大的画图 Web API，提供了大量的函数和输出方式。主要功能包括以下两个方面。

（1）存储数值型时序列数据。

（2）根据请求对数据进行可视化操作（画图）。

Graphite 本身不具备数据采集功能，但是有很多第三方插件可供选择，如适用于 Collectd、Ganglia 或 Sensu 的插件等。同时，Graphite 还支持 Plaintext、Pickle 和 AMQP 这些数据输入方式。

Graphite 使用了类似 RRDtool 的 RRD 文件格式，它不像 C/S 结构的软件，没有服务进程，只是作为 Python Library 使用，提供对数据的创建、更新和获取等操作。Google、Etsy、GitHub、豆瓣、Instagram、Evernote 和 Uber 等很多知名公司都是 Graphite 的用户。

动一动：请上网查一查还有哪些常见的时序数据库。

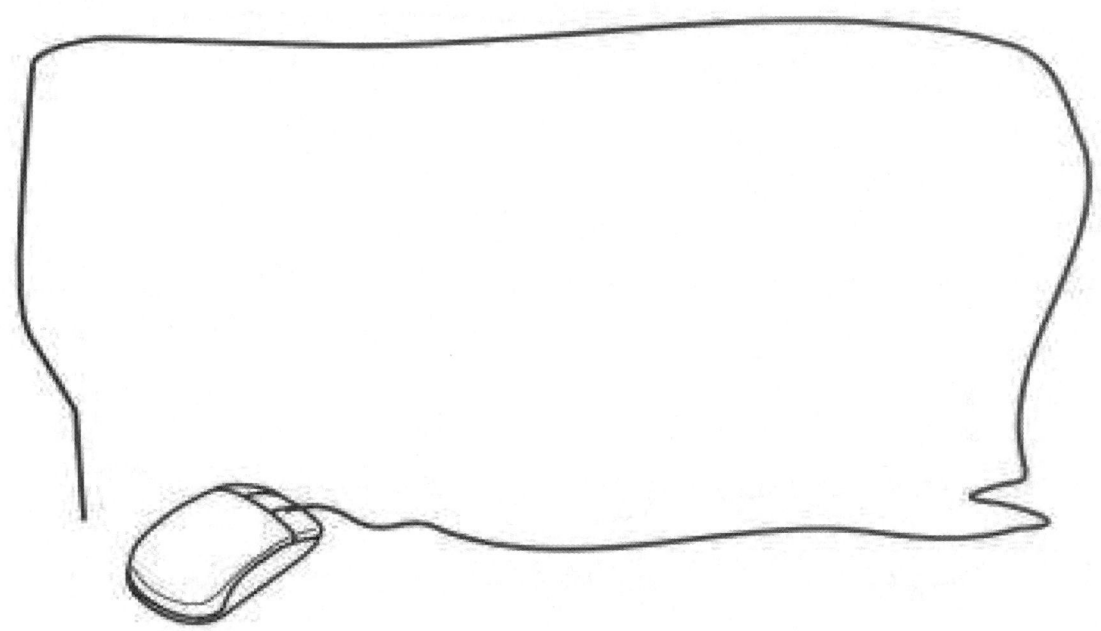

8.6.3 时序数据库的应用场景

近年来，时序数据的应用更为广泛，物联网（如汽车定位）、经济金融、环境监控、医学、工业制造、农业生产、硬件和软件系统监控等领域都在大量使用时序数据，揭示研究对象的趋势性、规律性、异常性。这些数据的特点是产生频率快（每一个监测点一秒钟内可产生多条数据）、严重依赖于采集时间（每一条数据均要求对应唯一的时间）、测点多且信息量大（常规的实时监测系统均有成千上万个监测点，监测点每秒钟都产生数据，每天产生几十 GB 的数据量）。这里介绍典型的几种应用场景。

1）智慧城市、智能 IT、智能应急指挥和融合通信调度

智慧城市、智慧工厂、智能应急指挥和融合通信指挥调度方案都是采用"数字化 BIM+GIS+NBIOT+AI"与 5G+算法技术，围绕监控、指挥、调度、会议、通信等多种功能的可视化指挥调度方案。在突发事件的预警、上报、响应、指挥等各个环节中实现及时有效的可视化指挥，满足突发事件现场实时图像传送和视频会议的快速响应需求。

2）园区智能巡检和安防

时序数据库在各种园区日常巡检、隐患上报、三维地图及融合调度上有很多应用场景。在设备管理运行状态、HSE 风险等级、工艺流程、过程控制运行参数等各类检修情况、业务现场、实时数据的管理与信息的直观展示上，利用时序数据库可以及时发现问题，分析原因，提出整改建议，并贯彻执行。

3）能源行业设备智能运维

时序数据库还可被应用于对海量设备终端的统一管理与运维中，对设备的状态进行在线监测与诊断，并及时进行故障预警，还可以通过多维图表展示运维数据等。

想一想：时序数据库在现实生活中还应用于哪些领域？

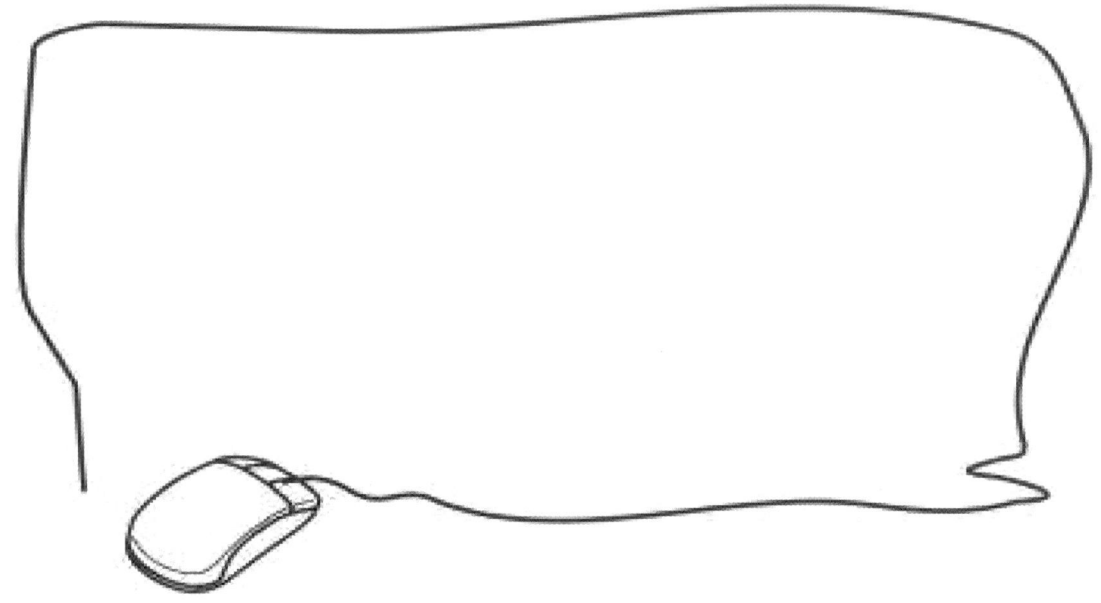

记一记：请记录本部分学习的重难点。

8.7 本章小结

数据库系统在各种应用领域中都占有重要的地位，各种新型数据库技术的研究引起了学术界和工业界的特别关注。随着计算机应用领域的不断扩大，数据库的规模越来越大，应用范围越来越广，数据查询也越来越复杂，对数据库管理系统性能的要求越来越高。在此情况下诞生了各种数据库管理的新型技术，这些技术为数据库管理系统性能的提高带来了希望。

本章从大数据技术出发，分别介绍了数据仓库和数据挖掘技术，以及目前比较流行且应用广泛的新型数据库技术，包括云数据库技术、图数据库技术和时序数据库技术等。

问一问：本章学习结束了，你还有什么问题呢？

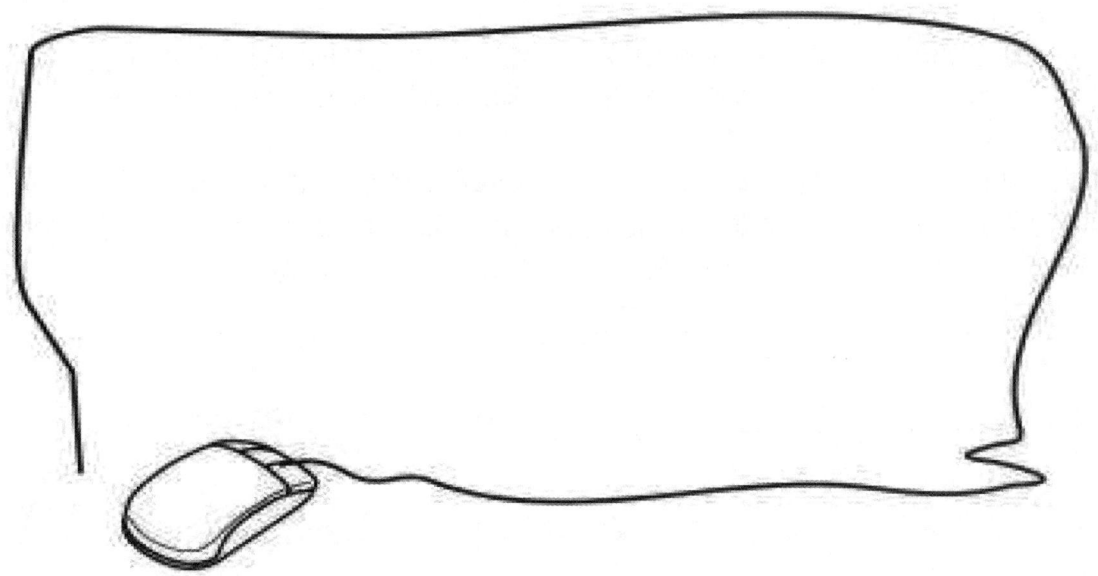

8.8 思政拓展

我们当中有多少人曾在刷手机新闻时，注意力突然被其他的消息吸引，同时开始产生疑问"这个消息是正确的吗？"或者在看报纸等纸质媒体时，怀疑其信息的真假。

随着大数据时代的到来，每天都会产生很多即时信息，我们如何解读这一切？如何借此做出明智且有深度的决定？

如果世界上真的有一个所有人都能学会并精通的技能，这个技能让我们能更好地了解数据和信息，并根据数据和信息做出决定，那么这项技能就是"数据素养"。

我们生活在日益数字化的世界中，大数据时代被称为"第四次工业革命"，这意味着数字时代已经到来。在这个时代，数据被称为"新石油"。但我们必须退一步来看，才能更清楚地了解，数据是有价值的资产。石油也必须经过人的精炼才能有价值，这就是数据素养。就数据素养的定义而言，它指的是有阅读、利用、分析和质疑数据的能力，这四种能力遍布各个维度和层面，具体内容如下。

1）阅读数据的能力

"阅读"的意思是"看到某个事物并理解它"。例如，当我们走进一家店，那里共有 30 款冰箱，我们可以阅读它们所提供的信息，以做出更明智的决定。阅读数据是很强大的能力，这能让我们在第四次工业革命中解放思想。

2）利用数据的能力

第二个数据素养的能力，就是能够利用数据。这意味着我们能够得心应手地面对眼前的数据。例如，我们能够利用和解读数据来识别网络上曾流行的一些骗局，免于被骗。

3）分析数据的能力

数据分析是理解信息背后的"为什么"的能力。我们要突破表面的观察，进行深入了解，并有所领悟。在现实情况中，当社交媒体上某个事件"火"起来时，我们多半在观察眼前的信息，而分析数据意味着要勇于提问。在社交媒体盛行的今天，我们应该有质疑的能力。

4）质疑数据的能力

质疑数据首先要质疑呈现在面前的信息；然后提出立场，并利用信息为立场背书。

以上提到的这四种能力，即阅读、利用、分析和质疑数据，使人人都能够理解所有的信息，并以此做决定。

整体来说，当我们提升阅读、利用、分析和质疑数据的能力时，在社会、商业和生活层面，我们的世界也会得到改善。数据素养不是数据科学，并不是所有人都必须当数据科学家，但所有人都必须熟悉数据，这样才能在"第四次工业革命"中立于不败之地。

议一议：你觉得"数据素养"的内涵是什么？如何提升自身的"数据素养"？

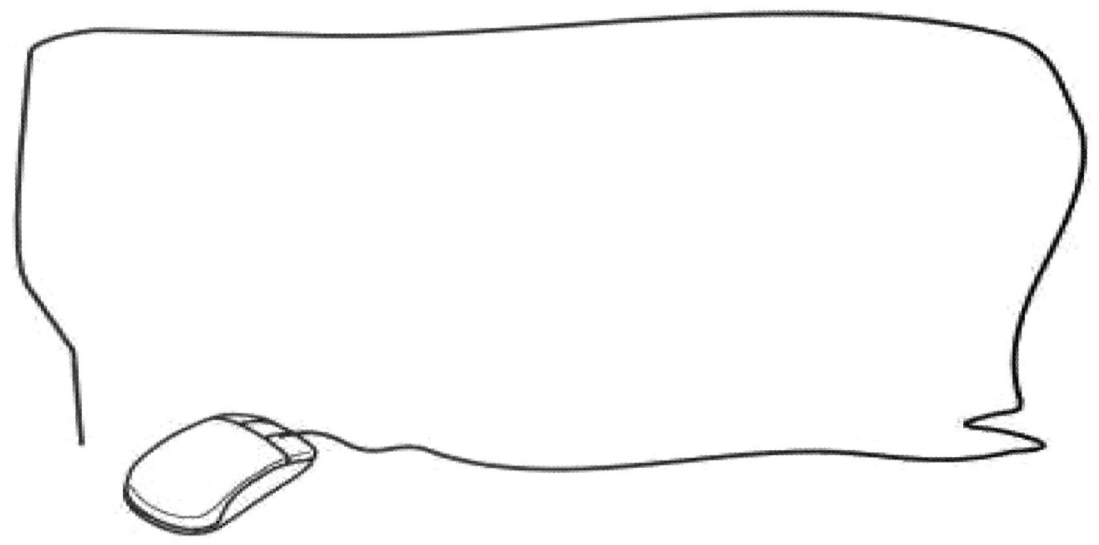

8.9 习题

1. 大数据是什么？有什么特点？
2. 大数据处理的基本流程是什么？

3. 什么是数据仓库？
4. 数据挖掘技术的定义是什么？
5. 数据挖掘的商业定义是什么？
6. 云数据库技术的定义与特点是什么？
7. 什么是图数据库？图数据库的主要特点是什么？
8. 图数据库未来的发展趋势是什么？
9. 时序数据库在哪些领域中得到了应用？

记一记：本章学习结束了，你有哪些收获？

附录 A

实训

实训 1　E-R 模型设计

实训目的

1. 掌握实体-联系模型中所涉及的基本概念；
2. 掌握码的确定；
3. 掌握实体-联系的表示方法；
4. 掌握实体-联系图的画法。

实训重难点

1. 实体-联系的表示方法（难点）；
2. 实体-联系图的画法（重点）。

实训内容

根据以下情况，为某一计算机经销商设计一个数据库。实际情况描述如下。
该经销商信息包括生产厂商、产品的信息。
- 生产厂商的信息包括名称、地址、电话等。
- 产品的信息包括生产厂商、品牌、型号、配置、进价等。

1. 根据以上情况，对该数据库进行第一层次的抽象设计。

实体名称	属　　性	码

2. 一种产品可以由多个生产厂商提供，一个生产厂商也可以生产多种不同的产品，根据以上情况，为这两个实体建立联系。

联系名称	联系的类型	联系集中的码

3. 用 E-R 图描述该数据库。

4. 若向该数据库中加入顾客信息，包括姓名、地址、身份证号等，一个顾客可以购买不同的产品，一种产品可以卖给不同的顾客，请修改该数据库，并用 E-R 图加以描述。

5．用 E-R 图表示某仓库管理的概念模型。

各实体如下所示。
- 仓库：仓库号、面积、电话号码。
- 零件：零件号、名称、规格、单价、描述。
- 供应商：供应商号、姓名、地址、电话号码、账号。
- 职工：职工号、姓名、年龄、职称。

各实体间的联系如下所示。
- 一个仓库可以存放多种零件，一种零件可以存放在多个仓库中。
- 一个仓库有多个职工当仓库员，一个职工只能在一个仓库工作。
- 职工之间具有领导与被领导关系，即仓库主任领导若干个保管员。
- 一个供应商可以供给多种零件，一种零件可以由多个供应商供给。

要求：请绘制 E-R 图，并注明属性和联系类型。

实训小结

请记录本次实训的收获或者建议。

教师评阅意见

实训 2　关系模型设计

实训目的

1. 掌握关系的基本结构及术语；
2. 理解关系的完整性约束；
3. 掌握 E-R 模型转换成关系模型的方法。

实训重难点

E-R 模型转换成关系模型的方法。

实训内容

1. 在下面的 E-R 图中，若顾客在购买了某种产品后，需要记录下日期和数量等特征，请问怎么修改 E-R 图？

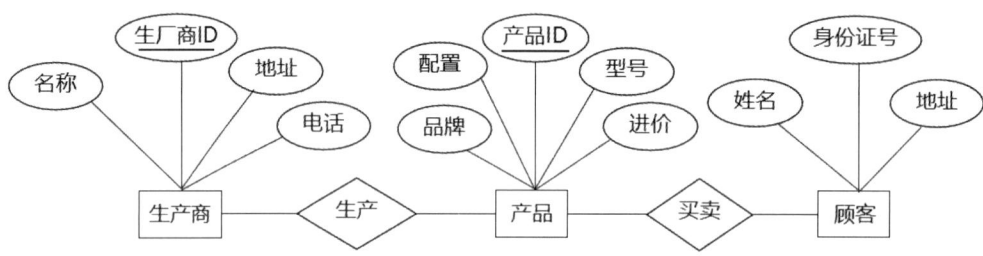

2. 将下面的 E-R 图转换为关系模式，并写出每个关系模式的主码、外码和它们之间的参照关系。

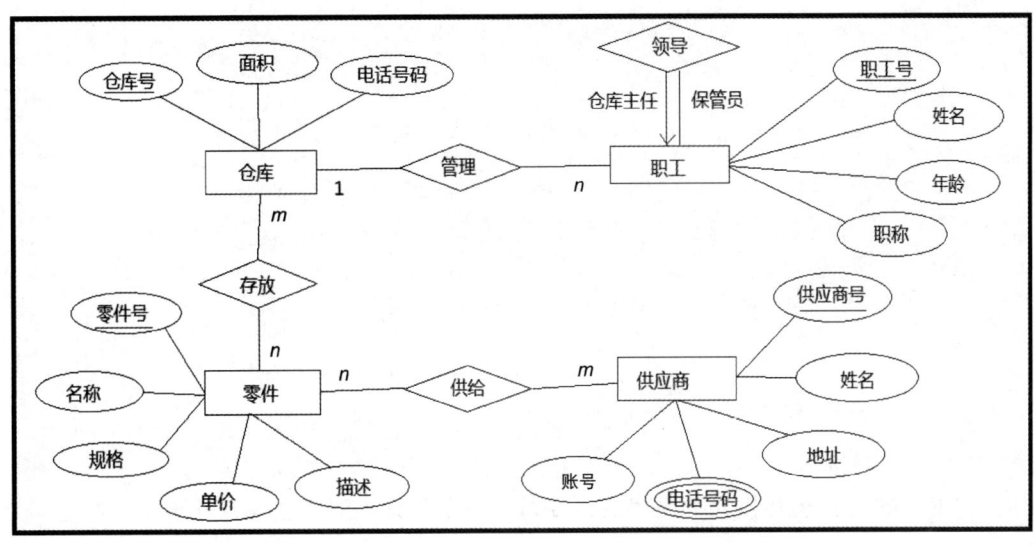

3. 参考下面的 E-R 图,将其转换成相应的关系模式,并写出每个关系模式的主码、外码和它们之间的参照关系。

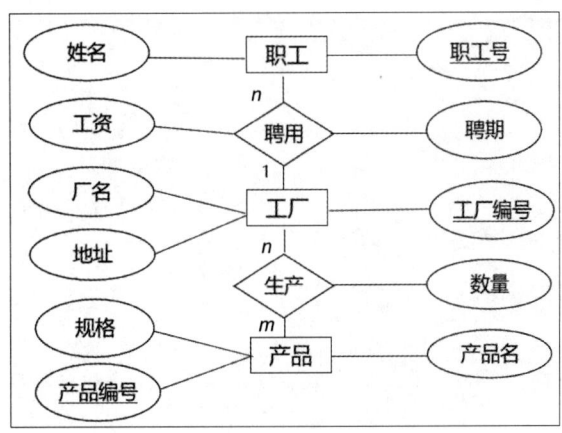

4. 将下面的 E-R 图转换为关系模式，并写出每个关系模式的主码、外码和它们之间的参照关系。

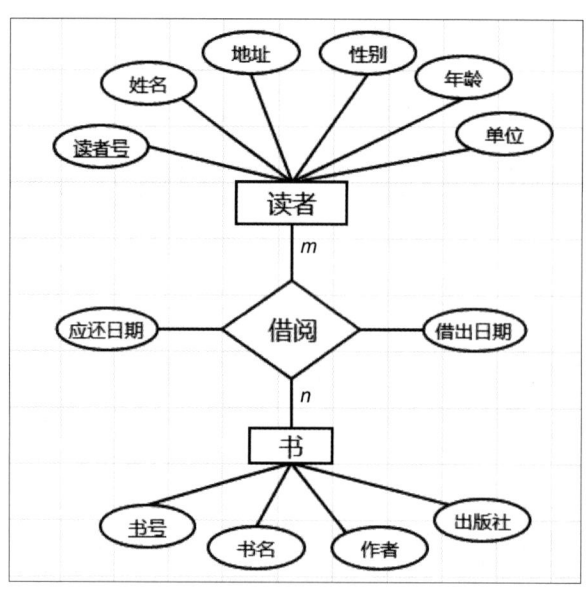

> **实训小结**

请记录本次实训的收获或者建议。

> **教师评阅意见**

实训 3 关系数据库设计

> **实训目的**

1．加深对函数依赖的理解；
2．掌握关系范式及范式的分解；
3．掌握关系数据库概念结构及逻辑结构设计；
4．加深对数据库设计基本过程的理解。

> **实训重难点**

1．函数依赖（难点）；
2．关系范式及范式的分解（重点）。

> **实训内容**

下表是一个描述学生情况的关系 SLC，该关系的每个字段都是不可再分的，其关键字为 (学号,课程号)，两个属性的组合可以确定元组在关系中的位置。其中，学号是不能重复的，姓名是可以重复的，同样课程号也是不能重复的。请回答以下问题。

学 号	姓 名	学 院	学 院 地 址	课 程 号	课 程 名	成 绩
1031231	张小燕	智能制造学院	4号楼	1	关系数据库应用	90
1031231	张小燕	智能制造学院	4号楼	2	Python语言基础	60
1031231	张小燕	智能制造学院	4号楼	3	数据采集与预处理	50
1031233	陈毓兰	数字经贸学院	5号楼	1	关系数据库应用	100
1031233	陈毓兰	数字经贸学院	5号楼	2	Python语言基础	89
2021501	贾胜红	人工智能学院	2号楼	1	关系数据库应用	95
2021501	贾胜红	人工智能学院	2号楼	2	Python语言基础	87
2021502	金建娥	人工智能学院	2号楼	1	关系数据库应用	73

1. 指出表中对应的关系名、属性、元组、主码，并写出该表对应的关系模式。
2. 分析表中是否存在下列问题。
- 数据冗余。
- 数据更新异常。
- 数据插入异常。
- 数据删除异常。
3. 参照下图，描述该关系模式中存在的函数依赖关系。

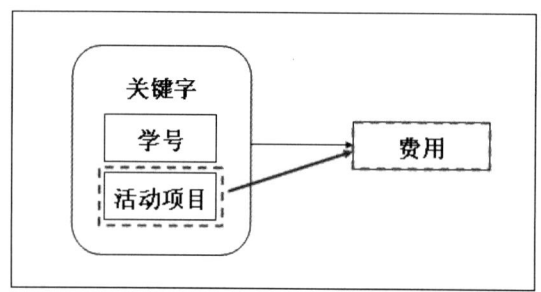

4. 对上述关系进行第二范式分解。

5. 对上述关系进行第三范式分解。

6. 设有关系模式 S1(学号,姓名,出生日期,所在系,宿舍楼),其语义为一个学生只在一个系学习,一个系的学生只住在一个宿舍楼里。

请指出该关系模式的主码,判断该关系模式是第几范式,若不是第三范式,则将其规范化为第三范式,并指出分解后的每个关系模式的主码和外码。

7. 设有关系模式 S2(学号,姓名,所在系,班级号,班主任,系主任),其语义为一个学生只在一个系的一个班学习,一个系只有一个系主任,一个班只有一个班主任。

请指出该关系模式的主码,判断该关系模式是第几范式,若不是第三范式,则将其规范化为第三范式,并指出分解后的每个关系模式的主码和外码。

➡ 实训小结

请记录本次实训的收获或者建议。

➡ 教师评阅意见

实训 4　熟悉 SQL Server 环境及物理创建数据库与表

🠒 实训目的

1．掌握 SQL Server 软件的安装，熟悉环境及使用；
2．会用 SQL Server 进行物理创建数据库与数据表。

🠒 实训重难点

1．SQL Server 软件的安装（难点）；
2．物理创建数据库与数据表（重点）。

🠒 实训内容

1．掌握 Microsoft SQL Server 2012 软件的安装，详见安装视频。
2．熟悉 Microsoft SQL Server 2012 的环境及使用。

第 1 步：在"开始"菜单中找到"SQL Server Management Studio"，如下图所示。

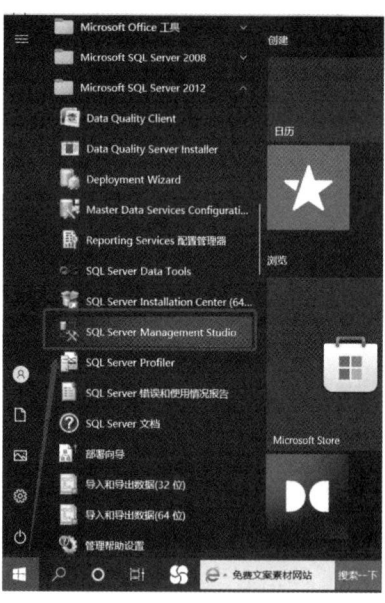

第 2 步：在进入主界面之前进行数据库连接，如下图所示。

第 3 步：单击"连接"按钮，进入主界面，如下图所示。

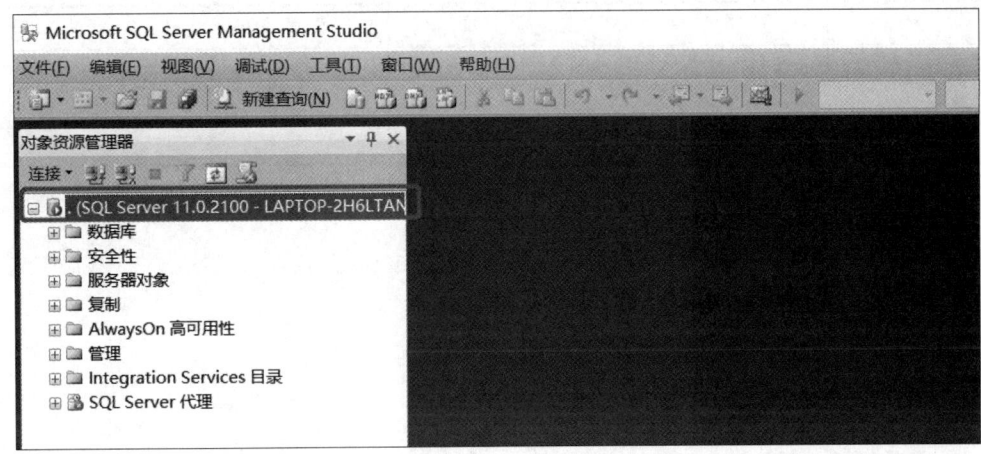

3．物理创建数据库：在"对象资源管理器"中右击"数据库"，在弹出的快捷菜单中选择"新建数据库"命令，创建"职工工资管理系统"数据库。（注意：创建后根目录下会有两个文件，分别是职工工资管理系统.mdf 和职工工资管理系统_log.ldf）

4．物理创建数据表：打开在第 3 题中创建的"职工工资管理系统"数据库，右击"表"节点，在弹出的快捷菜单中选择"新建表"命令，创建职工表、部门表、工资表，三个数据表的结构如下所示。

职工表

列　名	数　据　类　型	长　度	是　否　为　空	是否为主键
职工编号	int	4	不允许	主键
姓名	char	8	不允许	
性别	char	2	允许	
出生日期	datetime	8	允许	
部门编号	int	4	不允许	

部门表

列　名	数　据　类　型	长　度	是　否　为　空	是否为主键
部门编号	int	4	不允许	主键
部门名称	char	6	不允许	
地址	char	20	允许	

工资表

列　　名	数 据 类 型	长　　度	是 否 为 空	是否为主键
职工编号	int	4	不允许	主键
基本工资	int	4	允许	
奖金	int	4	允许	

思考：是否需要对表设置其他完整性约束？

在完成物理创建之后，请截图。

 实训小结

请记录本次实训的收获或者建议。

 教师评阅意见

实训 5　数据定义语句

实训目的

掌握使用 SQL 语句进行数据库与数据库表的定义、删除、修改等基本操作。

实训重难点

1．定义数据库；
2．定义数据表。

实训内容

第一题【数据库的定义与修改】
注意：请复制 SQL 语句，并截取查询结果图。
具体要求如下。

1．用 SQL 语句创建"工程零件"数据库。该数据库包含一个数据文件，逻辑文件名为 engineering_data，磁盘文件名为 D：\engineering_data.mdf，文件初始容量为 5MB，最大容量为 80MB，文件容量递增值为 1MB；事务日志逻辑文件名为 engineering_log，磁盘文件名为 D：\engineering_log.ldf，文件初始容量为 1MB，最大容量为 5MB，文件容量递增值为 10%。

2．对"工程零件"数据库进行修改：添加两个数据文件，其中一个逻辑文件名为 engineering_data1，磁盘文件名为 engineering_data1.ndf，文件初始容量为 5MB，最大容量为 50MB，文件容量递增值为 1MB；另一个逻辑文件名为 engineering_data2，磁盘文件名为 engineering_data2.ndf，文件初始容量为 5MB，最大容量为无限，文件容量递增值为 1MB。

3. 将"工程零件"数据库的数据主文件 engineering_data 扩充到 200MB。

4. 删除辅助数据文件 engineering_data2，从而缩小数据库容量。

第二题【数据表的定义、修改和删除】
在"工程零件"数据库中有供应商、零件、工程和供应零件数据表。各表的结构如下。

供应商表

字 段 名	字 段 类 型	是 否 为 空	是 否 主 键
供应商代号	char(5)	不允许	主键
姓名	varchar(8)	不允许	
所在城市	varchar(20)	不允许	
电话	varchar(20)	允许	

零件表

字 段 名	字 段 类 型	是 否 为 空	是 否 主 键
零件代号	char(5)	不允许	主键
零件名	varchar(20)	不允许	
规格	varchar(40)	不允许	
产地	varchar(20)	不允许	
颜色	char(6)	允许	

工程表

字 段 名	字 段 类 型	是 否 为 空	是 否 主 键
工程代号	char(5)	不允许	主键
工程名	varchar(20)	不允许	
负责人	varchar(8)	不允许	
预算	money	允许	

供应零件表

字 段 名	字 段 类 型	是 否 为 空	是 否 主 键
供应商代号	char(5)	不允许	
工程代号	char(5)	不允许	
零件代号	char(5)	不允许	
数量	smallint	不允许	
供货日期	smalldatetime	允许	

具体要求如下。

注意：请复制 SQL 语句，并截取查询结果图。

1. 用 SQL 语句在"工程零件"数据库中创建以上 4 个表。（主键可以可视化设置）

2. 为供应商表添加字段"住址"，类型为可变字符串，最大长度为 30 个字节。

3. 将供应零件表"数量"列的类型改为 int。

4．删除零件表中的"颜色"字段。

5．删除供应零件表。

实训小结

请记录本次实训的收获或者建议。

教师评阅意见

实训6　简单查询

实训目的

掌握用 SQL 语句对数据库中的数据进行简单的查询操作。

实训重难点

1．SELECT 语句的基本结构；
2．简单查询条件；
3．模糊查询（难点）。

实训准备

请附加数据库（工程零件_data.mdf 和工程零件_log.ldf），其操作步骤如下。

（1）首先将 工程零件、工程零件_log 两个文件拷贝到数据库的 DATA 目录下。

（2）右击"数据库"节点，在弹出的快捷菜单中选择"附加"命令。

（3）创建"工程零件"数据库。

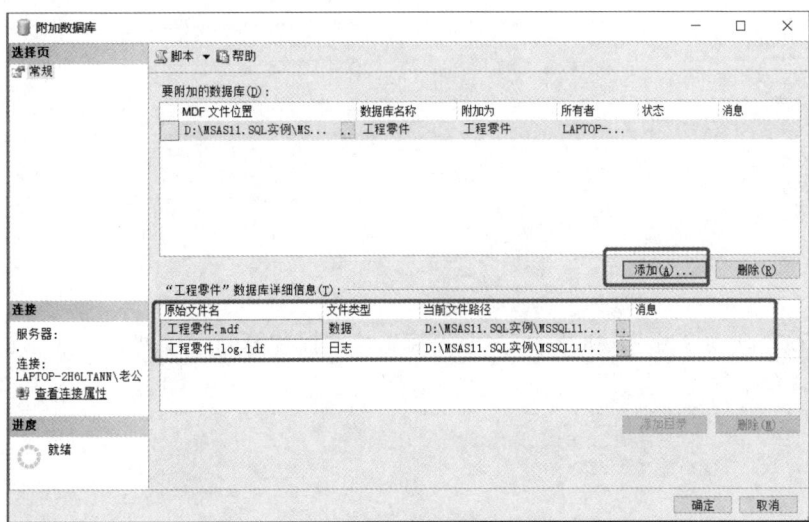

该数据库的表结构如下所示。
- 供应商(供应商代号,姓名,所在城市,联系电话)。
- 零件(零件代号,零件名,规格,产地,颜色)。
- 工程(工程代号,工程名,负责人,预算)。
- 供应零件(供应商代号,工程代号,零件代号,数量,供货日期)。

实训内容

注意：请复制查询语句，并截取查询结果图。

1. 查询供应商"王平"的基本信息。

2. 查询天津供应商的姓名和联系电话。

3. 查询所有姓"王"的供应商的姓名、联系电话、所在城市。

4. 查询预算在 50000～100000 元的工程信息，并按预算降序排列。

5. 查询供应商代号为 S01、零件号为 P03 的工程的代号。

6. 查询 S01 号供应商在 2016 年以后的供货情况,包括零件代号、数量、供货日期。

➡️ 实训小结

请记录本次实训的收获或者建议。

➡️ 教师评阅意见

实训 7　聚集查询

➔ 实训目的

1. 掌握如何用 SQL 语句对数据库中的数据进行聚集查询；
2. 掌握如何进行分组查询；
3. 掌握如何对分组后的查询结果进行筛选。

➔ 实训重难点

1. 集函数的意义和概念；
2. GROUP BY 的使用；
3. HAVING 和 WHERE 的区别。

➔ 实训准备

请附加数据库，相关操作详见实训 6 中的"实训准备"。

➔ 实训内容

注意：请复制查询语句，并截取查询结果图。

第一题【集函数】

1. 查询工程的总数。

2. 查询 S01 号供应商的供货次数。

3. 查询 J02 工程使用的零件总数。

【提高题】查询供了货的供应商人数。

第二题【分组】
1. 查询各产地的零件个数。

2. 查询每个工程使用的零件总数。

3. 查询每个供应商的平均供应数量。

【提高题】查询工程代号为 J02 的工程使用的各种零件的零件代号及数量。

第三题【分组后的筛选】
1．查询供货次数大于 2 的供应商的代号。

2．查询所需零件总数大于 50 的工程的代号。

【提高题】查询为 J04 工程供应过两次及以上的供应商的代号，并按供应总数降序排列。

实训小结

请记录本次实训的收获或者建议。

教师评阅意见

实训 8 连接查询

实训目的

掌握用 SQL 语句对数据库中的数据进行连接查询操作。

实训重难点

1. 内连接的应用;
2. 自连接应用(难点)。

实训准备

请附加数据库,相关操作详见实训 6 中的"实训准备"。

实训内容

注意:请复制查询语句,并截取查询结果图。
1. 查询使用了 P03 号零件的工程的代号、工程名。

2. 查询使用了上海供应商所供应零件的工程的代号。

3. 查询使用了蓝色零件的工程的工程代号。

4. 查询姓"王"的供应商的供货信息，包括零件代号、零件名、数量、供货日期，并将结果按数量升序排列。

5. 查询使用了 S01 号供应商所供应零件的工程的负责人。

6. 查询供货次数大于 2 的供应商姓名。

7. 查询所需零件总数大于 50 的工程名。

▶ 实训小结

请记录本次实训的收获或者建议。

▶ 教师评阅意见

实训 9 非相关子查询

实训目的

掌握用 SQL 语句对数据库中的数据进行子查询操作。

实训重难点

1. 非相关子查询的语句结构；
2. IN、ALL、ANY 的使用（难点）。

实训准备

请附加数据库，相关操作详见实训 6 中的"实训准备"。

实训内容

注意：请复制查询语句，并截取查询结果图。

1. 查询 J03 号工程使用的零件的代号、零件名。

2. 查询使用了上海供应商所供应零件的工程的代号。

3. 查询使用了蓝色零件的工程的代号。

4. 查询没有使用天津所产零件的工程的代号。

【提高题】查询使用零件数量最多的工程的代号、工程名。

➡️ 实训小结

请记录本次实训的收获或者建议。

➡️ 教师评阅意见

实训 10　数据操纵

实训目的

掌握用 SQL 语句对数据库中的数据进行插入、更新、删除等操作。

实训重难点

1．数据操作（DML 语句）；
2．带 SELECT 的 INSERT 语句（难点）。

实训准备

创建"学生 01"数据库，该数据库的表结构如下所示。
学生表(学号,姓名,性别,班级,年龄,所在学院)
课程表(课程号,课程名,教师,周课时数,备注)
选课表(学号,课程号,成绩)
要求如下。
（1）学号和课程号的类型为 char(10)，其他属性的类型及长度自定义（选择合适的数据类型和长度）。
（2）姓名不能为空，性别的默认值为"男"，成绩为 0～100 分。
（3）定义每个表的主码，并将选课表中的学号与学生表中的学号建立关联，选课表中的课程号与课程表中的课程号建立关联。
在"学生 01"数据库中，创建 3 个表，用 SQL 语句完成。

实训内容

1．向学生表中插入以下数据。
('10001',' 王伶俐','女','大数据 2101',19,'人工智能学院')
('10002','张辉','男','大数据 2101',20,'人工智能学院')
('10003',' 李密','女','大数据 2102',19,'人工智能学院')
('10004',' 沈晓','男','大数据 2102',20,'人工智能学院')

2．向课程表中插入以下数据。
('C1','数据库')

('C2','英语')
('C3','网页设计')

3．向选课表中插入以下数据。
('10001','C1',89)
('10001','C2',67)
('10002','C2',60)
('10003','C3',90)

4．学号为"10004"的学生，新选修了"C3"课程，成绩未知。

5．将名字为"王伶俐"的学生的年龄修改为18岁。

6. 删除课程号为"C3"的所有选课信息。

实训小结

请记录本次实训的收获或者建议。

教师评阅意见

实训 11 视图

实训目的

掌握用 SQL 语句进行数据库视图的建立、查询、修改与删除等操作。

实训重难点

视图的创建、修改与删除。

> **实训准备**

请附加数据库，相关操作详见实训 6 中的"实训准备"。

> **实训内容**

1．建立视图 V1，查询"上海"供应商的信息。

2．建立视图 V2，查询预算在 30000～50000 元的工程信息，按预算降序排列，并显示视图 V2 的信息。

3．建立视图 V3，查询姓"王"的供应商的供货信息，包括零件代号、零件名、数量、供货日期，并按数量降序排列。

4．建立视图 V4，查询使用零件数量最多的工程信息。

5．修改视图 V1 中"温州"供应商的信息。

6．删除视图 V2。

实训小结

请记录本次实训的收获或者建议。

教师评阅意见

实训 12 约束

实训目的

熟练掌握使用 SQL 语句实现各类约束。

实训重难点

1．六大约束的定义。
2．外部键约束及引用行为。

实训内容

约束指的是对在一个基本表上进行的 INSERT、UPDATE 或 DELETE 操作的结果设置限制以帮助定义有效值的集合。主要有 6 类约束：NOT NULL 约束、DEFAULT 约束、PRIMARY KEY 约束、UNIQUE 约束、FOREIGN KEY 约束、CHECK 约束。

（1）NOT NULL：非空约束，不接受该属性为空的元组，可以在定义表时说明。

（2）DEFAULT 约束：指定了列的默认值，在定义表或修改已经定义好的表时均可定义该约束。

（3）PRIMARY KEY 约束：定义主键，可以在定义表结构或修改表结构时指定该约束。

（4）UNIQUE 约束：使用 UNIQUE 约束确保在非主键列中不输入重复值。需要注意 UNIQUE 约束与 PRIMARY KEY 约束的不同。

（5）FOREIGN KEY 约束：实现了实体间的引用完整性。FOREIGN KEY 约束的主要目的是控制存储在外键表中的数据，还可以控制对主键表中数据的修改。如果试图删除主键表中的行或更改主键值，而该主键值与另一个表的 FOREIGN KEY 约束值相关，则该操作有两种不同的引用行为（在 SQL Server 中）：NO ACTION 或 CASCADE。

（6）CHECK 约束：用于将列的取值限制在指定的范围内，从而使数据库中存放的数据都是有意义的值。

要求：按照下面的关系模式要求，写出各约束定义。

1．创建如下两张表。

图书信息表

字 段 名	字 段 类 型	约 束
图书号	char(10)	主键
图书名	varchar(30)	非空
出版社	varchar(30)	唯一
价格	float	默认值：20

借书信息表

字　段　名	字　段　类　型	约　　束
读者号	char(10)	主键
图书号	char(10)	
数量	int	默认值：1
借书日期	datetime	唯一
应还日期	datetime	唯一

2．假设图书信息表中已经有一行记录（'100001','关系数据库设计与应用','bbb',21），请分析下面语句的出错原因。

① INSERT INTO 图书信息表(图书号,图书名,出版社);
　　VALUES('100001',NULL,'aaa');

② INSERT INTO 图书信息表 VALUES('100002','关系数据库设计与应用','bbb',18);

3．给借书信息表定义外键。

4．请分析下面语句的出错原因。
INSERT INTO 借书信息表
VALUES('001','100002',2,'2021-11-3','2021-11-18')

5. 要求图书信息表中的"价格"字段的值介于 0 至 100 元之间。

实训小结

请记录本次实训的收获或者建议。

教师评阅意见

实训 13 存储过程

实训目的

1. 掌握常见系统存储过程的应用;
2. 掌握用户自定义存储过程的创建与调用。

实训重难点

1. 常见的系统存储过程；
2. 用户自定义存储过程的应用（难点）。

实训准备

请附加数据库，相关操作详见实训 6 中的"实训准备"。

实训内容

第一题【系统存储过程的使用】

1. 将"工程零件"数据库改名为"工程零件系统"数据库。

2. 查询实训 11 中视图 V3 的定义内容。

3. 查询工程表的信息。

第二题【用户自定义存储过程】

1. 没有参数的存储过程：创建一个无参数的存储过程 p1 并调用该存储过程，要求查询以下信息：供应商代号、姓名、工程名、零件名、数量和供货日期。

创建 p1。

调用 p1。

2．有输入参数的存储过程：创建一个带有参数的存储过程 p2，并调用该存储过程，要求该存储过程根据传入的"供应商代号"在供应商表中查询该供应商信息。

创建 p2。

调用 p2。

3．有参数默认值的存储过程：创建一个带有参数默认值的存储过程 p3，并调用该存储过程，要求该存储过程根据查询指定"预算"范围的工程信息。默认值：最低预算为 30000 元，最高预算为 100000 元。

创建 p3。

用多种形式调用 p3。

4. 有输出参数的存储过程：创建一个带有输出参数的存储过程 p4，该存储过程根据传入的供应商姓名，查询该供应商的代号，并调用该存储过程，根据供应商姓名，查询该供应商编号。

创建 p4。

调用 p4。

实训小结

请记录本次实训的收获或者建议。

教师评阅意见

实训 14 触发器

实训目的

1．掌握触发器的创建、修改和删除操作；
2．掌握触发器的触发执行；
3．理解触发器与约束的不同。

实训重难点

1．触发器的创建；
2．触发器的执行原理（难点）。

实训准备

请附加数据库，相关操作详见实训 6 中的"实训准备"。

除了使用约束来完成数据的用户自定义完整性，还可以使用触发器来实现用户自定义完整性。本书介绍了 DML 触发器，它有三种类型：INSERT 触发器、UPDATE 触发器和 DELETE 触发器。

实训内容

第一题【存储过程与触发器的比较】

1. 设计一个存储过程 proc_update，当向零件表中修改某指定零件名称时，如果该零件在供应零件表中已有记录，则提示"该零件名称不能进行修改"，并拒绝修改，否则可以修改。

2. 设计一个触发器 trigger_update，当向零件表中修改零件名称时触发该触发器，如果该零件在供应零件表中已有记录，则该零件名称不能进行修改，否则可以修改。

第二题【触发器练习】

1. 在零件表中编写 update 触发器 sc_update，将其修改前后的信息保存在 SC_log 表中：SC_log(id,零件代号,零件名称,规格,修改时间)。

提示：请先创建 SC_log 表，字段类型参照零件表。

2. 在工程表中编写 update 触发器 gc_update，当修改"预算"字段时，如果修改后的预算超过 100000 元，则提示"预算已超上限"，修改不能实现，否则可以修改。

3．以下两条语句的执行结果有何不同，为什么？
UPDATE　工程　SET　预算=110000 WHERE　工程代号='J01'
UPDATE　工程　SET　预算=120000 WHERE　工程代号='J01'

实训小结

请记录本次实训的收获或者建议。

教师评阅意见

反侵权盗版声明

电子工业出版社依法对本作品享有专有出版权。任何未经权利人书面许可,复制、销售或通过信息网络传播本作品的行为;歪曲、篡改、剽窃本作品的行为,均违反《中华人民共和国著作权法》,其行为人应承担相应的民事责任和行政责任,构成犯罪的,将被依法追究刑事责任。

为了维护市场秩序,保护权利人的合法权益,我社将依法查处和打击侵权盗版的单位和个人。欢迎社会各界人士积极举报侵权盗版行为,本社将奖励举报有功人员,并保证举报人的信息不被泄露。

举报电话:(010)88254396;(010)88258888
传　　真:(010)88254397
E-mail:dbqq@phei.com.cn
通信地址:北京市万寿路173信箱
　　　　　电子工业出版社总编办公室
邮　　编:100036